부천고가교

화재복구 설계와 시공

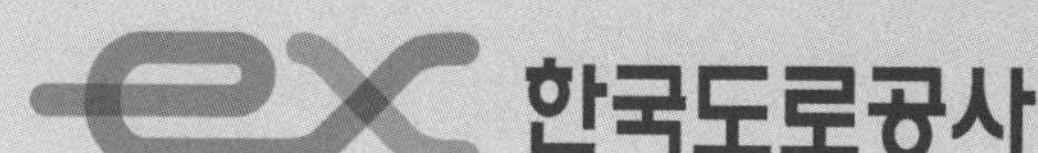

머 리 말

서울외곽순환고속도로 부천고가교에서 화재가 발생된 지도 어느덧 1년이 다가옵니다.

2010년 12월 13일 화재발생으로부터 2011년 3월15일 개통까지 93일간의 복구과정을 마친 부천고가교는 화재사고의 기억을 잊은 듯 오늘도 하루 25만대의 차량이 정상적으로 통행하고 있습니다.

이 기술사례집은 부천고가교의 화재발생 단계에서 교량복구 완료까지 전단계 긴박한 상황에서 복구과정동안 설계와 시공시 검토·적용된 모든 기술적인 사항을 기록함으로써 건설관계자의 이해를 돕고자 발간하게 되었습니다.

이 자리를 빌어 화재복구에 애써주신 학계, 설계자, 시공자, 직원 여러분들께 감사의 말씀을 드리며, 앞으로도 한국도로공사는 기술개발 및 고속도로 유지관리에 선도적인 역할을 지속적으로 수행하도록 노력하겠습니다. 감사합니다.

2011년 12월

한국도로공사 건설본부장

김 성 환

목 차

“사진으로 본 화재사고 복구 93일”

화재발생 및 초기대응

• 화재전 부천고가교 전경

• 화재 발생 및 진압 (2010.12.13)

• 화재 피해 현장조사 (2010.12.14.)

• 차량 통제 및 우회 (2010.12.14)

• 긴급 안전진단 실시 (2010.12.14)

• 거더손상부 붕괴방지시설 긴급설치 (2010.12.14)

• 부천고가교 화재브리핑 및 대책회의 (2010.12.16)

화재구간 교량 철거

• 철거용 가설벤트 설치 (2010.12.17.)

• 방음벽 철거 (2010.12.19.)

• 슬래브 인양홀 천공 (2010.12.20.)

• 슬래브 난간 절단 (2010.12.21.)

• 슬래브 난간부 인양 (2010.12.21.)

• 철거전 슬래브 상면 계획고 측량

• 슬래브 상판 컷팅

• 슬래브 상판 인양

• 슬래브 파쇄(2010.12.27)

• 강거더 절단 및 인양(2010.12.28)

• 절단 강거더 운반 및 콘크리트 제거

• 상부 철거 완료(2011.01.16.)

상부구조의 재가설

• 신설강박스 거치용 가설벤트 설치(2011.01.18)

• 교각의 보수보강(2011.01.16.)

• 기존 강거더 보수보강(2011.01.20.)

• 신설 강박스 운반(2011.01.28.)

• 신설 강박스 거치(2011.01.29.)

• 강교 받침 세팅

• 강교설치 검사

• 크로스빔 설치

• 강박스 현장도장

• 세로보의 설치

• 강박스 설치 완료(2011.02.10.)

프리캐스트 바닥판 설치

• 바닥판 신 · 구 이음부 콘크리트 깨기 (2011.01.16.)

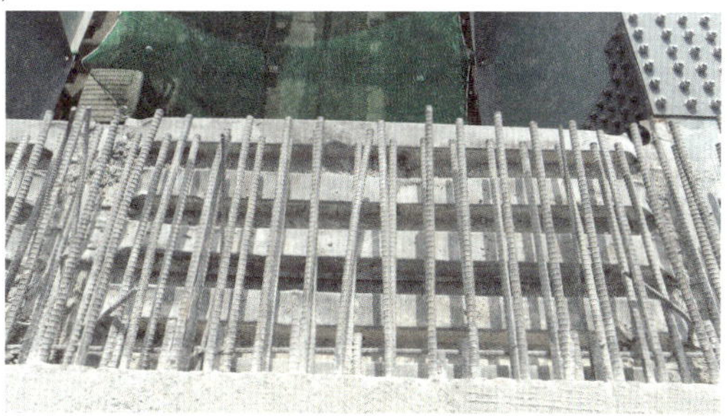

• 탄성재 및 간격재 설치

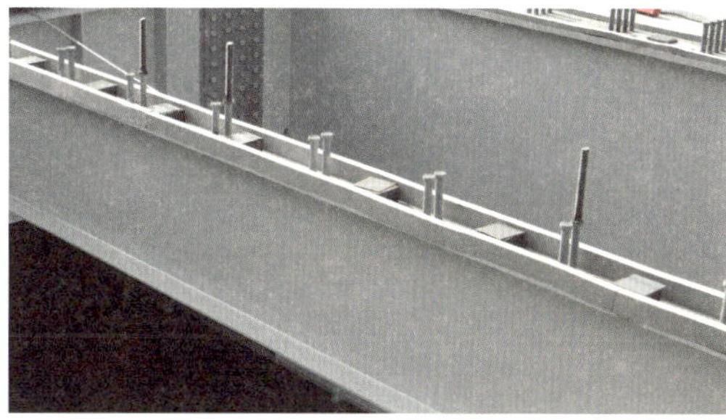

• 시점부 프리캐스트 바닥판 가설 (150톤 크레인) (2011.02.09.)

• 레일 및 대차 설치

• 중앙부 프리캐스트 바닥판 가설(50톤 크레인)

▶ 바닥판 가설 : 50톤 크레인
▶ 바닥판 적재 : 150톤 크레인(대차 2조에 바닥판 적재)
▶ 바닥판 운반 : 대차 2조 운용(50톤 크레인 작업반경 위치까지 바닥판 운반)

• 종방향 강선 삽입

• 프리캐스트 바닥판 이음부 무수축 몰탈 타설 및 양생 (2011.02.11.)

• 종방향 강선 프리스트레스 도입 (2011.02.12.)

• 전단 포켓부 무수축 몰탈 채움

• 이음부 콘크리트 타설 (2011.02.16.)

• 그라우팅

• 프리캐스트 바닥판 시공완료 (2011.02.21)

부대공사

• 교면포장 절삭

• 신구 이음부 사전 정리

• 교면 블라스팅

• 교면 방수

• 아스팔트 교면포장

• 교면포장 다짐

• 연결부 도장

• 교각 보강 및 정비

• 방음벽 설치

• 가로등 설치

• 광케이블 가설

• 차량감지선 설치

복구공사 완료

- 복구공사 완료 (2011.03.15.)

Chapter 1.
부천고가교 화재사고

1.1 화재사고 개요

1.2 교량 현황

1.3 화재 발생 원인 및 피해상황

1.4 화재사고 초기대응

1.1 화재사고 개요

2010년 12월 13일 22:30분경 서울외곽순환고속도로 부천고가교 하부에 불법 주차되어 있던 유조차에서 불꽃이 점화되어 하부주차 차량 39대 및 콘테이너 박스를 전소시키는 대형화재가 발생하였다. 화재는 2시간여 만에 진화되었으나 이로 인하여 교량 상부 강재 거더의 손상 및 슬래브의 과다처짐(최대 35cm이상), 교각의 콘크리트 열화 등 구조물 주요부재의 손상과 방음판 및 광케이블 소실 등 부속시설의 화재피해가 발생하였다.

이에 따라 화재발생 및 피해상황에 대한 원인분석과 긴급복구를 위한 대책방안 마련이 급선무였다.

화재사고 직후 한국도로공사 사장을 대책위원장으로 하여 종합상황 관리를 위한 상황반, 교통제한 및 우회 등 교통 및 안전업무를 위한 교통 소통반, 긴급복구설계를 위한 설계반, 복구공사 시행 및 관리를 위한 복구반, 공사지원반, 행정지원반 및 홍보반으로 대책위원회를 구성하였다.

먼저 내·외부 전문가가 참여한 긴급진단을 실시하여 P72 전후 73.3m를 철거하는 것을 시작으로 하여 3월15일 완료시까지 93일간에 걸쳐 복구공사를 시행하였으며 주요과정은 다음과 같다.

▼ 긴급복구 주요 추진 일정

날 짜	추 진 내 용
2010.12.13(월)	· 부천고가교 교량하부(P72~P73) 화재 발생 · 중동나들목 양방향 전면통제
2010.12.14(화)	· 긴급복구 방안 결정 – 8차로, 73.3m 전면철거 후 복구
2010.12.23(목)	· 슬래브 철거 첫 인양작업 개시
2011. 1.15(토)	· 슬래브 철거 완료
2011. 1.28(금)	· 강박스 최초 설치
2011. 2. 8(화)	· 강박스 설치 완료 및 프리캐스트 바닥판 최초 설치(일산방향)
2011. 2.16(수)	· 프리캐스트 바닥판 설치(판교방향)
2011. 3.11(금)	· 차선도색
2011. 3.15(화)	· 부천고가교 화재복구구간 개통

1.2 교량 현황

서울외곽순환고속도로는 '수도권종합 교통망체계 기본계획' 에 의거 수도권의 급증하는 교통난을 해소하고자 1984년에서 2007년까지 단계적으로 건설되었으며, 서운-안현 구간내 부천고가교가 위치한 송내 나들목, 장수 나들목 구간은 전국고속도로 구간중 가장 통행량이 많은 구간으로서 2009년을 기준으로 일평균 251,131대가 이용하였다.

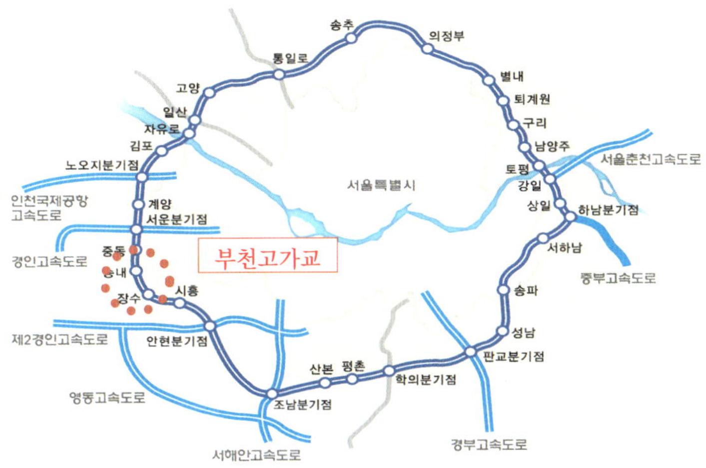

▲ 서울외곽순환고속도로 노선도

▼ 서울외곽순환도로 일평균 교통량(2005~2009년)

구 간	연장	2005년	2006년	2007년	2008년	2009년
일산 ~ 퇴계원	91.0	148,548	154,569	163,534	160,315	167,933
하남 ~ 퇴계원	13.5	141,365	150,748	153,872	152,646	159,204
일산 ~ 서운	14.4	134,076	136,702	140,027	138,306	147,696
서운 ~ 안현	13.3	166,592	177,458	197,458	193,325	199,798
서운JCT ~ 중동	*2.1*	*169,114*	*195,321*	*233,084*	*221,430*	*234,205*
중동 ~ 송내	*2.0*	*168,467*	*183,232*	*225,866*	*214,471*	*220,555*
송내 ~ 장수	*2.4*	*189,423*	*204,215*	*244,048*	*243,420*	*251,131*
장수 ~ 시흥	*4.2*	*168,471*	*169,169*	*169,256*	*167,563*	*171,394*
시흥 ~ 안현JCT	*2.6*	*142,351*	*145,616*	*151,160*	*149,734*	*154,305*
안현 ~ 판교	30.4	156,618	161,142	172,381	164,976	173,021

1.2.1 부천교가교 교량 현황

▲ 부천고가교 전경

【부천고가교의 개관과 전경】

- 교량명 : 부천고가교
- 위　치 : 경기도 부천시
- 연　장 : 7,754m
- 경간수 : 130 경간
- 일방향 차로수 : 4차로
- 교량형식 : 강교 (Steel Box Girder)
- 설치시기 : 1998년

서울외곽순환고속도로의 가장 많은 교통량을 담당하는 송내나들목~서운나들목 구간에 부천고가교가 건설되었다. 인천시와 부천시를 통과하는 이 구간은 계획당시 도시발전과 경관을 고려하여 도심부 전구간을 교량으로 건설하였다. 부천고가교는 경인국도, 경인전철 및 경인고속도로 등을 횡단하는 길이 7,754m, 130경간의 교량으로 국내 육상 최장교량이다.

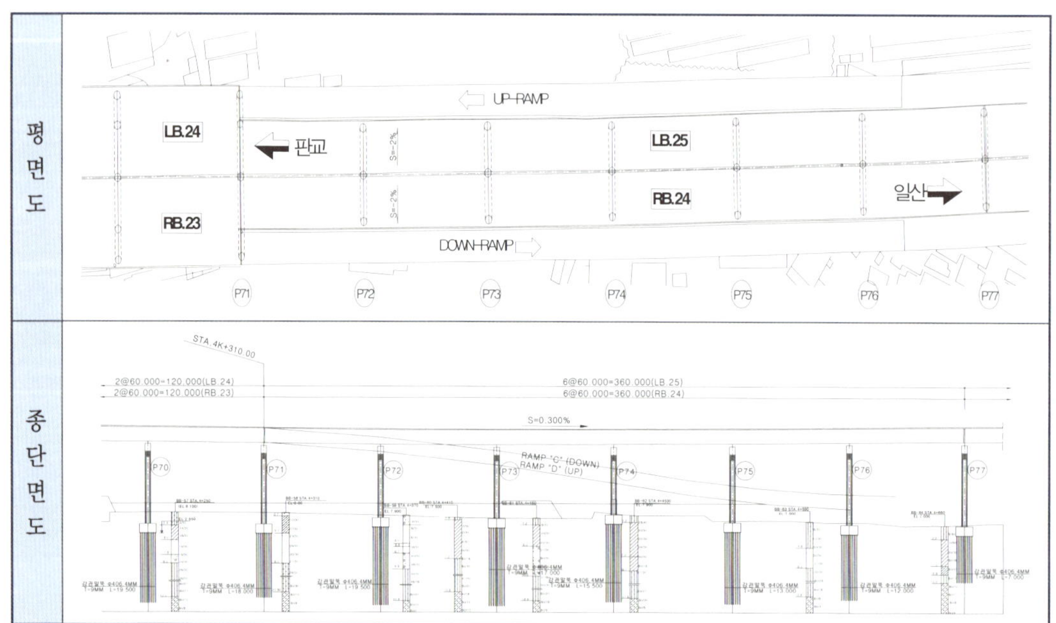

▲ 부천고가교 중동나들목 종평면도

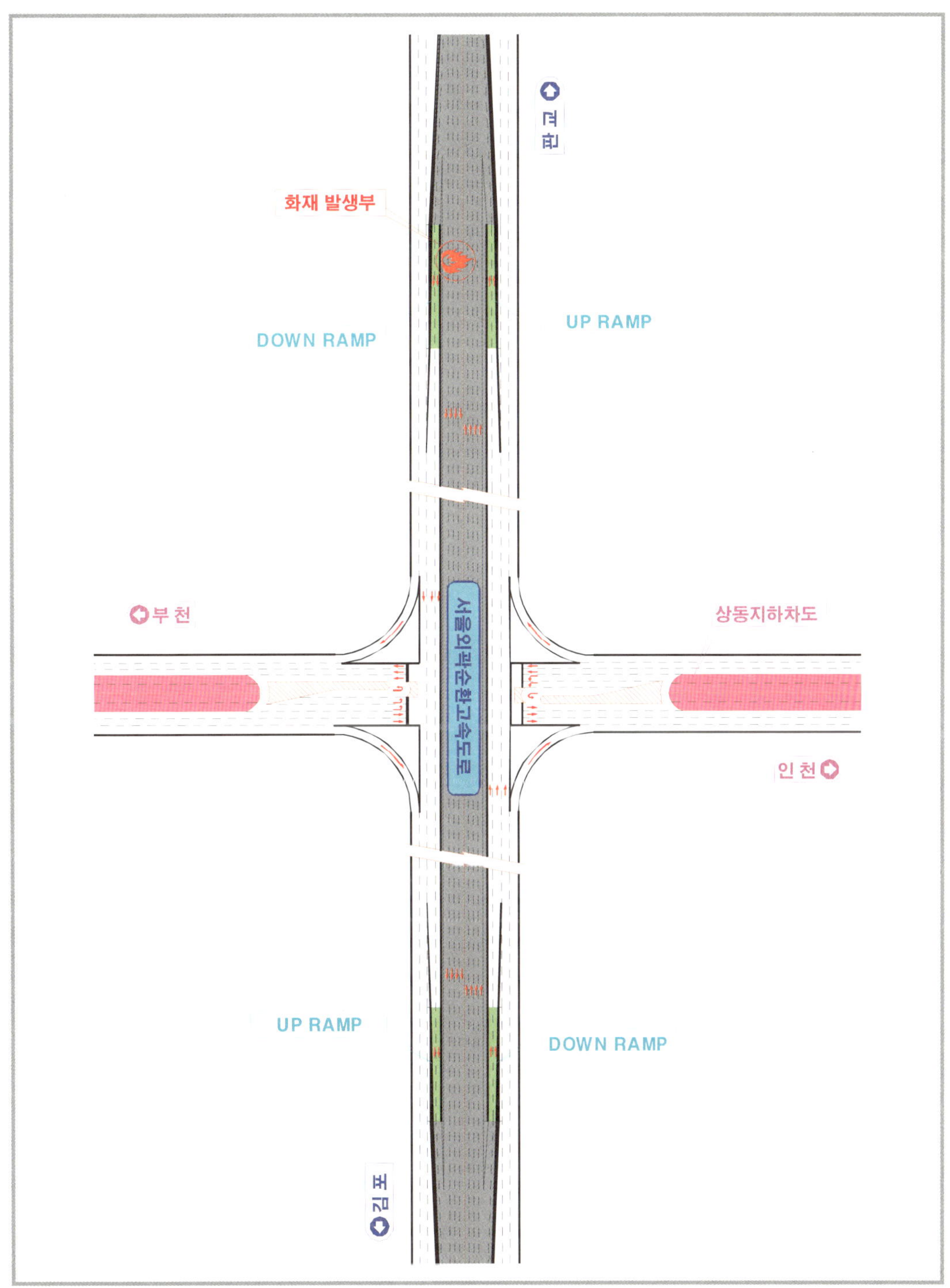
일산
화재 발생부
DOWN RAMP
UP RAMP
부 천
상동지하차도
서울외곽순환고속도로
인 천
UP RAMP
DOWN RAMP
김 포

▲ 중동나들목 현황도

1.3 화재 발생 원인 및 피해상황

1.3.1 화재발생 원인

2010년 12월 13일(월) 22시 30분경, 서울외곽선 86.8km, 중동나들목 부천고가교 하부(P72~P73)에 불법주차된 차량 및 컨테이너에서 화재가 발생하였다. 유조차 안에 가득 실려 있던 휘발유가 연소되면서 화재가 걷잡을 수없이 커졌고, 주차되어 있던 차량들에 불이 옮겨 붙으면서 결국 차량 39대와 컨테이너 9동을 전소시켰다.

2010년 초 조사결과 전국에 걸쳐 330개소의 고속도로 하부부지 불법점용사례가 있었으나 2010년 2월 12일 서울외곽순환고속도로 귤현대교 하부부지 화재 발생을 계기로 대부분의 철거작업은 시행 완료했으나 부천고가교를 비롯한 34개소가 미철거 상태로 남았다.

화재당시 부천고가교 하부에는 29개 단체에서 주차장, 자재야적장, 폐기물 처리장 등의 불법점용이 이루어지고 있었으며, 화재발생구간은 컨테이너 10동과 불법 주차차량 100여대가 있었다.

경찰조사결과 화재는 고가교 하부에서 유조차운전자가 배달 중이던 휘발유를 빼돌리는 과정에서 모터펌프의 순간 스파크로 인해 발화된 것으로 밝혀졌으며, 이러한 개인적 불법행위가 국가 기간망인 고속도로를 전면 통제시키는 큰 피해로 이어진 것이다.

▲ 화재발생 위치도

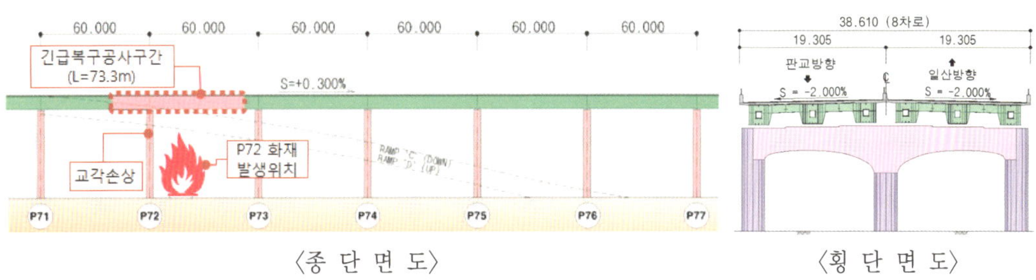

〈종 단 면 도〉 〈횡 단 면 도〉

▲ 부천고가교 화재발생 개요도

▲ 부천고가교 화재당시 사진

1.3.2 피해상황

화재의 발생은 부천고가교의 72번과 73번 교각 사이에서 발생하였다. 강한 화염이 지속되면서 바닥판의 처짐, 강박스거더 하부플랜지의 찢어짐 및 복부판의 좌굴발생, 그리고 교각의 열화 등 구조물에 큰 손상이 발생하였고, 이 때문에 하루 25만대의 차량이 이용하는 수도권물류교통의 핵심구간에 교통차단과 차량통제가 불가피해졌다. 이로 인해 발생하는 시민불편 및 물류비 등 사회적 손실은 일평균 18억원 정도로 추정되었다. 당초 복구공사에는 4개월, 약 150억원이 소요될 것으로 예상되었으나 신속한 초기대응 및 유기적인 복구공사 협조체계의 구축으로 실제 복구공사 완료시까지는 약 3개월(93일), 142억원이 소요된 것으로 최종 집계되었다.

▲ 부천고가교 화재사고 전경

▲ 바닥판 처짐

▲ 화재로 인한 상부거더 손상

▲ 상부 강거더 찢어짐

▲ 복부판 변형

▲ 교각의 열화

1.3.3 간접 손실비용

구조물 복구공사에 따른 직접적 손실비용 외에 본 화재사고로 인한 간접 손실비용이 발생하였다. 중동나들목 교통통제로 인한 연계영업소(김포, 시흥, 서서울) 이용차량 통행료 수입감소로 약 1억원/일의 통행료 손실비용이 발생하였고, 출퇴근차량 및 물류수송 차량의 통행시간 증가로 18억원/일의 사회적 손실비용이 발생한 것으로 분석되었다.

가. 통행료 손실비용 산출

통행료 손실비용 화재지점 전 · 후 및 주변에 위치한 본선영업소5개소[서울외곽선(김포, 시흥), 서해안선(서서울), 경인선(인천), 제2경인선(남인천)]를 대상으로 조사되었으며, 「통합TCS 수납집계 보고서」를 근거로 산출(영업처)하였다.

▼ 이용차량 및 통행료 변화(일평균)

(단위 : 대, 천원, %)

구 분	이용차량			통행료 수입		
	사고전 (12.7~12)	사고후 (12.14~19)	증감률	사고전 (12.7~12)	사고후 (12.14~19)	증감률
김포(개)	169,410	238,908(Δ41,502)	Δ24.5	136,851	102,522(Δ34,329)	Δ25.1
시흥(개)	143,306	96,519(Δ46,787)	Δ32.6	100,178	67,218(Δ32,960)	Δ32.9
서서울(폐)	87,917	79,751(Δ8,166)	Δ9.3	269,895	231,570(Δ38,325)	Δ14.2
인천(개)	141,260	141,915(증 655)	증 0.5	100,922	101,226(증 304)	증 0.3
남인천(개)	67,746	75,404(증 7,658)	증 11.3	54,869	61,072(증 6,203)	증 11.3
소 계	609,639	521,497(Δ88,142)	Δ14.5	665,715	563,608(Δ99,107)	Δ15.0

① 중동나들목 교통통제로 연계영업소(김포, 시흥, 서서울) 이용차량과 통행료 수입은 감소한 반면, 대체영업소(인천, 남인천)는 일부 증가한 것으로 나타남.

② 화재사고 전 · 후 동기간(화~일요일) 비교결과 일평균 이용차량은 14.5%(88,142대), 통행료 수입은 15.0%(99,107천원) 각각 감소한 것으로 나타남.

나. 사회적 손실비용 산출

- 교통현황(서울외곽 서운~송내구간)

① 교통량 : 23만대/일(승용차 76.0%, 버스 2.2%, 화물 21.8%)

② 통행속도 : 첨두시 30~40km/h 이하

③ 수요특성 : 중장거리(장수 ↔ 김포) 49%, 단거리(송내 ↔ 계양) 51%

- 사회적 손실비용

① 전제조건

- 진입통제 : 중동나들목 하부도로, 장수(일산방향), 계양(판교방향)
- 통제기간 : 복구시까지 4개월(120일)
- 분석범위 : 주변 간선도로(교통수단 변경은 미반영)

② 사회적 손실비용 : 총 2,160억원(18.0억원/일)

- 통행시간 비용 : 총 3,120억원(26.0억원/일)
- 차량운행 비용 : 총 −756억원(−6.3억원/일)
- 환경 비용 : 총 −204억원(−1.7억원/일)

※ 총 통행시간은 증가하고 총 통행거리는 감소

③ 사회적 손실비용 산정식

■ 전후 통행속도 산출

· BPR 지체함수 적용

$T = T_0 \times [1 + \alpha(V/C)^{\beta}]$, 여기서
T : 링크의 통행시간(시간)
T_0 : 이상적인 상태에서의 통행시간(시간)
V : 교통량(승용차)(대/시)
C : 용 량(승용차)(대/시)

■ 손실비용 원단위 – 예비타당성 조사 표준지침(KDI, 2008년)

· 통행시간 손실비용

$VOT = \sum_{l} \sum_{k=1}^{3} (T_{kl} \times P_k \times Q_{kl})$, 여기서
VOT : 통행시간 가치
T_{kl} : 차종별 링크 통행시간
P_k : 차종별 시간가치
Q_{kl} : 차종별 링크 통행량
k : 차종(승용차, 버스, 화물차), l : 링크

· 차량운행 손실비용

$VOC = \sum_{k=1}^{3} (D_k \times VT_k)$, 여기서
VOC : 차량 운행 비용
D_k : 차종별 대 · km
VT_k : 차종별 속도별 차량운행비용
k : 차종(승용차, 버스, 화물차)

· 환경손실 비용 : 대기오염(CO, NO_x, HC, PM, CO_2)

1.4 화재사고 초기대응

1.4.1 개요

화재사고 직후 구조물의 손상정도 파악 및 2차 피해방지, 그리고 신속한 복구공사 계획의 수립을 위하여 대책위원회 및 긴급복구상황실을 구성하였다.

구조물의 긴급안전진단을 통해 복구범위 및 복구방안에 대한 계획을 수립하였으며, 홍보대응 및 교통소통대책 등의 초기대응방안을 수립하여 사회적 영향을 최소화 하도록 노력하였다.

가. 대한토목학회 진단 및 대책위원회 구성

피해상황에 대한 정확한 판단, 교통처리 및 복구공사 방향설정을 위해 화재사고 직후 대한토목학회의 긴급 진단 실시 및 관련 전문가로 구성된 대책위원회가 긴급 소집되었다. 구조물의 긴급안전진단 결과 화재영향구간의 강거더 및 바닥판, 그리고 교각부에 심각한 손상이 발생한 것으로 조사되어 73.3m 구간을 철거 후 재시공하는 것으로 결정하였다.

- 대책위원장 : 박영석/토목학회 부회장/명지대 교수
- 대 책 위 원 : 조재병/경기대 교수
  윤태양/RIST 강구조연구소 소장
  방명석/충주대 교수
  정철헌/단국대 교수
  강영존/고려대 교수
  정수형/한국시설안전공단 팀장

▲ 긴급 대책위원회 구성

【진단 및 대책위원회 활동】

① 초기처리방안에 대한 자문

가. 구조물의 손상정도 파악 및 안전확보를 위한 우선 조치사항 결정

나. 교통처리대책, 구조 및 시공안전성 검토, 공사기간 및 경제성 분석 등 복구처리방안 신징

다. 상부구조 철거 및 복구공사범위 선정

라. 철거 및 가설공법 선정

② 복구공사 설계에 대한 자문

가. 세부설계 기준 적용의 적정성

나. 강박스거더 가설계획의 적정성

다. PC 바닥판 설치 계획의 적정성

- 종방향 이음부 처리
- 기존 바닥판과의 연결방안
- 강박스거더 이음부와 저촉되는 부분 처리

③ 긴급정밀 안전진단 자문 및 심의

나. 긴급복구 상황실 구축 및 운영

화재발생 즉시 한국도로공사는 역량을 총집결해 많은 시민들이 이용하는 고속도로를 신속하고 안전하게 복구하기위해 노력하였다. 신속한 복구공사 진행을 위해 긴급복구상황실을 구성하고 최고책임자인 류철호사장을 비롯한 도로공사 경영진들이 직접 현장에 나가 피해상황을 파악하고 복구방안을 마련하였다. 긴급복구상황실은 임원들뿐만 아니라 전직원들과 현황을 공유했고 최고책임자가 현장상황과 복구공사 진행에 관한 모든 상황을 지휘하였다.

'긴급복구상황실'은 상황반, 교통반, 복구반, 홍보반, 설계반 등으로 구성되었으며, 화재발생부터 복구공사완료시까지 93일간 전담 운영하여 복구공사를 체계적으로 조기에 완료하였다.

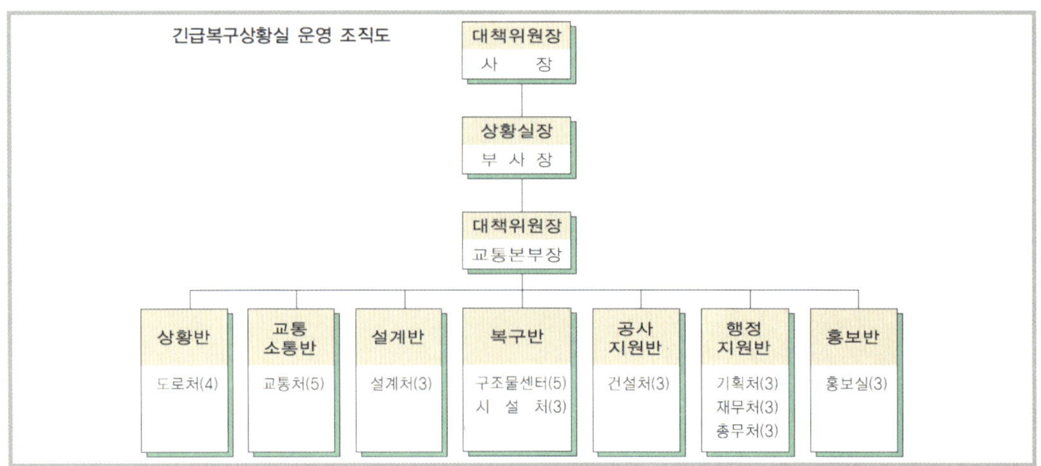

▼ 반별 임무

구 분	반 별 임 무
상 황 반	• 종합상황 관리, 대내외 보고업무 등 총괄
교통소통반	• 교통제한 및 우회, 안전등 소통업무 전반
설 계 반	• 긴급 복구공사 설계관련 업무총괄 (ITS, 전기, 광통신시설 등 설계포함)
복 구 반	• 긴급복구계획수립 공사시행 및 관리업무
공사지원반	• 강교감리 등 공사지원 업무
행정지원반	• 복구반 업무지원, 예산조치, 상황반 운영지원 • 법률자문 및 법적대응 업무지원
홍 보 반	• 대국민홍보 및 대변인 업무, 대외보도 홍보

1.4.2 긴급진단 및 복구방안

교량 하부에서 화재가 발생한 후 즉시 대한토목학회, 구조물센터와 도로교통 연구원 등에서 전문가들이 현장에 급파되어 긴급점검을 실시하였다. 2일간 화재피해를 조사하였고 결과를 분석하여 손상구간 73.3m를 철거한 후 재설치하는 방안을 최종적으로 채택하였다.

가. 화재발생구간 고가교 전경

P73 ← 일산 P72 판교 → P71

나. 화재구간 긴급진단 실시

다. 긴급진단 결과 및 보수보강 방안 요약

구 분		내 용		
대 상		서울외곽선 부천고가교 P72~P73		
일 시		2010년 12월 15일		
위 원 (7명)		명지대 박영석 교수(단장), 경기대 조재병 교수(간사), 충주대 방명석 교수, 고려대 강영종 교수, 단국대 정철헌 교수, RIST 강구조 연구소 윤태양 소장, 한국시설안전공단 정수형 팀장		
주요 손상내용		· 열에 의한 6개 거더의 과도한 변형, 처짐 및 파단 · 교각 코핑부 받침손상 및 일부 거더의 들뜸 발생 · 바닥판 처짐(35cm 이상) 및 함몰 발생 · 교각 상부면의 폭열에 의한 콘크리트 파손		
보수·보강 방안		1안	2안	3안
	상부구조	교체	교체	현재 거더 외부에 추가 강재보강 설치
	교통처리	전면 통제	일부 교행	일부 교행
	내 용	교통을 통제한 상태에서 손상부위 제거 후 상부구조 재설치	일부교통을 허용하면서 손상부위 제거 후 상부구조 재설치	일부교통을 허용하면서 손상부위 외측에 추가 강재보강 설치
	채 택	◎		
결 론		· 손상부위 전면 제거 후 상부구조 재설치안이 바람직한 것으로 판단됨.		

라. 긴급진단 결과

1) 판교방향 G3 (P72~P73구간)

위 치 도	판교 방면 / 일산 방면 / ① ② ③ ④ ⑤ ⑥
주 요 손상내용	• 강거더 전반에 걸친 열화 발생 • 하부플랜지 우측부 과도변형 발생 • 복부판 연결부 구간 및 일반 구간 뒤틀림 발생
손 상 전 경	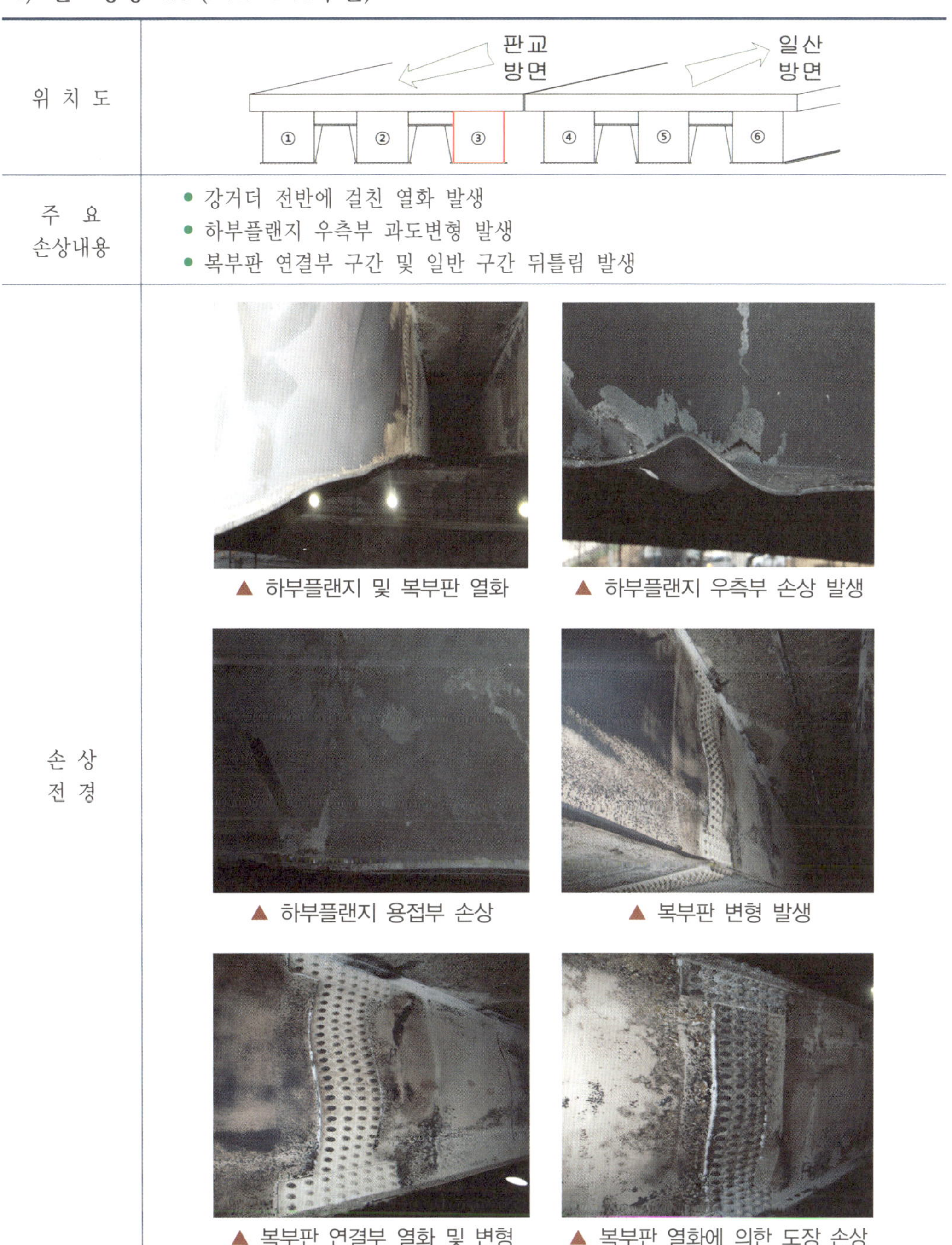 ▲ 하부플랜지 및 복부판 열화 ▲ 하부플랜지 우측부 손상 발생 ▲ 하부플랜지 용접부 손상 ▲ 복부판 변형 발생 ▲ 복부판 연결부 열화 및 변형 ▲ 복부판 열화에 의한 도장 손상

2) 3~4번 거더 사이 콘크리트 슬래브

위 치 도	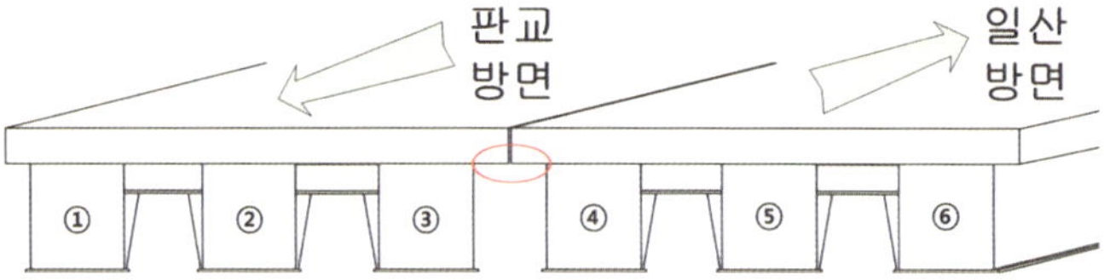 판교 방면 / 일산 방면 / ① ② ③ ④ ⑤ ⑥
주 요 손상내용	• 폭염에 의한 콘크리트 열화 발생 • 슬래브 하면 콘크리트 탈락 및 쪼개짐 발생 • 슬래브 주철근 노출
손 상 전 경	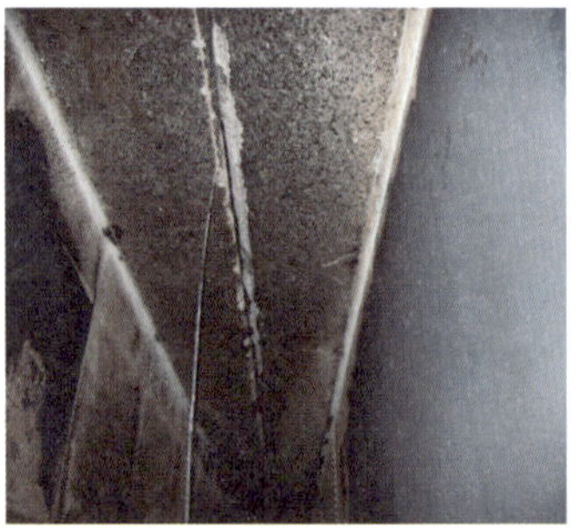  ▲ 폭염에 의한 슬래브 열화 발생   ▲ 콘크리트 탈락 및 쪼개짐   ▲ 주철근 노출

3) 일산방향 G4 (P72~P73구간)

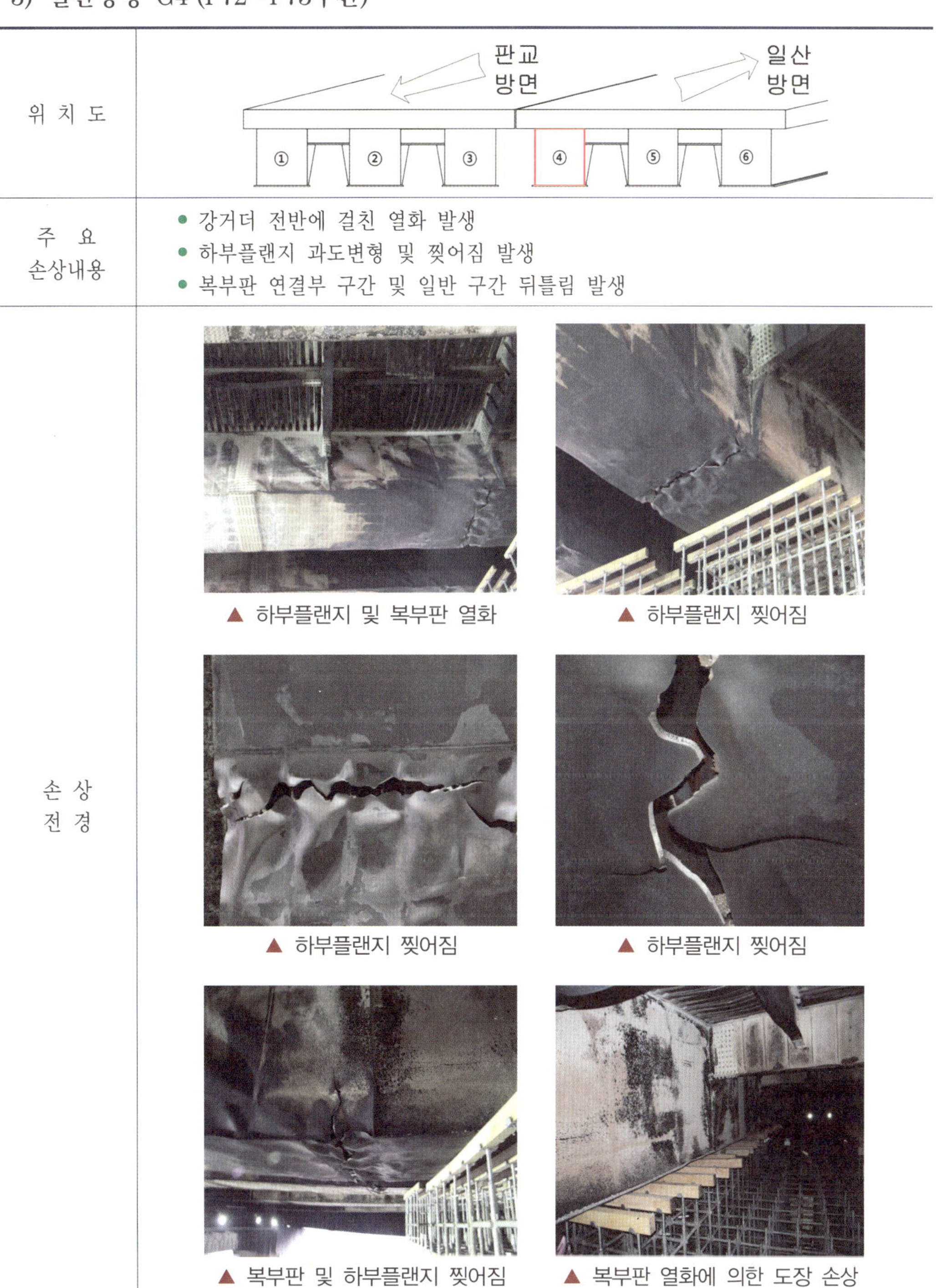

구분	내용
위 치 도	(위치도)
주 요 손상내용	• 강거더 전반에 걸친 열화 발생 • 하부플랜지 과도변형 및 찢어짐 발생 • 복부판 연결부 구간 및 일반 구간 뒤틀림 발생
손 상 전 경	▲ 하부플랜지 및 복부판 열화 ▲ 하부플랜지 찢어짐 ▲ 하부플랜지 찢어짐 ▲ 하부플랜지 찢어짐 ▲ 복부판 및 하부플랜지 찢어짐 ▲ 복부판 열화에 의한 도장 손상

4) 4~5번 거더 사이 브레이싱

위 치 도	판교 방면 일산 방면 ① ② ③ ④ ⑤ ⑥
주 요 손상내용	• 브레이싱 및 데크플레이트 열화에 의한 손상발생 • 브레이싱 하부 플랜지 변형 발생 • 데크플레이트 변형 및 탈락 발생
손 상 전 경	 ▲ 브레이싱 및 데크플레이트 열화  ▲ 브레이싱 및 데크플레이트 열화  ▲ 브레이싱 하부플랜지 변형 발생  ▲ 하부플랜지의 변형  ▲ 데크플레이트 변형 발생  ▲ 데크플레이트 탈락 발생

5) 일산방향 G5 (P72~P73구간)

<table>
<tr><td>위 치 도</td><td> 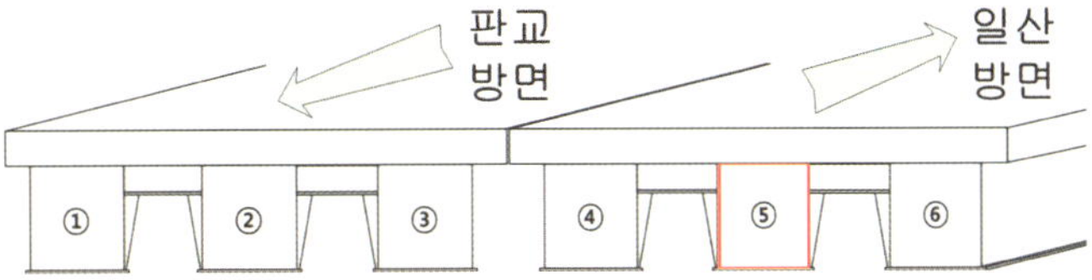판교 방면 / 일산 방면
① ② ③ ④ ⑤ ⑥</td></tr>
<tr><td>주 요
손상내용</td><td>• 강거더 전반에 걸친 열화 발생
• 하부플랜지 과도변형 및 균열 발생
• 복부판 뒤틀림 및 좌굴 발생</td></tr>
<tr><td>손 상
전 경</td><td> ▲ 하부플랜지 좌측부 변형 및 균열 

▲ 하부플랜지 하부 열화에 의한 균열 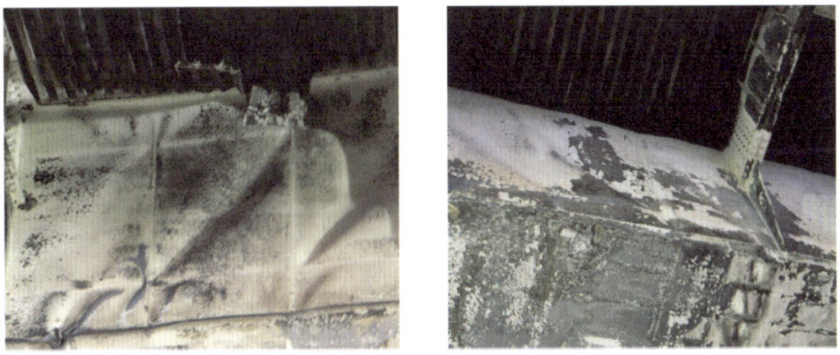

▲ 복부판 뒤틀림 및 좌굴</td></tr>
</table>

마. 추가피해 방지를 위한 초동 대처

1) 붕괴방지용 임시 동바리 설치

화재 발화지점 상단인 일산방향 거더부에 하부플랜지의 찢어짐 및 복부판의 좌굴 등 큰 손상 확인되어, 대변위 발생 또는 교량붕괴 등의 추가적 피해를 방지하기 위해 교통차단 및 교량하부 임시동바리 설치를 통한 긴급조치를 실시하였다.

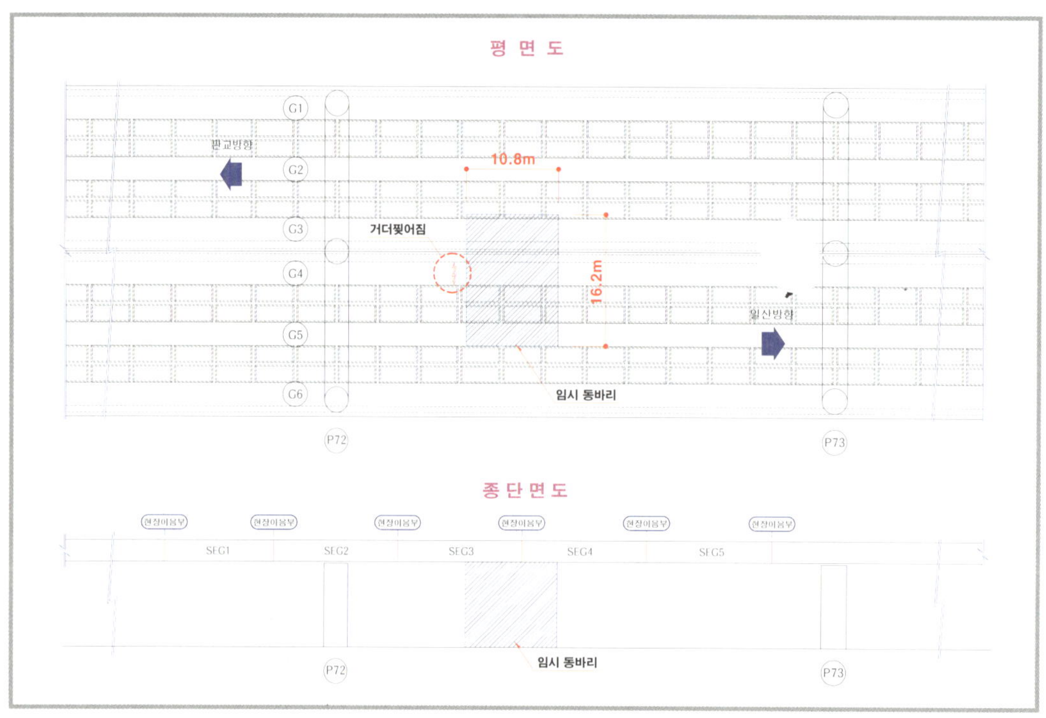

▲ 임시동바리 설치 위치도

▲ 임시동바리 설치전경

1.4.3 교통 소통 대책

본선 통제에 따른 교통 소통 대책은 화재 발생 직후 2차사고 예방을 위한 교통통제 및 우회대책 그리고 화재 다음날인 14일 출근시간에 교통대란 방지를 위한 긴급 교통 소통대책과 철거 및 재시공 기간 동안 고속도로 본선과 하부교차로 및 인근 시가지도로의 원활한 교통소통을 위한 장기적인 교통개선대책으로 구분하여 시행하였다.

교통 소통 대책의 주요 추진내용은 다음과 같다.

▼ 교통 소통대책 주요 추진내용

일 자	시 간	내 용
〈2010년〉		
12월 13일	23:00	중동나들목 양방향 전면통제 및 경인선, 외곽선(계양, 송내) 우회조치
	23:05	서울외곽순환고속도로 판교방향 본선 고립차량 우회조치
	23:45	본선차단 우회 조치 – 판교방향(경인선, 계양나들목 우회), 일산방향(시흥나들목)
12월 14일	00:20	서울외곽순환고속도로 일산방향 본선 고립차량 우회조치
	05:30	계양, 장수나들목 중동방향 진입통제
	14:00	중동나들목 교통차단 관련 원미경찰서 회의
12월 15일	09:00~15:00	중동나들목 하부 세부 우회방안 수립
	16:00	경찰청 합동회의(교통본부장 등 2명)
12월 16일	10:00	경기 경찰청 관계자 회의(교통본부장 등 2명)
12월 20일	02:30	중동나들목 하부 우회방안 시행
	15:00	중동나들목 사고관련 관계기관 대책회의(교통본부장 등 2명)
12월24일		중동나들목 하부 진출입 엇갈림 처리방안 시뮬레이션 및 최적대안 수립
〈2011년〉		
1월 6일~8일		중동나들목 연결로 갓길차로 운영(2→3차로)
3월 10일~17일		중동나들목 복구공사 준공에 따른 개통 재개 계획수립 시행

가. 사고발생으로 인한 긴급 교통통제

사고발생 직후 중동나들목 양방향 및 경인선 서운분기점에서 중동방향으로 진입하는 차량을 전면 통제하였다. 이와 동시에 서울외곽순환고속도로 통행차량은 계양나들목과 송내나들목에서 우회하도록 조치하였고, 이미 중동나들목방향으로 진행하던 고립차량도 우회 조치하였다. 또한 사고발생과 교통통제 내용을 VMS를 통해 홍보하여 고속도로 이용객들의 접근을 방지하였으며 교통통제가 길어지자 서울외곽순환고속도로 장수나들목과 시흥나들목에서 중동방향으로 진입하는 차량도 전면통제해 중동나들목으로 향하는 모든 차량을 통제할 수 있었다. 일련의 교통통제 결정은 현장상황을 고려해 신속하게 이뤄졌으며 경찰청 협조 하에 효율적으로 진행되었다. 신속 · 정확한 교통통제시행으로 2차사고는 발생하지 않았고 화재발생 2시간여 만에 내부 고립차량도 곧 모두 우회시킬 수 있었다.

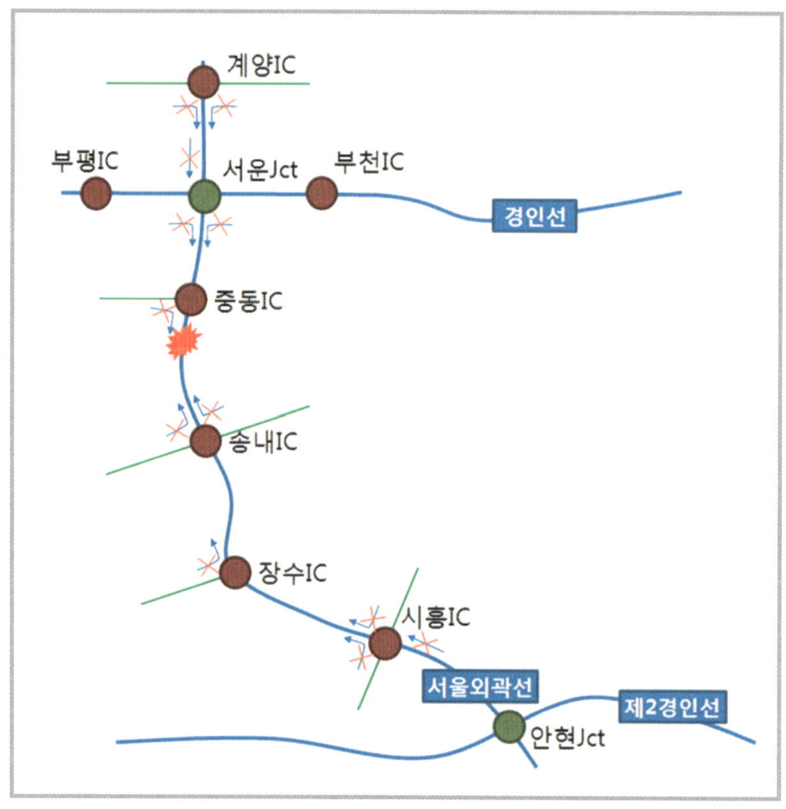

▲ 사고발생 직후 서울외곽순환도로 교통 통제도

나. 교량 재시공 결정에 따른 장기우회대책 시행

교량 시공 완료시까지 장기 교통 우회 대책은 국토해양부, 경찰청, 부천시등 유관기관의 현장조사 및 협의를 통해 결정하였다.

중동나들목 하부신호를 없애 고속도로 통과차량이 정차 없이 통과할 수 있도록 하였으며, 이를 위해 기존 중동나들목 하부 일반도로 이용차량은 서울외곽순환고속도로 하부 부지를 이용한 P턴 형태로 우회하도록 조치하여 고속도로 통과차량 문제를 해결하였다. 중동나들목 하부 유휴부지에 U턴이 가능하도록 공간을 조성하고 직진 및 좌회전차량이 이곳을 통해 우회할 수 있도록 하였다. 이러한 통행이 원활히 이루어질 수 있도록 중동나들목 하부에 PE방호벽을 설치해 차량을 유도하였고, 교차로 부근에 대대적인 홍보도 병행 실시하였다. 현수막과 입간판을 설치해 중동나들목 하부교차로 이용방법을 안내하였고, 리플릿 5만부를 제작해 중동나들목 인근영업소와 지자체, 중동나들목 하부 등에서 배포하였다.

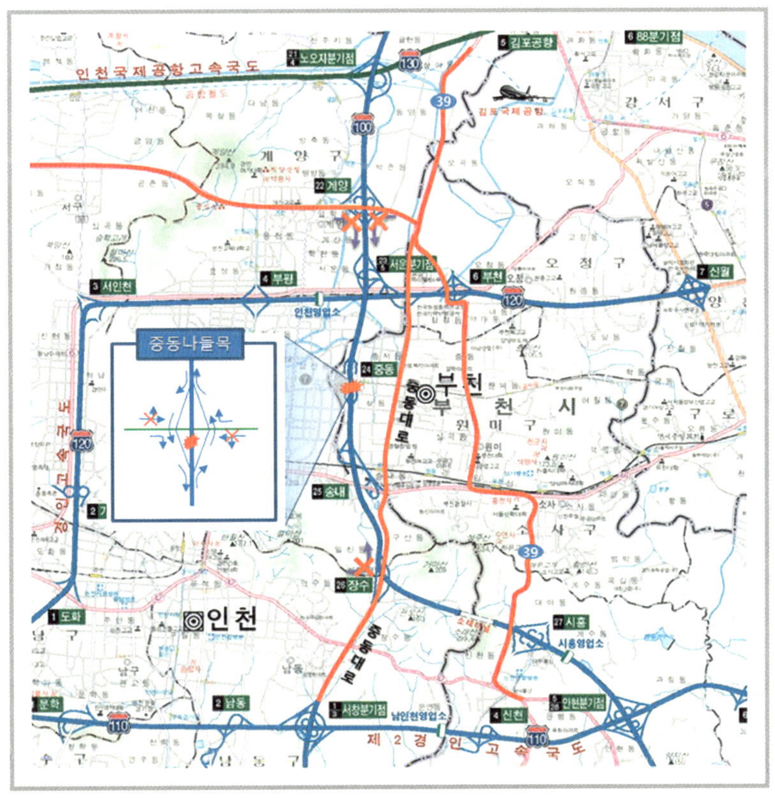

▲ 사고발생 후 복구기간 통제도

중동나들목 우회대책 수립과 더불어 정체최소화방안도 시행하였다. 교통소통 및 국가 기간도로망 기능유지를 위해 장수나들목과 계양나들목, 중동방향 진입로를 계속 통제하는 것으로 결정하였다. 다만 지역주민 불편최소화를 위해 정체가 거의 해소되는 저녁 10시 이후에는 진입통제를 해제하기로 결정해 장수나들목, 계양나들목 진입통제는 아침 6시부터 저녁 10시까지 시행하게 되었다.

▼ 교통 통제지점 및 우회 경로

통 제 지 점	우 회 경 로
계양나들목 판교방향	국도39호3선
중동나들목 (하부도로직진 · 좌회전)	고속도로 : 진출연결로 → 진입연결로 하부도로 : 우회전후 U턴 → 시가지 · 고속도로
장수나들목 일산방향	중동대로

1) 중동나들목 하부교차로 교통우회 방안

중동나들목 하부는 기존에 신호교차로로 운영되었다. 그러나 중동나들목 하부 U턴을 통한 우회도로개설로 복구공사 기간중 무신호로 운영하였다.

▼ 중동나들목 개선 교통 운영

기존 교통 운영	개선 교통 운영	
	고속도로 이용차량	일반도로(계남큰길) 이용차량
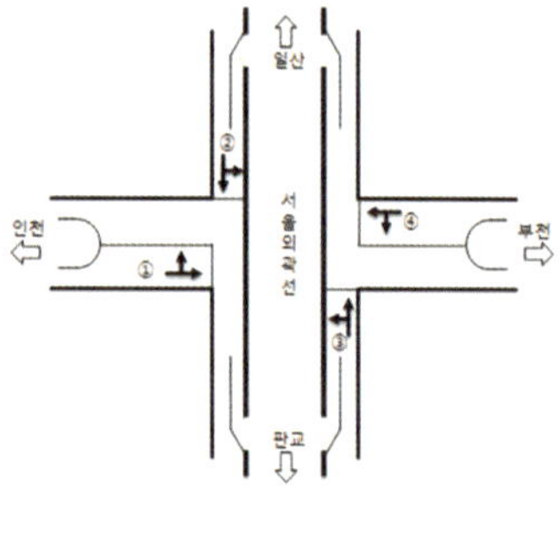 일산 인천 부천 서울외곽선 판교	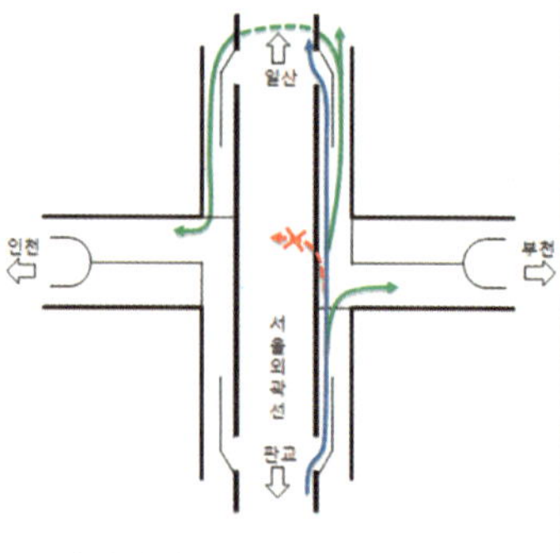 일산 인천 부천 서울외곽선 판교 *반대방향 동일방법 이용	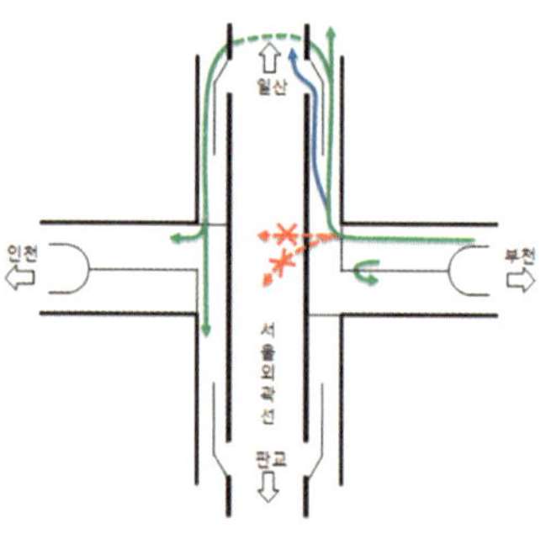 일산 인천 부천 서울외곽선 판교 *반대방향 동일방법 이용

또한 정체를 줄이기 위한 방안으로 본선 차로를 4차로에서 3차로로, 다시 2차로로 단계적으로 축소하고 하부 교차로 노면 표시와 같은 간섭 및 엇갈림을 최소화할 수 있는 방안이 추가적으로 마련되었으며 1월 6일 목요일 새벽 6시부터는 중동나들목 연결로의 갓길 공간을 활용해 부가차로를 마련하였다. 2차로로 운영되던 연결로를 3차로로 확대운영하면서 차량 통행용량을 50%가까이 증대시킬 수 있어 중동나들목 인근 교통정체 해소와 이에 따른 시민들의 불편 해소에 크게 기여하였다.

▼ 연결로(UP-DOWN RAMP) 차로확대

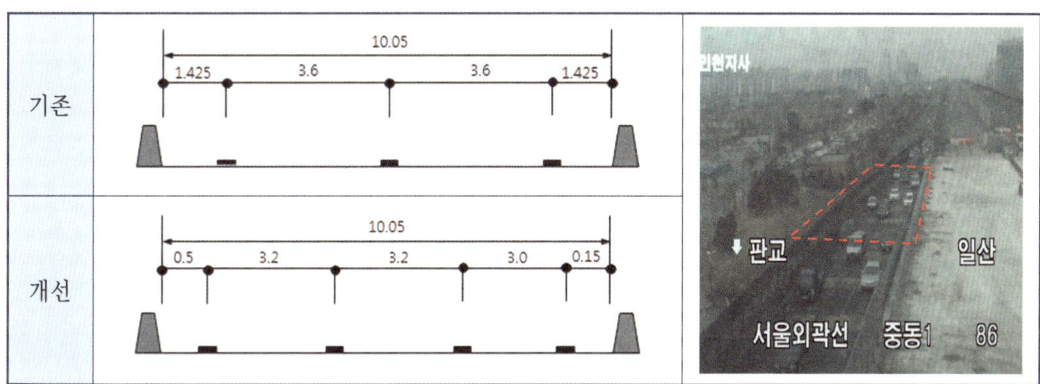

2) 중동나들목 진출입로 개선 영향분석

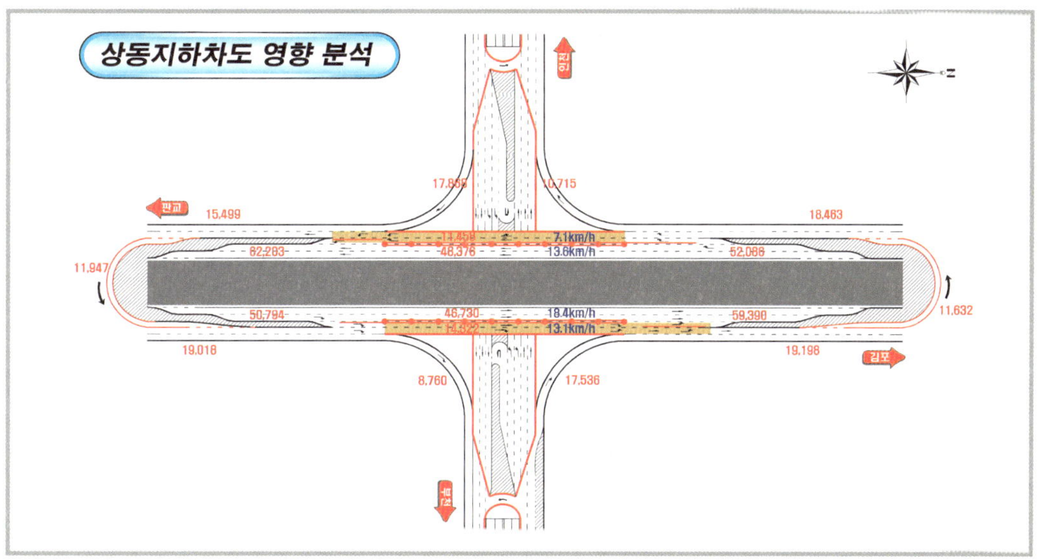

▲ 개선안 시행시 속도 변화

구분		통행속도 (km/h)			정체길이 (m)		비고
		개선전	개선후		개선전	개선후	
			1 · 2차로	3 · 4차로			
고속도로	판교 → 일산	9.9	18.4	13.1	-	-	
	일산 → 판교	9.1	13.6	7.1	-	-	
접근도로	부천 → 고속도로	5.9	8.1		161	125	
	인천 → 고속도로	5.2	8.9		145	113	

중동나들목 진출입로 개선에 따른 인근 상동지하차도 사거리에서 고속도로 이용교통량과 회전교통량간 교통류분리 및 상충면적 최소화를 위해 1 · 2차로와 3 · 4차로를 분리한 시뮬레이션 결과 고속도로 및 접근도로 교통류 모두 속도가 향상되는 것으로 분석되었다.

3) 화재발생 전후 고속도로 및 주변도로 교통량 분석(06시~12시 평균)

- D+1일 : 직접영향권내 교통량 감소, 대안도로 교통량 증가
- D+2일 : 직접영향권내 교통량 감소 심화, 대안도로 통행패턴 변동

(단위 : 대/시)

노 선		구 간	12.7(화) D-6	12.14(화) D+1	12.15(수) D+2	증감 D+1	증감 D+2
직접영향권	서울외곽순환 고속도로	서운~중동	11,047	3,550	3,191	▽74,97 (▽67.9)	▽7,856 (▽71.1)
		장수~시흥	8,012	3,156	3,704	▽4,856 (▽60.6)	▽4,308 (▽53.8)
	영동 고속도로	서창~월곶	4,493	4,281	3,892	▽212 (▽4.7)	▽601 (▽13.4)
대안도로		서안산~안산	7,833	3,274	7,809	441 (5.6)	▽24 (▽0.3)
	서해안 고속도로	광명역~일직	3,643	5,917	5,718	2,454 (70.9)	2,075 (56.9)
	경부 고속도로	판교~양재	8,442	8,801	7,111	359 (4.2)	▽1,331 (▽15.8)
	올림픽 대로	행주~한남	20,663	20,992	20,448	328 (1.6)	▽215 (▽1.0)
	강변북로	가양~한남	34,443	35,339	34,789	896 (2.6)	346 (1.0)

1.4.4 홍보대책

부천고가교 화재발생 이후 시민들의 불편 최소화를 위해 교통우회대책을 최우선적으로 홍보하였다. 사고발생 익일 출근시간의 혼잡을 예상하여 출근차량의 인근 간선도로로의 우회를 적극적으로 유도하는 보도자료를 각 언론사에 긴급 배포하였으며, 중동 나들목의 진출입 램프를 이용한 통행차량의 우회소통 대책을 마련하였다.

또한 화재사고가 고속도로 고가교의 불법점용으로 발생되어 고속도로 관리 부실로 비추어 질수 있음에 따라 언론 매체를 통해 그간 불법점용 퇴거과정을 담은 영상자료와 불법점용 해소를 위한 공사의 노력, 그리고 단속과정에서의 현실적인 한계를 담은 일체의 자료를 보도하여 불법점용에 대한 사회적 인식 전환을 위해 노력하였다. 그 결과 사건 발생이후 약 15일 후인 2010년 12월 29일, 부천고가교 하부구간에 대한 첫 행정 대집행이 실시되어 그간 사회적 인식부족 및 현실적 한계로 인해 미루어 졌던 공공용지의 불법점용 시설물에 대한 철거에 박차를 가할 수 있는 계기가 되었다.

Chapter 2.

정밀안전진단 및 보수·보강방안

2.1 교량의 상태평가

2.1.1 개요

화재로 인한 부재의 파단, 처짐, 뒤틀림, 변형 등이 발생한 상태이므로 화재로 인한 교량 각 부재의 결함 정도 및 범위를 확인하고, 열로 인한 재료 특성 변화를 파악함으로써 구조적 안전성을 검토하는데 필요한 기초 자료를 획득하고 구조물의 현 상태를 파악하여 적정한 보수·보강 방안 및 범위를 제시하기 위해 외관조사를 실시하였다. 외관조사 범위는 주요 구조부재와 보조부재로서 강재 주형, 가로보, SLAB, 교면포장, 방호벽, 배수시설, 신축이음장치, 하부구조, 교량받침 등의 현 상태를 조사하였고, "안전점검 및 정밀안전진단 세부지침(국토해양부, 한국시설안전공단, 2010.12)"의 평가기준에 근거하여 구조물에 발생된 손상정도에 따라 등급을 판정하였다.

외관조사결과에 따라 재료시험 범위를 정하여 비파괴 시험 및 강재 시편시험 등의 정밀안전진단을 실시하여 상부 거더 및 하부 교각의 건전성과 내구성을 평가하였다.

▲ 강박스거더 근접조사(고소차 이용)

▲ 강박스 거더 단면변형 조사

▲ 콘크리트 탄화시험

▲ 강박스 용접부 초음파 검사

2.1.2 외관조사

가. 바닥판

본 과업대상구간인 S71～S74의 바닥판은 철근콘크리트구조이며, 바닥판 내측은 강재 영구거푸집(Deck Plate)이 설치된 상태이고 바닥판 폭은 19.30m, 30.32m로 시공되었다. 화해의 직접적인 영향으로 S73구간은 강재 거더가 파단되면서 거더와 슬래브의 처짐이 발생하였고 콘크리트가 박락되고 철근노출이 발생한 폭열구간도 관찰되었다. 그 외 구간은 콘크리트 박리, 망상균열, 그을음으로 인한 콘크리트 표면오염 등이 조사되었으며 손상현황은 다음 표와 같다.

▼ 바닥판의 손상 현황

위치 \ 손상		Deck Plate 파손 (개소/m^2)	파손, 박리 및 철근노출 (개소/m^2)	망상균열 및 박리 (개소/m^2)	망상균열 및 그을음 (개소/m^2)	그을음 (개소/m^2)	비고
판교	S71	-	-	-	-	98/ 921.20	
	S72	-	2/ 0.24	1/ 15.00	1/ 45.00	49/ 612.00	
	S73	-	1/ 10.00	1/ 60.00	1/ 25.00	50/ 587.00	
	S74	-		1/ 15.00	24/ 720.00	50/ 627.00	
	소계	-	3/ 10.24	3/ 90.00	26/ 790.00	247/ 2,747.20	
일산	S71	-	-	-	-	98/ 954.20	
	S72	-	-	1/ 15.00	1/ 45.00	49/ 612.00	
	S73	2/ 23.00	1/ 10.00	2/ 55.00	1/ 30.00	47/ 559.00	
	S74	-	-	1/ 15.00	1/ 30.00	50/ 627.20	
	소계	2/ 23.00	1/ 10.00	4/ 85.00	3/ 105.00	244/ 2,752.20	
계		2/ 23.00	4/ 20.24	7/ 175.00	29/ 895.00	491/ 5,499.40	

1) 콘크리트 박락, 철근노출, Deck Plate 파손 등의 손상

<table>
<tr><td colspan="2">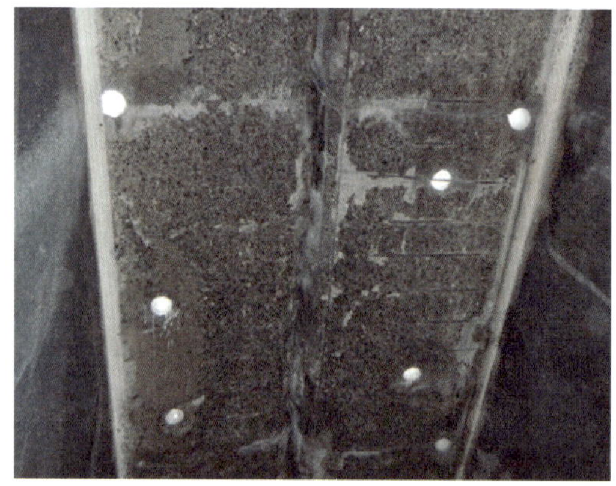</td><td></td></tr>
<tr><td>현황</td><td>• 바닥판 하면 콘크리트 박락, 철근노출
(일산, 판교 S73/내측 캔틸레버-CB3/5)</td><td>• 바닥판 하면 콘크리트 박락, 철근노출
(일산방향 S73/내측 캔틸레버-CB3/5)</td></tr>
<tr><td colspan="2"></td><td></td></tr>
<tr><td>현황</td><td>• 콘크리트 박락 및 철근노출
(판교방향 S73-G3/L-CB9/10)</td><td>• Deck Plate 및 콘크리트 탈락
(일산방향 S73-G1/LF-D3/4)</td></tr>
<tr><td>원인</td><td colspan="2">• 콘크리트는 380℃에서 수산화칼슘의 분해와 수화물의 경계에서 균열이 발생하지만, 안전측으로 볼 때 약 200~325℃에서 폭열반응이 일어난다. 그러므로 콘크리트 박락, 철근노출 등의 발생원인은 직접적인 화해로 인한 고온에서의 폭열반응으로 판단됨.</td></tr>
<tr><td>조치
방안</td><td colspan="2">• 콘크리트는 화재로 인해 발생되는 높은 온도하중을 받으면 재료의 역학적 특성이 변화되는데, 이는 화재가 종료된 이후에 상온으로 냉각된 이후에도 회복되지 않는다.
강재는 화재로 인한 높은 온도하중을 받으면 재료의 역학적 성능이 감소되지만, 상온으로 냉각된 이후에는 대부분의 역학적 성능이 회복된다. 그러나 화재 중에 온도의 영향을 받아 강재에서 변형이 심한 경우는 냉각 후에도 회복되지 않기 때문에 치환 또는 재설치 등의 대책을 강구하여야 한다.</td></tr>
</table>

2) 콘크리트 박리, 골재노출

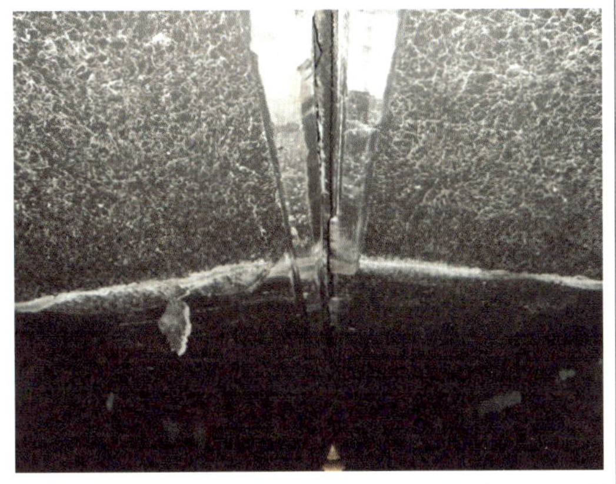

현황	• 바닥판 하면 콘크리트 박리, 골재노출 (일산, 판교 S73/내측 캔틸레버-CB9/10)	• 바닥판 하면 콘크리트 박리, 골재노출 (일산, 판교 S73/내측 캔틸레버-CB9/10)

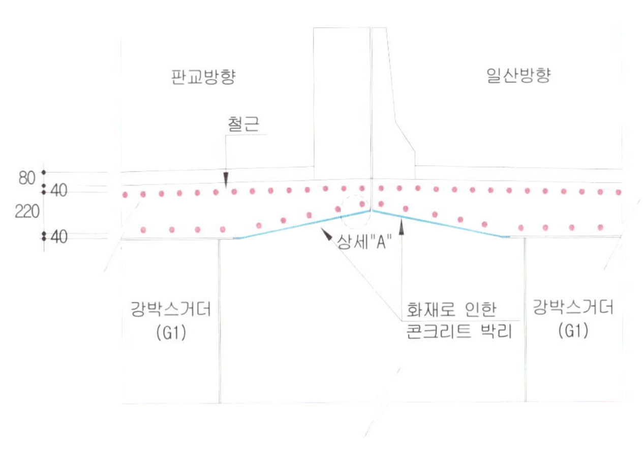

<콘크리트 박리부 손상개요도>

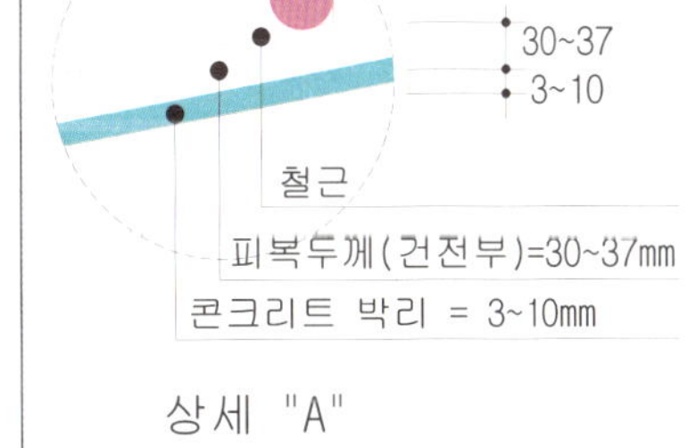

상세 "A"

현황	• 바닥판 하면 콘크리트 박리구간 손상현황(일산, 판교 S73/내측 캔틸레버-CB9/10)
원인	• 화해로 인한 시멘트 몰탈의 수축 및 접착력 저하
조치방안	• 10mm 표면취핑 후 단면복구

3) 콘크리트 망상균열, 그을음

<table>
<tr><td colspan="2"></td><td></td></tr>
<tr><td>현황</td><td>• 바닥판 하면 망상균열, 그을음
(일산방향 S74-G1/L-SP2, 원거리)</td><td>• 바닥판 하면 망상균열, 그을음
(일산방향 S74-G1/L-SP2, 근거리)</td></tr>
<tr><td colspan="2"></td><td>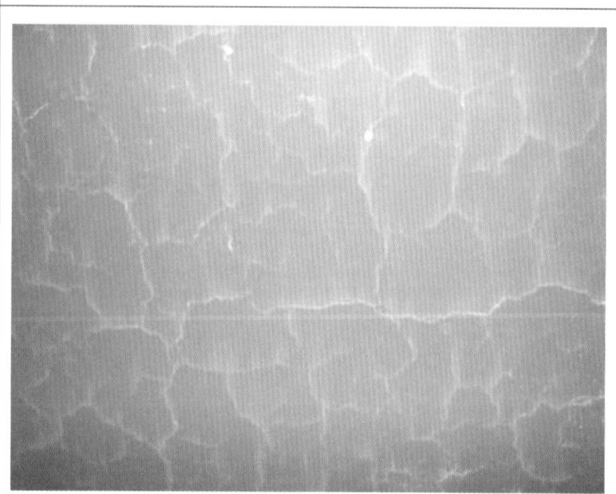</td></tr>
<tr><td>현황</td><td>• 바닥판 하면 망상균열, 그을음
(판교방향 S74-G1/R-SP3, 원거리)</td><td>• 바닥판 하면 망상균열, 그을음
(판교방향 S74-G1/R-SP3, 근거리)</td></tr>
<tr><td>원인</td><td colspan="2">• 화해로 인한 콘크리트 표면 균열
• 화재로 인한 그을음</td></tr>
<tr><td>조치
방안</td><td colspan="2">• 망상균열 및 그을음 ⇒ 그을음 제거(표면 청소) 후 중성화방지재 도포
• 그을음 ⇒ 표면 물청소</td></tr>
</table>

나. 강 박스 거더

본 과업대상구간인 S71～S74구간의 강박스 거더 제원은 2.5m(B)×2.5m(H)이며, 중동IC Ramp-C, D와 합류구간인 S71은 5열, S72～S73구간은 3열로 설치되었다.

화재 발생구간인 S73은 강재 임계온도 이상의 직접적인 화해의 영향을 받아 하부플랜지 및 웨브에 강재 파단, 균열 등이 처짐과 함께 발생하였고, 부재 전체가 비틀림 변형이 발생된 상태이다. 그 외 S72-SP2～S73-SP4는 웨브, 리브 변형이 전반적으로 발생하였고, 그 외 구간은 부분적인 손상이 관찰되며 손상현황은 다음과 같다.

▼ 강 박스 거더의 손상 현황

손상 / 위치		강재 파단, 균열 등	강재 변형			도장 전소 (개소/m^2)		도장연소(기포) (개소/m^2)		그을음 (개소/m^2)		비고
		(개소/m)	플랜지 (개소/m^2)	웨브 (개소/m^2)	리브 (개소/m)	외부	내부	외부	내부	외부	내부	
판교	S71	–	–	–	–	–	–	–	3/ 132.00	8/ 2,250.00	5/ 91.13	
	S72	–	–	20/ 82.50	24/ 39.60	1/ 45.90	2/ 58.00	4/ 1,071.90	54/ 366.89	–	8/ 119.63	
	S73	6/ 1.20	16/ 120.95	178/ 734.25	208/ 411.00	8/ 730.35	10/ 780.13	15/ 734.40	56/ 443.75	–	5/ 128.41	
	S74	–	–	–	–	–	–	3/ 1,458.00	25/ 224.76	–	3/ 299.75	
	소계	6/ 1.20	16/ 120.95	198/ 816.75	232/ 450.60	9/ 776.25	12/ 838.13	22/ 3,264.30	138/ 1,167.40	8/ 2,250.00	21/ 638.91	
일산	S71	–	–	–	–	–	–	–	5/ 56.25	5/ 2,376.00	6/ 166.29	
	S72	–	–	60/ 247.50	52/ 130.00	4/ 140.40	8/ 126.50	7/ 1,317.60	23/ 333.00	–	–	
	S73	7/ 7.30	24/ 106.92	173/ 713.63	211/ 460.35	9/ 924.75	10/ 755.00	8/ 533.25	39/ 236.00	–	2/ 236.50	
	S74	1/ 0.60	1/ 2.16	2/ 8.25	5/ 12.50	–	–	3/ 1,458.00	7/ 49.25	–	2/ 300.00	
	소계	8/ 7.90	25/ 109.08	235/ 969.38	268/ 602.85	13/ 1,065.15	18/ 881.50	18/ 3,308.85	74/ 674.50	5/ 2,376.00	10/ 702.79	
계		14/ 9.10	41/ 230.03	433/ 1,786.13	500/ 1,053.45	22/ 1,841.40	30/ 1,719.63	40/ 6,573.15	212/ 1,841.89	13/ 4,626.00	31/ 1,341.70	

1) 강재 파단, 균열, 변형

① 손상 현황

〈강박스 거더 외부 RW 손상전개도〉 〈강박스 거더 내부 RW 손상전개도〉

▲ 강박스 거더의 강재 파단, 균열 변형 등의 손상 현황 (1)

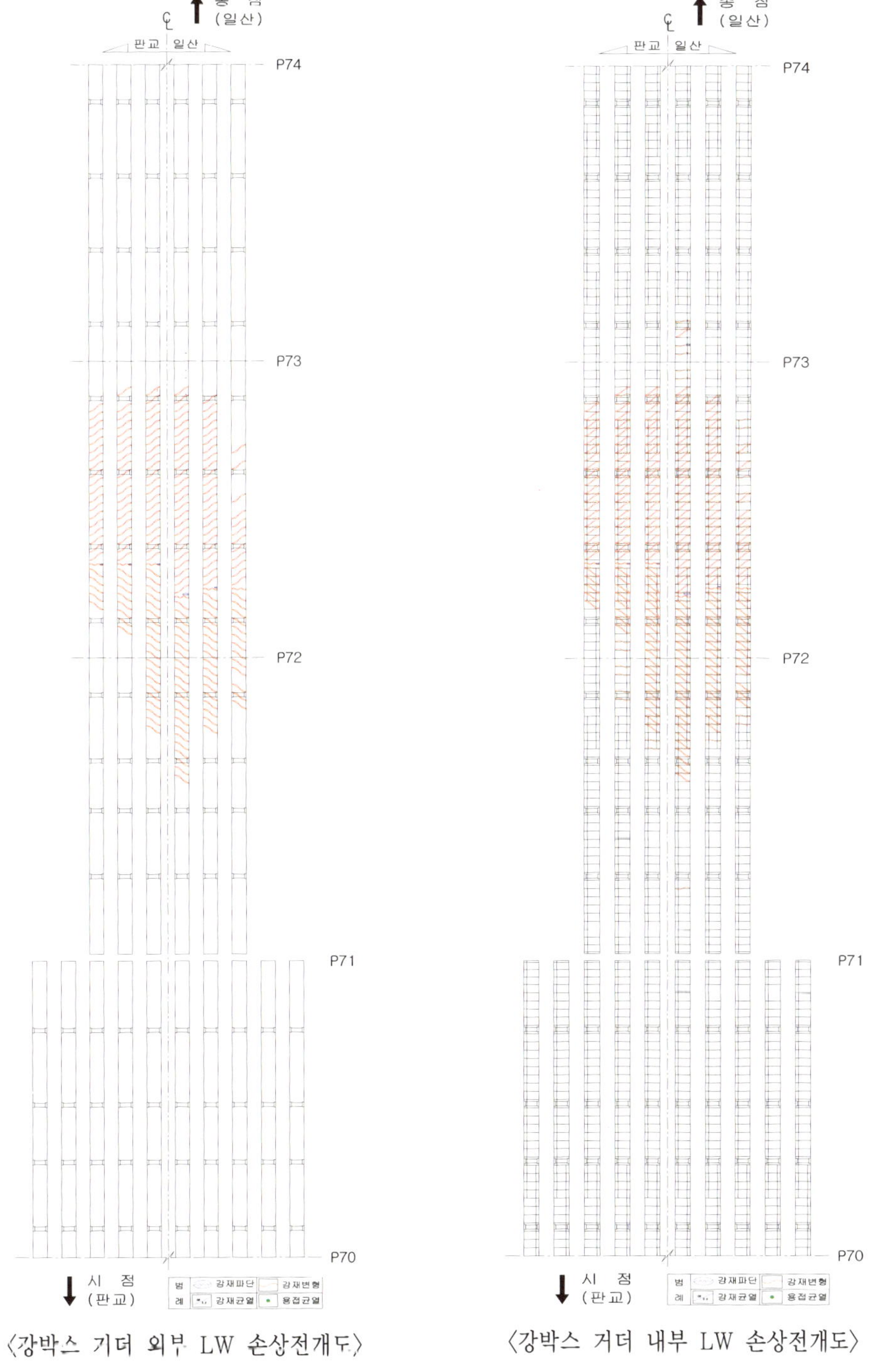

〈강박스 거더 외부 LW 손상전개도〉

〈강박스 거더 내부 LW 손상전개도〉

▲ 강박스 거더의 강재 파단, 균열 변형 등의 손상 현황 (2)

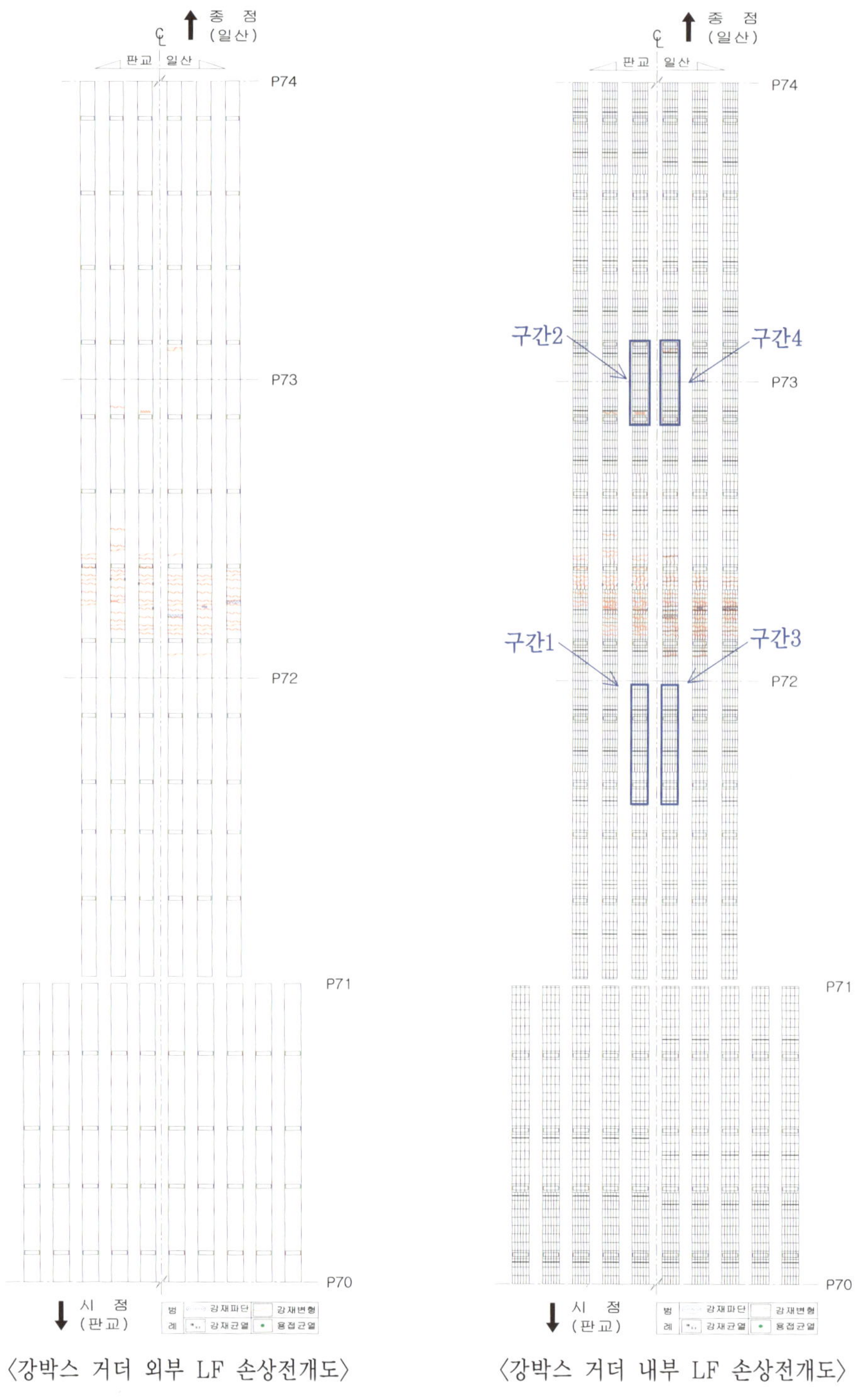

〈강박스 거더 외부 LF 손상전개도〉 〈강박스 거더 내부 LF 손상전개도〉

▲ 강박스 거더의 강재 파단, 균열 변형 등의 손상 현황 (3)

② 강재 파단

■ 손상 현황

현황	• 주형 하부플랜지 파단(원거리) (일산방향 S73-G1/LF-D3/4)	• 주형 하부플랜지 파단(근거리, 폭 80mm) (일산방향 S73-G1/LF-D3/4)

현황	• 주형 하부플랜지 파단(폭 30mm) (판교방향 S73-G1/LF-D4/5)	• 주형 하부플랜지 파단(폭 20mm) (판교방향 S73-G1/LF-D3/4)

③ 강재 변형

■ 손상 현황

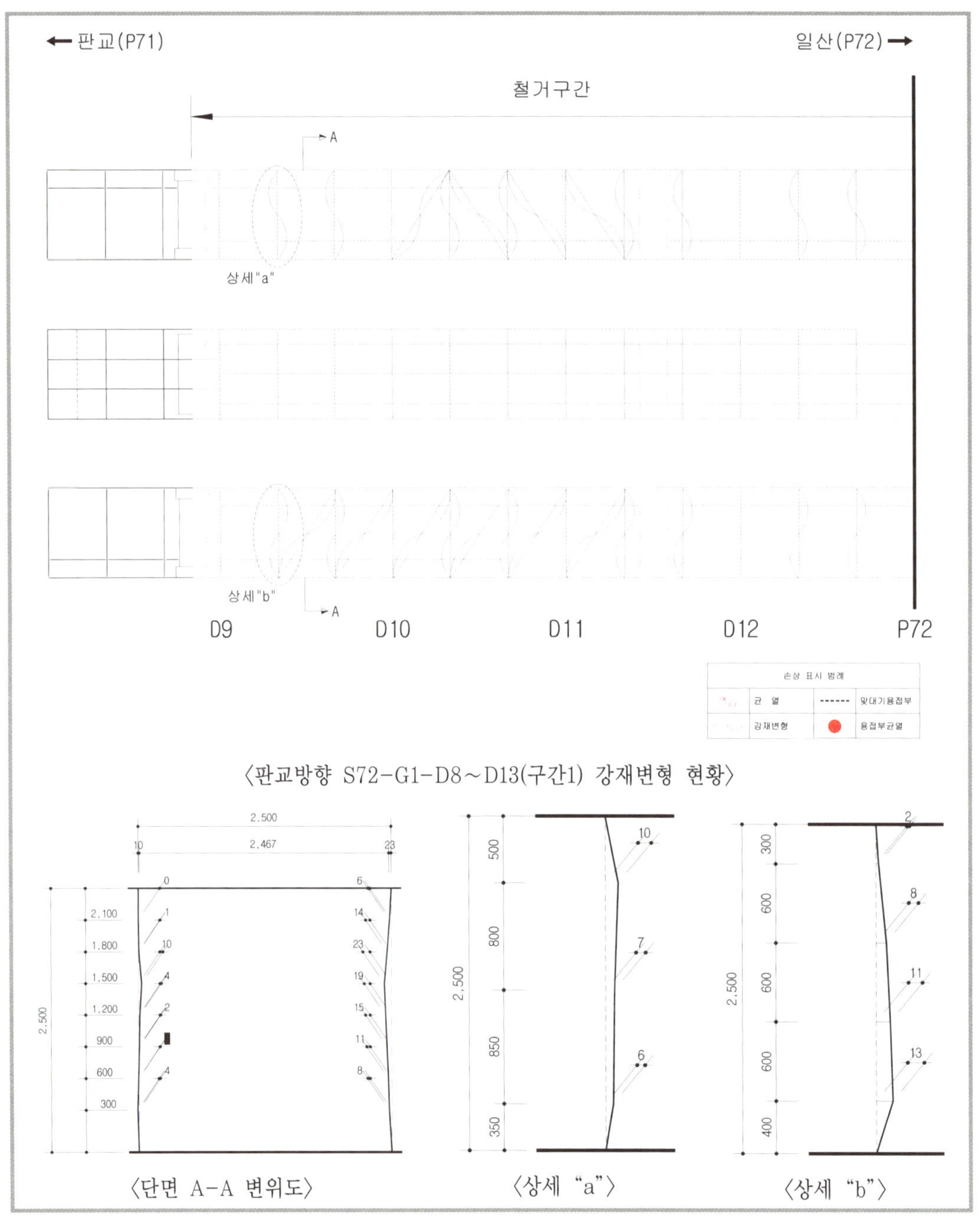

▲ 판교방향 S72-G1-D8~P72(구간1) 강재변형 현황

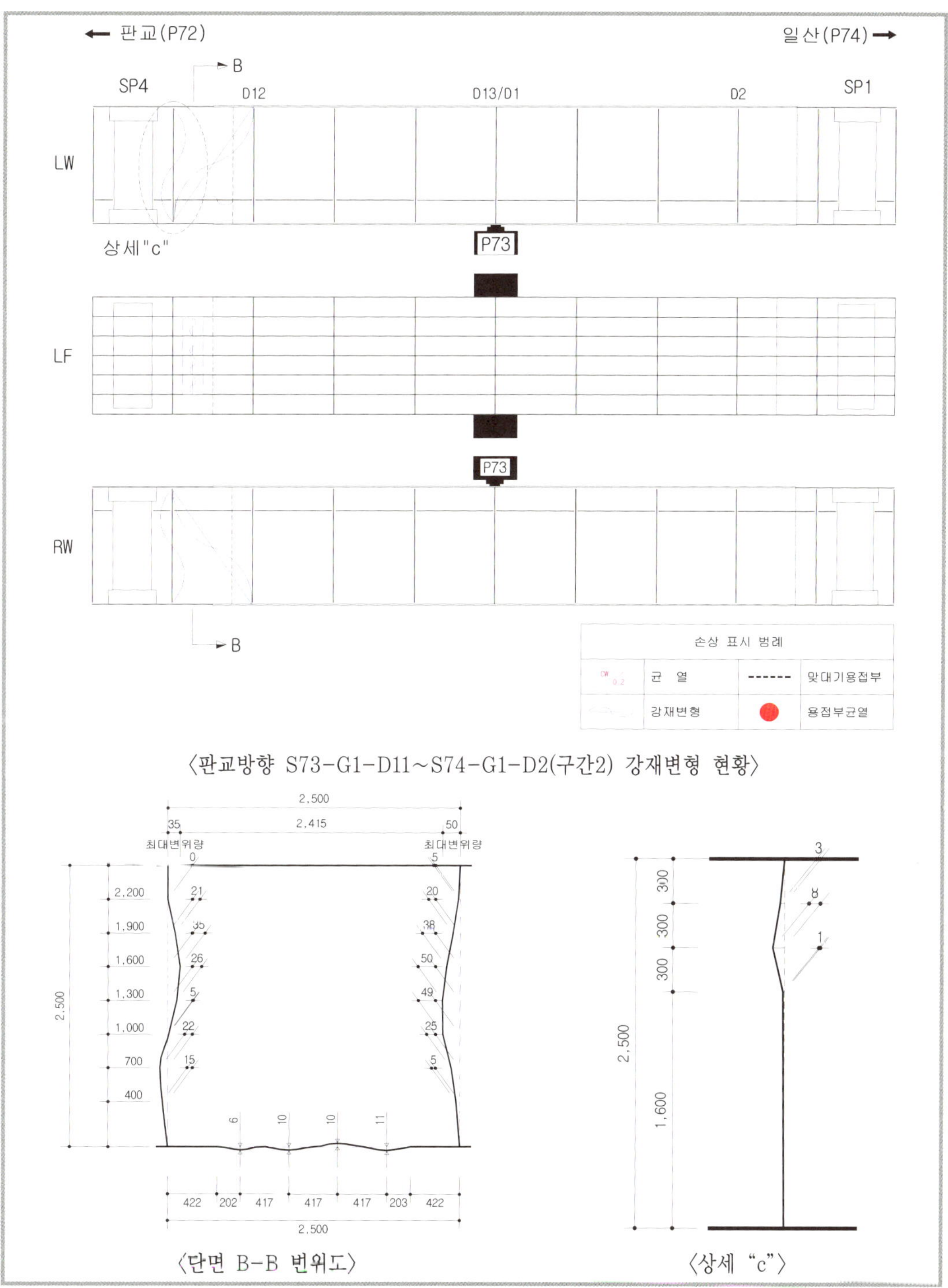

▲ 판교방향 S73-G1-D11~S74-G1-D2(구간2) 강재변형 현황

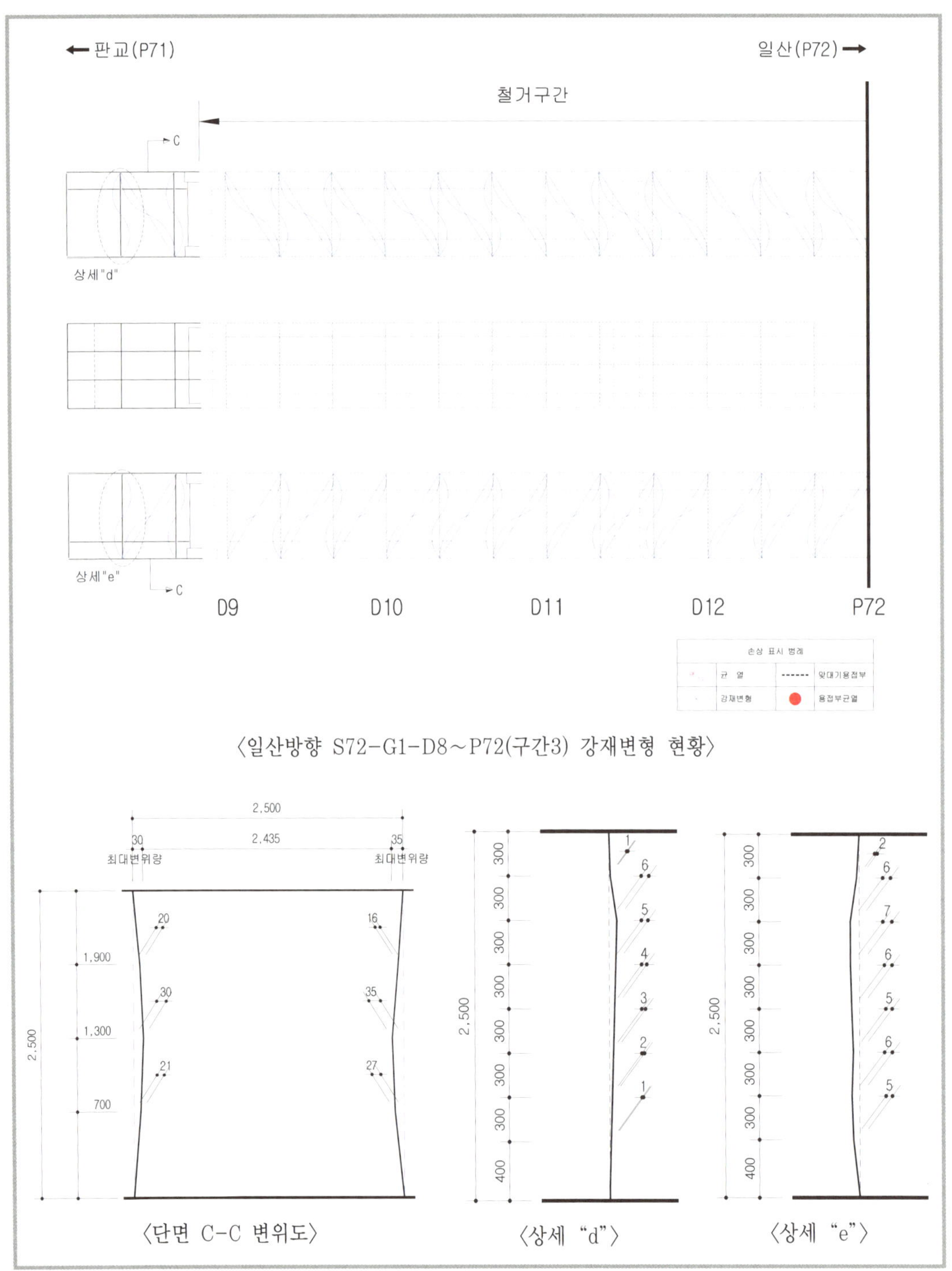

▲ 일산방향 S72-G1-D8~P72(구간3) 강재변형 현황

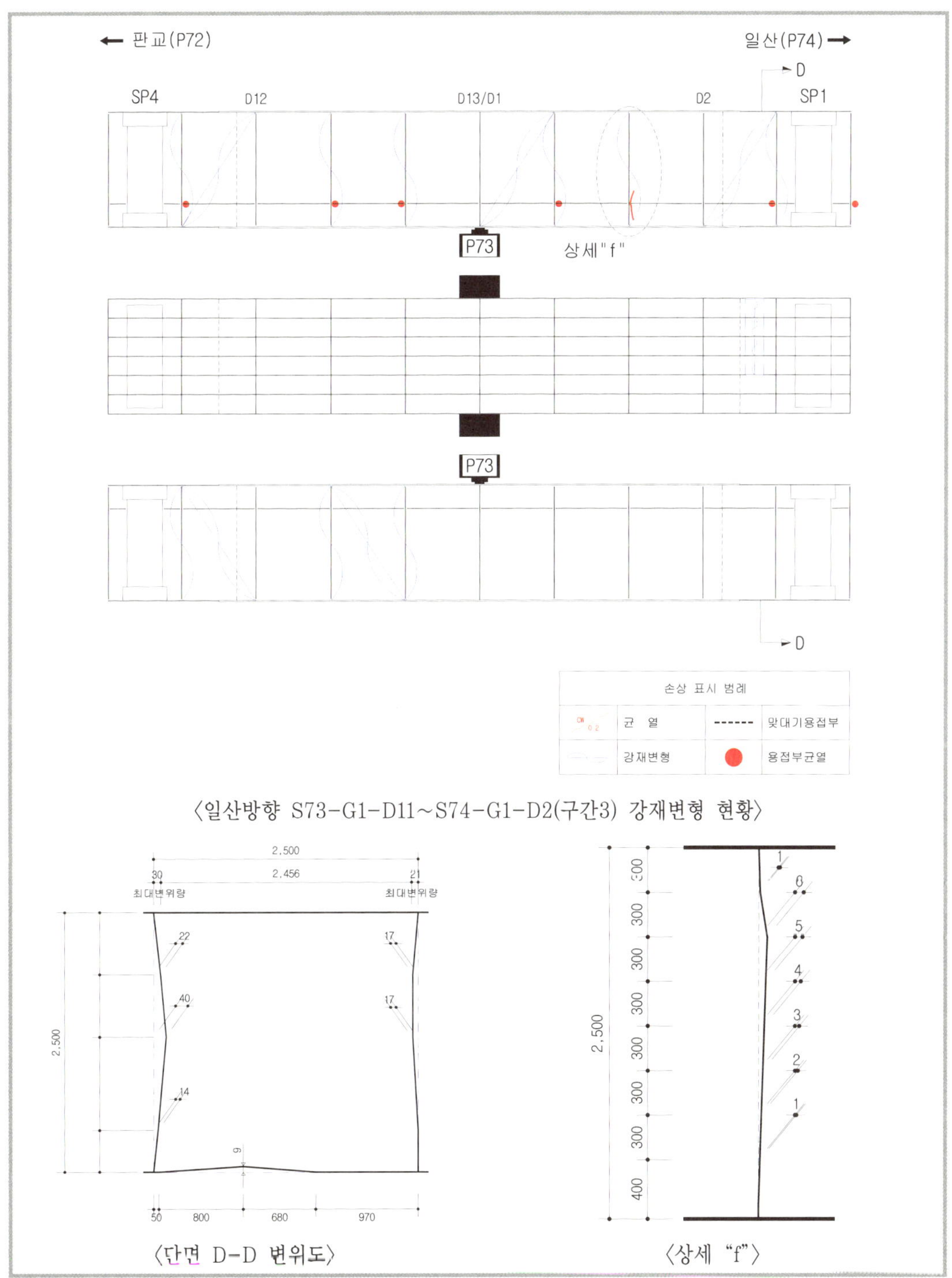

▲ 일산방향 S73-G1-D11~S74-G1-D2(구간3) 강재변형 현황

구 간	현 황 사 진
S72-G1-D8/9 (강재 변형 시점 구간)	
S73-G1-D3/4 (강재 파단구간)	
S72-G1-D11 (강재 변형 종점 구간)	

④ 강재, 용접부 균열

■ 손상 현황

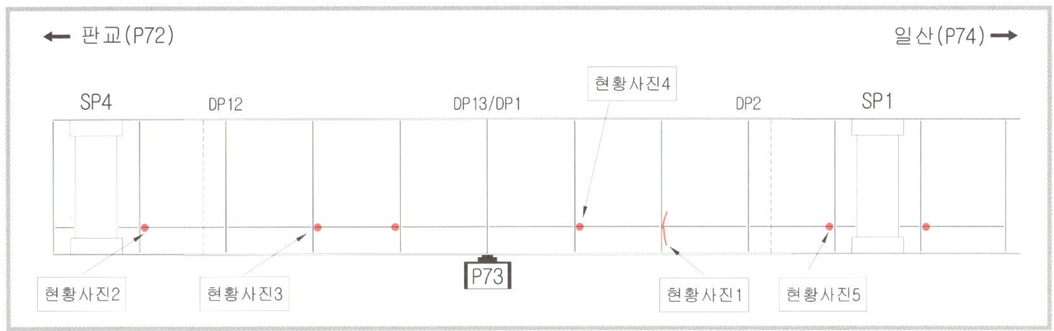

▲ 일산방향 S73-G1-D11~S74-G1-D2 웨브 및 용접부 균열 현황

현황1	• 웨브 강재 균열(원거리) (일산방향 S74-G1/LW-D1/2)	• 웨브 강재 균열(근거리, 폭 0.2mm) (일산방향 S74-G1/LW-D1/2)

현황2	• 수평보강재 용접부 균열 (일산방향 S74-G1/LW-D1/2)	현황3	• 수평보강재 단부 용접부 균열 (일산방향 S74-G1/LW-D1/2)

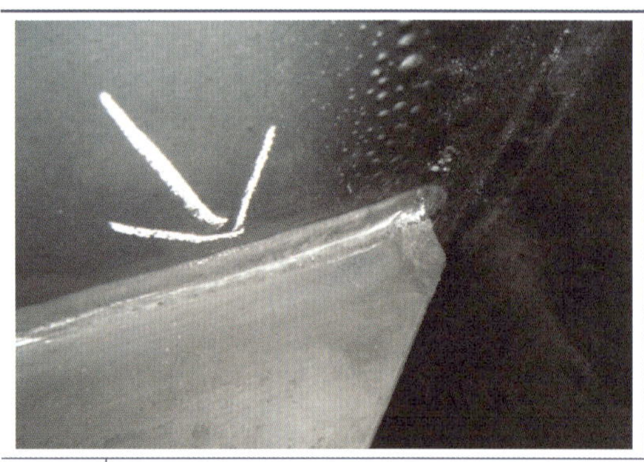			
현황4	• 수평보강재 용접부 균열 (일산방향 S74-G1/LW-D1/2)	현황5	• 수평보강재 단부 용접부 균열 (일산방향 S74-G1/LW-D1/2)

⑤ 도장 손상

손상내용	손 상 사 진
도장 전소	
도장연소(기포)	
그을음	

다. 교각

교각의 진단구간은 P70, P71, P72, P73, P74로 교각 형식은 다주식 라멘교각이고, 기초는 강관파일이다. 이 중 P70, P71은 중동IC와 합류구간으로 폭이 63.6m이고, P72~P74는 38.0m이다.

이 중 화해의 직접적인 영향을 받는 P72교각은 코핑부 단면 탈락, 들뜸이 발생하였고, 그 외 교각은 표면 그을음이 조사되었으나 직접적인 영향은 없는 것으로 확인되었다.

▼ 교각의 손상 현황

위치 \ 손상		균열 (폭 0.3mm이하) (개소/m)	콘크리트 박락, 박리, 들뜸 등 (개소/m²)	콘크리트 박락 및 철근노출 (개소/m²)	표면 그을음 (개소/m²)	점검로 연결부 이완 (개소/m)	비고
판교	P70	3/ 1.40	-	-	-	-	
	P71	3/ 1.20	1/ 0.20	-	2/ 90.60	-	
	P72	-	15/ 24.55	-	-	1/ 21.00	
	P73	6/ 3.80	2/ 0.73	-	2/ 133.00	-	
	P74	4/ 2.40	-	-	3/ 190.00	-	
	소계	16/ 8.80	18/ 25.48	-	7/ 413.60	1/ 21.00	
일산	P70	8/ 5.30					
	P71	3/ 2.20	-	2/ 0.06	2/ 58.80	-	
	P72	-	19/ 25.38	4/ 11.46	-	1/ 21.00	
	P73	3/ 1.20	-	-	3/ 190.00	-	
	P74	10/ 6.00	-	-	3/ 190.00	-	
	소계	16/ 9.40	19/ 25.38	6/ 11.52	8/ 438.80	1/ 21.00	
계		37/ 24.10	37/ 50.86	6/ 11.52	15/ 852.40	2/ 42.00	

1) 화해에 따른 콘크리트 들뜸, 박리, 박락, 철근노출

	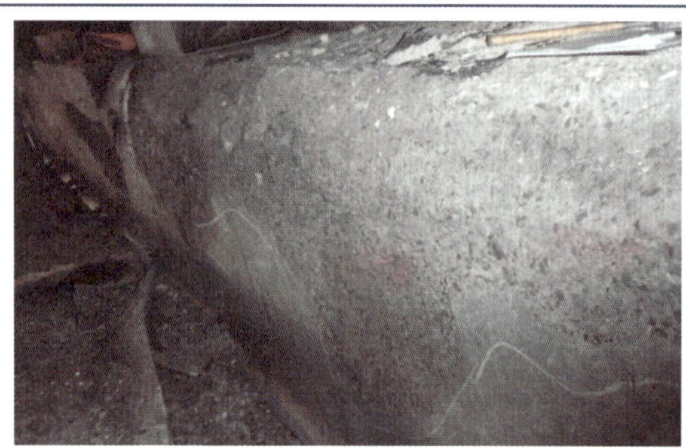	
현황	• 코핑 측면 콘크리트 탈락 (일산방향 P72-G1-A2측)	• 코핑 측면 콘크리트 들뜸 (일산방향 P72-G2-A2측)

현황	• 코핑 상면 균열 파손 (일산방향 P72-G1 전단키 주변-A1측)	• 코핑 상면 단면변화부 콘크리트 파손 (판교방향 P72-G2/3-A2측)
		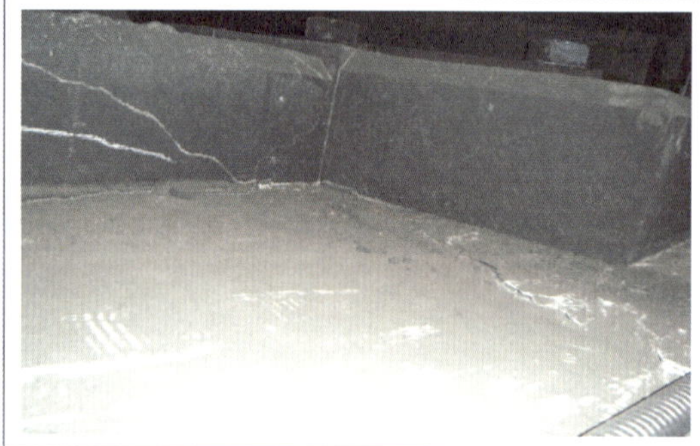
현황	• 코핑 상단 콘크리트 들뜸 (판교방향 P73-G1 전단키 주변-A2측)	• 코핑 상단 콘크리트 들뜸 (판교방향 P73-G3 전단키 주변-A2측)
원인	• P72 : 화해에 의한 콘크리트 물성치 및 접착력 저하 • P73 : 강거더 수평 변위에 따른 전단키 앵커볼트 이동	
조치방안	• 단면복구	

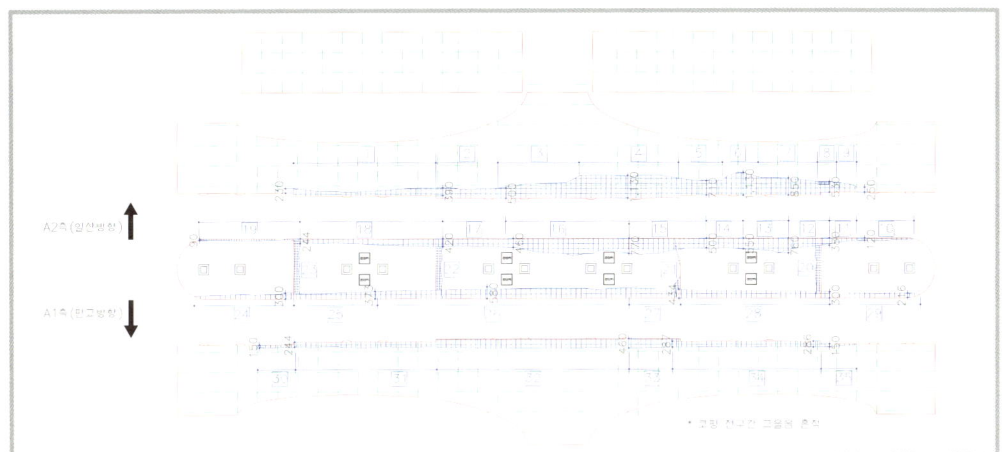

▲ 교각 P72 코핑부 손상 현황도

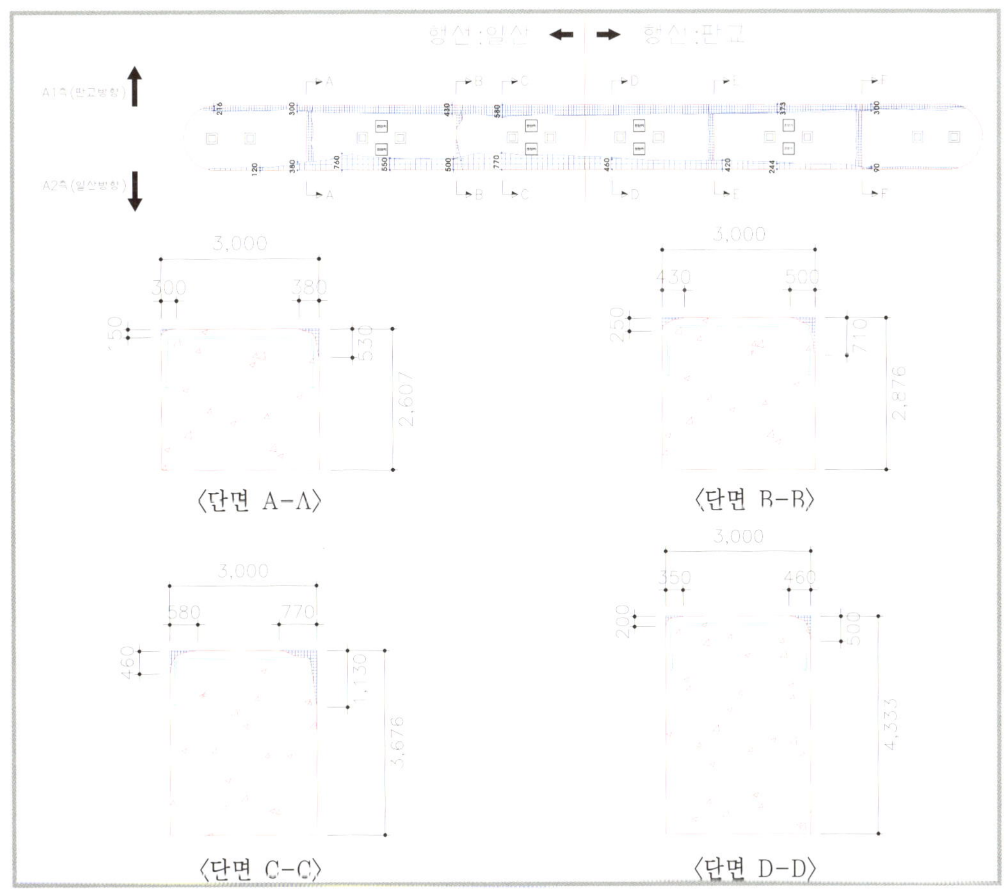

▲ 교각 P72 코핑부 손상 단면도

2) 균열

현황	• 콘크리트 균열(폭 0.1mm) (판교방향 S73-G1/2-A2측)	• 콘크리트 균열(폭 0.1mm) (일산방향 S73-G1-A1측)
원인	• 건조수축	
조치 방안	• 주의관찰	

3) 그을음

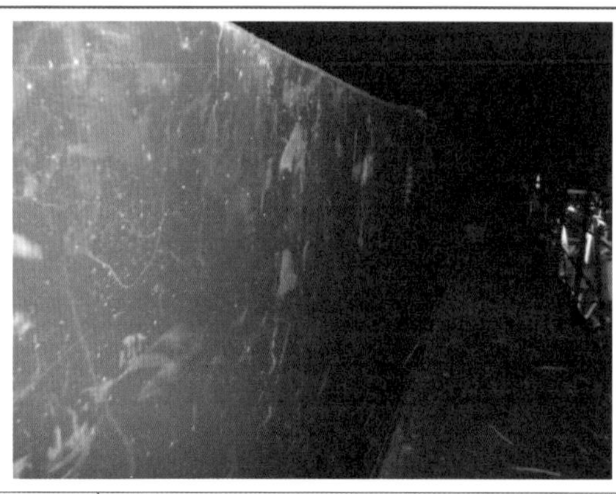		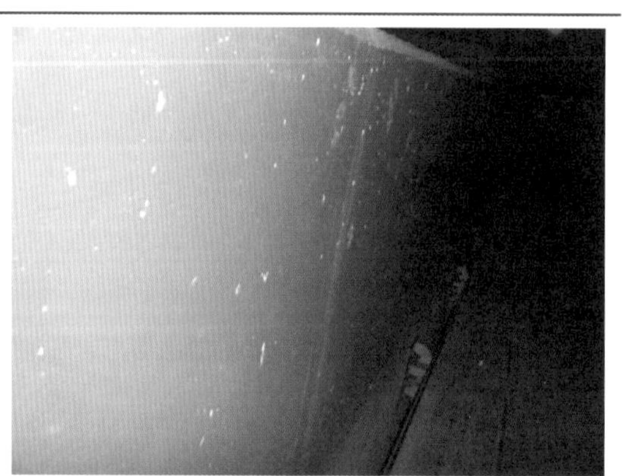
현황	• 콘크리트 표면 그을음 (판교방향 S73-G1/2-A1측)	• 콘크리트 표면 그을음 (판교방향 S74-G2/3-A1측)
원인	• 화재에 따른 그을음	
조치 방안	• 구조물의 안전성, 내구성, 사용성 등에는 영향이 없으나 미관확보를 위해 청소토록함	

4) 교각 점검로 정착부 이완

현황	• 교각 점검로 정착부 이완 (P72)
원인	• 화해의 직접 영향으로 점검로 변형 • 점검로 정착부 콘크리트 탈락으로 인한 정착길이 부족
조치방안	• 점검로 재설치

5) 기둥부 조사 결과

교각 기둥부는 표면에 그을음이 부착된 상태이나 균열 및 박리 등의 화재에 따른 콘크리트 표면 손상은 관찰되지 않았다.

▲ P72 코핑하면

▲ P72 기둥

▲ P73 코핑하면

▲ P73 기둥

라. 교량받침

진단대상 구간의 받침부는 화재시 상부구조 수평변위력으로 교축방향 일방향 가동단과 전단키의 받침몰탈 및 받침콘크리트 파손이 전반적으로 발생하였으며, 특히 P72 받침부는 미끄럼판 돌출 및 들뜸도 조사되었다.

대상구간 받침별 손상현황 및 조사 결과는 다음과 같다.

▼ 받침장치의 손상 현황 (1)

교각	방향	받침No	주 요 손 상	비고
P70	일산,판교	전 개소	그을음 외 손상 없음	
P71	판교방향 (A1측)	SH-1(A1)	• 몰탈파손 : A=0.1m^2 (1개소)	단면복구
		전단키-1(A1)		주의관찰
		전단키-2(A1)	• 앵커주변 콘크리트 탈락 : A=0.14m^2 (2개소) • 균열 (0.1/0.3, 1개소)	단면복구 주의관찰
		전단키-3(A1)	• 앵커주변 콘크리트 탈락 : A=0.14m^2 (2개소)	단면복구
	판교방향 (A2측)	전단키-1(A2)	• 균열 (0.1/0.2, 4개소)	주의관찰
		전단키-2(A2)	• 앵커주변 콘크리트 탈락 : A=0.32m^2 (2개소)	단면복구
	일산방향 (A1측)	전단키-3(A1)	• 앵커주변 콘크리트 탈락 : A=0.13m^2 (2개소) • 균열 (0.1/0.3, 4개소), 균열 (0.1/0.2, 2개소)	단면복구 주의관찰
	일산방향 (A2측)	전단키-1(A2)	• 균열 (0.1/0.1, 3개소)	주의관찰
		전단키-2(A2)	• 앵커주변 콘크리트 탈락 : A=0.18m^2 (2개소)	단면복구

▼ 받침장치의 손상 현황 (2)

교각	방향	받침No	주 요 손 상	비고
P72	판교	SH-1	• 받침장치 가동판 전소, 들뜸 • 받침 몰탈 및 콘크리트 파손 : A=0.28m^2 (2개소) • 받침 콘크리트 이격 : T=22mm (1개소)	전면교체
		SH-2	• 받침장치 가동판 전소, 들뜸 • 받침 몰탈 및 콘크리트 균열 (0.3/0.5, 1개소)	전면교체
		SH-3	• 받침장치 가동판 전소, 들뜸 • 받침 몰탈 및 콘크리트 파손 : A=0.16m^2 (1개소) • 받침 콘크리트 이격 : T=33mm (2개소)	전면교체
		SH-4	• 받침장치 가동판 전소, 들뜸 • 받침 몰탈 및 콘크리트 파손 : A=0.14m^2 (1개소)	전면교체
		SH-5	• 받침장치 편기, 들뜸	전면교체
		SH-6	• 받침장치 편기, 들뜸	전면교체
		전단키-1(A1측)	• 앵커주변 콘크리트 탈락 : A=0.08m^2 (1개소) • 앵커주변 콘크리트 이격 : T=22mm (1개소)	전단키 재설치
		전단키-2(A1측)	• 앵커주변 콘크리트 이격 : T=30mm (1개소)	전단키 재설치
		전단키-3(A2측)	• 앵커주변 콘크리트 탈락 : A=0.12m^2 (1개소) • 앵커주변 콘크리트 이격 : T=10mm(1개소)	전단키 재설치
		전단키-4(A2측)	• 앵커주변 콘크리트 탈락 : A=0.14m^2 (1개소)	전단키 재설치
	일산	SH-1	• 받침장치 가동판 전소, 들뜸 • 받침 몰탈 및 콘크리트 파손 : A=0.55m^2 (3개소) • 받침 콘크리트 이격 : T=28mm (1개소)	전면교체
		SH-2	• 받침장치 가동판 전소, 들뜸 • 받침 몰탈 및 콘크리트 파손 : A=0.08m^2 (2개소)	전면교체
		SH-3	• 받침장치 가동판 이탈, 들뜸 • 받침 몰탈 및 콘크리트 파손 : A=0.11m^2 (3개소) • 받침 콘크리트 이격 : T=22mm (1개소)	전면교체
		SH-4	• 받침장치 가동판 전소, 들뜸	전면교체
		SH-5	• 받침장치 편기, 들뜸	전면교체
		SH-6	• 받침장치 편기, 들뜸	전면교체
		전단키-1(A1측)	• 앵커주변 콘크리트 탈락 : A=0.03m^2 (3개소) • 앵커주변 콘크리트 이격 : T=23mm (2개소)	전단키 재설치
		전단키-2(A1측)	• 앵커주변 콘크리트 탈락 : A=0.03m^2 (2개소)	전단키 재설치
		전단키-3(A2측)	• 앵커주변 콘크리트 탈락 : A=0.08m^2 (1개소) • 앵커주변 콘크리트 이격 : T=23mm (2개소)	전단키 재설치
		전단키-4(A2측)	• 앵커주변 콘크리트 탈락 : A=0.02m^2 (1개소) • 앵커주변 콘크리트 이격 : T=23mm (2개소)	전단키 재설치

▼ 받침장치의 손상 현황 (3)

교각	방향	받침No	주 요 손 상	비고
P73	판교	SH-1	• 받침 몰탈 및 콘크리트 파손 : A=0.34m^2 (3개소)	무수축몰탈 재설치
		SH-5	• 균열 (0.3/0.3, 6개소) • 받침 콘크리트 이격 : T=5mm (1개소)	단면복구
		SH-6	• 몰탈 및 받침콘크리트 파손 : A=0.04m^2 (1개소)	단면복구
		전단키-1	• 앵커주변 콘크리트 파손 : A=0.3m^2 (3개소) • 앵커주변 콘크리트 이격 : T=8mm (1개소)	단면복구
		전단키-2	• 앵커주변 콘크리트 들뜸 : A=0.12m^2 (1개소) • 균열 (0.3/0.2, 2개소)	단면복구
		전단키-3	• 전단키 밀착 및 하판 이동 흔적 • 앵커주변 콘크리트 이격 : T=5mm (1개소)	단면복구
	일산	SH-1	• 앵커부 받침콘크리트 파손	무수축몰탈 재설치
		SH-2	• 받침 몰탈 및 콘크리트 파손 : A=0.3m^2 (2개소)	
		전단키-1	• 전단키 밀착, 측면이동흔적 • 앵커주변 콘크리트 파손 : A=0.33m^2 (3개소)	단면복구
		전단키-2	• 전단키 완전밀착, 하판들뜸 • 앵커주변 콘크리트 파손 : A=0.16m^2 (3개소)	단면복구
P74	일산	SH-1	• 몰탈 및 받침콘크리트 파손 : A=0.4m^2 (1개소)	단면복구
		전단키-1	• 앵커주변 콘크리트 들뜸 : A=0.4m^2 (1개소)	단면복구
		전단키-3	• 앵커주변 콘크리트 들뜸 : A=0.06m^2 (1개소)	단면복구

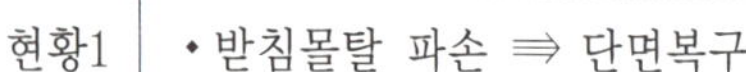

현황1	• 받침몰탈 파손 ⇒ 단면복구	현황2	• 전단키 콘크리트 탈락 ⇒ 단면복구

현황3	• 받침콘크리트 파손 및 받침화해 ⇒ 받침교체	현황4	• 전단키 콘크리트 이격, 탈락 ⇒ 전단키 재배치

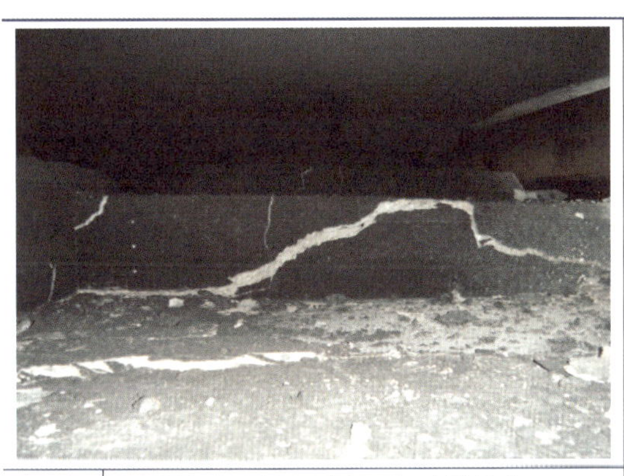			
현황5	• 받침콘크리트 파손 및 받침화해 ⇒ 받침교체	현황6	◦ 받침콘크리트 파손 및 받침화해 ⇒ 받침교체

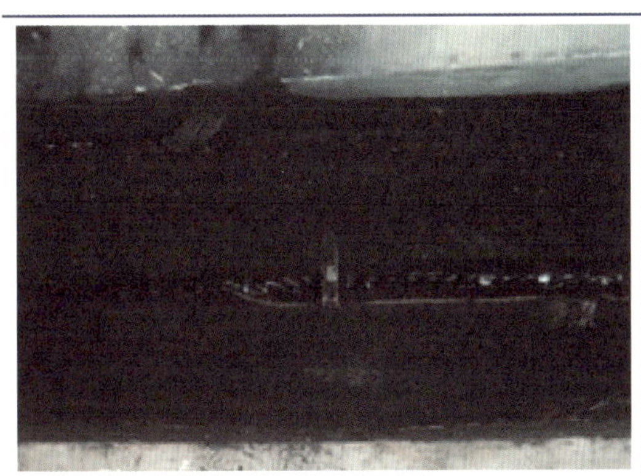			
현황7	• 받침상치 선소, 들뜸 ⇒ 교체	현황8	• 받침 콘크리트 파손 ⇒ 받침콘크리트 재설치

마. 신축이음장치

신축이음장치는 P71에 설치되어 있으며, 일산방향에는 강핑거 조인트, 판교방향에는 레일조인트로 시공되었다. 외관조사 결과, 화해의 직접적인 영향을 받아 강핑거 조인트의 물받이가 전소되었으며, 고온에 의하여 후타재 콘크리트가 열화되었다.

신축이음장치의 물받이 전소 상태로 감안할 때 고온에 직접 노출되어 신축장치의 기능 저하가 우려되므로 교체가 필요하다.

▼ 신축이음장치의 손상 현황

위치 \ 손상		신축이음장치 그을음 (개소/m)	물받이 전소 (개소/m^2)	후타재 열화 (개소/m^2)	비 고
판교	P71	1/ 19.00	-	-	
일산	P71	1/ 19.00	1/ 19.00	1/ 19.00	
계		2/ 38.00	1/ 19.00	1/ 19.00	

현 황	• 판교방향 신축이음장치 그을음	• 판교방향 신축이음장치 그을음

현 황	• 일산방향 후타재 콘크리트 열화	• 일산방향 물받이 전소 및 그을음
원 인	• 화해에 의한 부재 손상	
조치방안	• 물받이 설치 및 후타재 재설치	

바. 교면포장

교면포장은 화재로 인한 직접적인 손상은 없으나 강박스 및 바닥판과 같이 처짐이 발생된 상태이다.

▼ 교면포장의 손상 현황

위치＼손상		교면포장 처짐 (개소/m)	비고
판교	S71	-	
	S72	-	
	S73	1/ 60.00	h=300mm
	S74	-	
	소계	1/ 60.00	
일산	S71	-	
	S72	-	
	S73	1/ 60.00	h=353mm
	S74	-	
	소계	1/ 60.00	
계		2/120.00	

현 황	• 일산방향 S73 교면포장 처짐	• 일산방향 S73 교면포장 처짐(h=353mm)
원 인	• 화해에 의한 부재 처짐	
조치방안	• 철거 후 재설치	

사. 방호벽 및 방음벽

화재로 인한 방호벽의 손상은 처짐과 함께 콘크리트 파손, 철근노출, 박락 등이 동반하여 발생하였고, 국부적으로 그을음 흔적이 조사되었다.

방음벽은 화재의 직접적인 영향을 받은 S73구간에서는 방음벽이 전소하였고, 화재구간에 인접하여 그을음 흔적이 조사되었다.

▼ 방호벽 및 방음벽의 손상 현황

손상 위치		방 호 벽		방 음 벽		비고
		파손, 철근노출 (개소/m^2)	그을음 (개소/m^2)	방음벽 전소 (개소/m^2)	그을음 (개소/m^2)	
판교	S71	2/0.80	1/ 2.00	-	-	
	S72	-	2/ 62.00	2/ 96.00	1 / 120.00	
	S73	1/0.50	1/ 60.00	2/ 420.00	-	
	S74	-	-	-	1 / 180.00	
	소계	3/1.30	4/124.00	4/ 624.00	2 /300.00	
일산	S71	-	1/ 1.00	-	-	
	S72	1/0.80	1/372.00	1/ 180.00	1 / 192.00	
	S73	4/4.10	1/ 54.00	1/ 360.00	-	
	S74	-	-	-	-	
	소계	5/4.90	3/427.00	2/ 540.00	1 / 192.00	
계		8/6.20	7/551.00	6/1,164.00	3 / 492.00	

1) 방호벽 그을음

현 황	• 방호벽 그을음 흔적 (일산방향 S72-방호벽/R-P71지점)	• 방호벽 그을음 흔적 (일산방향 S72-방호벽/R-P71지점)
원 인	• 화해에 의한 부재 처짐	
조치방안	• 물청소	

2) 방호벽 파손, 철근노출 등

현 황	• 방호벽 파손, 철근노출 (판교방향 S73-방호벽/R-22mm지점)	• 방호벽 파손, 철근노출 (판교방향 S73-방호벽/R-25mm지점)

현 황	• 방호벽 파손 (일산방향 S72-방호벽/L-P71지점)	• 방호벽 박락 (일산방향 S73-방호벽/20m지점)
원 인	• 화해에 의한 부재 처짐, 콘크리트 내구성 저하	
조치방안	• 단면복구	

3) 방음벽 전소, 그을음

현 황	• 방음벽 전소 (판교방향 S73-방호벽/R-32m지점)	• 방음벽 전소 (판교방향 S73-방호벽/R-20m지점)
		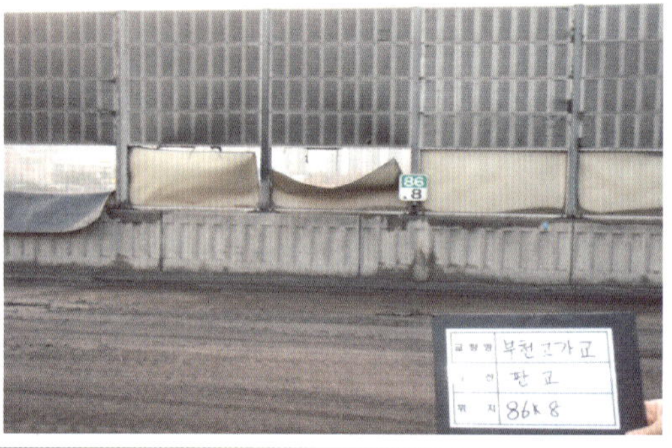
현 황	• 방음벽 전소 (일산방향 S73-방호벽/L-30m지점)	• 방음벽 전소 (일산방향 S73-방호벽/L-35m지점)

현 황	• 방음벽 그을음 흔적 (일산방향 S73-방호벽/R-20m지점)	• 방음벽 그을음 흔적 (일산방향 S73-방호벽/R-15m지점)
원 인	• 화재에 의한 부재 전소	
조치방안	• 철거 후 재설치	

2.1.3 비파괴 시험

가. 시험항목 및 수량

▼ 재료시험 기준수량 및 실시수량

<table>
<tr><th colspan="2" rowspan="2">구 분</th><th colspan="3">세부지침 기준</th><th rowspan="2">금차진단
실시수량</th></tr>
<tr><th>상부구조</th><th>하부구조</th><th>산출수량</th></tr>
<tr><td rowspan="2">반발
경도
시험</td><td>부천고가교
(일산,판교)</td><td rowspan="2">1개소
/50m</td><td rowspan="2">교대,
교각
개소수</td><td>• 상부 : 240 ÷ 50=4.8 ≒ 5개소
• 하부 : 교대, 교각 개소수=5개소</td><td>• 상부 : 12개소
• 하부 : 77개소</td></tr>
<tr><td>중동IC
Ramp-C,D</td><td>• 상부 : 120 ÷ 50=2.4 ≒ 3개소
• 하부 : 교대, 교각 개소수=3개소</td><td>• 상부 : 6개소
• 하부 : 6개소</td></tr>
<tr><td rowspan="2">초음파
전달
속도시험</td><td>부천고가교
(일산,판교)</td><td rowspan="2">1개소
/50m</td><td rowspan="2">교대,
교각
개소수</td><td>• 상부 : 240 ÷ 50=4.8 ≒ 5개소
• 하부 : 교대, 교각 개소수=5개소</td><td>• 상부 : 12개소
• 하부 : 16개소</td></tr>
<tr><td>중동IC
Ramp-C,D</td><td>• 상부 : 120 ÷ 50=2.4 ≒ 3개소
• 하부 : 교대, 교각 개소수=3개소</td><td>• 상부 : 6개소
• 하부 : 6개소</td></tr>
<tr><td rowspan="2">철근탐사
시험</td><td>부천고가교
(일산,판교)</td><td rowspan="2">1개소
/50m</td><td rowspan="2">교대,
교각
개소수</td><td>• 상부 : 240 ÷ 50=4.8 ≒ 5개소
• 하부 : 교대, 교각 개소수 = 5개소</td><td>• 상부 : 12개소
• 하부 : 16개소</td></tr>
<tr><td>중동IC
Ramp-C,D</td><td>• 상부 : 120 ÷ 50=2.4 ≒ 3개소
• 하부 : 교대, 교각 개소수=3개소</td><td>• 상부 : 6개소
• 하부 : 6개소</td></tr>
<tr><td rowspan="2">탄산화
깊이측정</td><td>부천고가교
(일산,판교)</td><td colspan="2" rowspan="2">• 5경간 이상
: 6~9개소</td><td rowspan="2">• 상부에서 최소 3개소 이상 실시</td><td>• 상부 : 6개소
• 하부 : 12개소</td></tr>
<tr><td>중동IC
Ramp-C,D</td><td>• 상부 : 4개소
• 하부 : 6개소</td></tr>
<tr><td colspan="2">염화물함유량 시험</td><td colspan="2">• 3개소 이상</td><td>• 상부에서 최소 1개소 이상 실시</td><td>• 상부 : 6개소
• 하부 : 6개소</td></tr>
<tr><td rowspan="2">초음파
탐상시험</td><td>부천고가교
(일산,판교)</td><td colspan="3" rowspan="2">• 2개소 / 경간별 거더</td><td>• 56개소</td></tr>
<tr><td>중동IC
Ramp-C,D</td><td>• 16개소</td></tr>
<tr><td colspan="2">코어채취</td><td colspan="3">• 과업내용에 의해 조사 및 수량 결정</td><td>• 상부 : 6개소
• 하부 : 6개소</td></tr>
<tr><td colspan="2">자분탐상시험</td><td colspan="3">• 과업내용에 의해 조사 및 수량 결정</td><td>• 36개소</td></tr>
<tr><td colspan="2">계장 압입시험
(인장물성 평가)</td><td colspan="3">• 과업내용에 의해 조사 및 수량 결정</td><td>• 13개소</td></tr>
<tr><td colspan="2">X-ray 회절 분석
(Conc 화재손상 분석)</td><td colspan="3">• 과업내용에 의해 조사 및 수량 결정</td><td>• 10개소</td></tr>
</table>

※ 항목 및 수량은 "안전점검 및 정밀안전진단 세부지침(한국시설안전공단, 2010.12)"을 참조하여 결정하였으며, 화재 직접 영향구간에서는 세부지침 기준수량 이상 실시하였음.

나. 현장 재료시험 현황

〈반발경도시험〉

〈초음파전달속도시험〉

〈철근탐사시험〉

〈탄산화 깊이 측정〉

〈코어채취(염화물시료채취)〉

〈코어채취 현황〉

▲ 현장 재료시험 현황

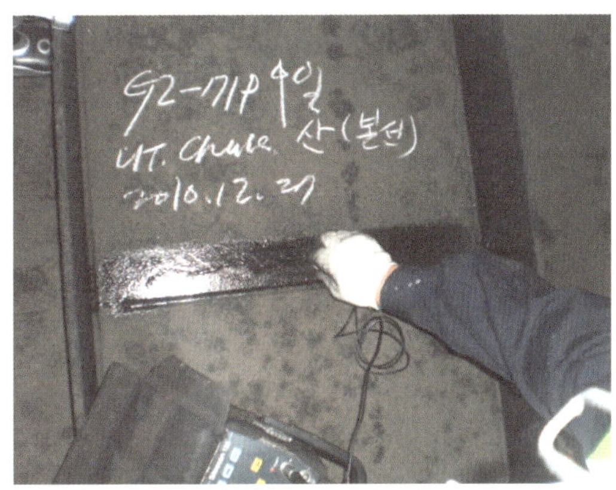

〈강재용접부 초음파탐상시험〉

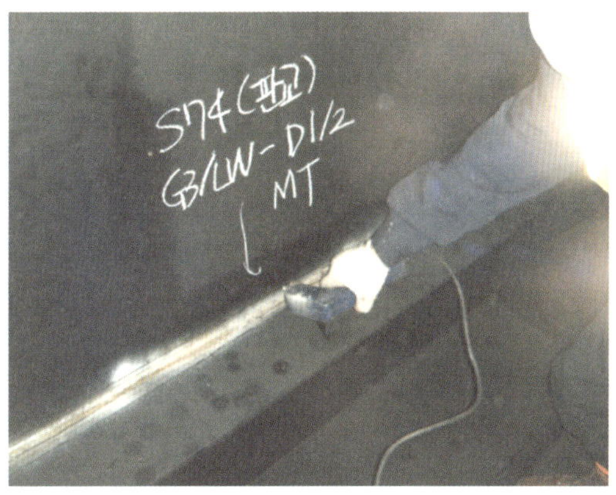

〈강재용접부 자분탐상시험〉

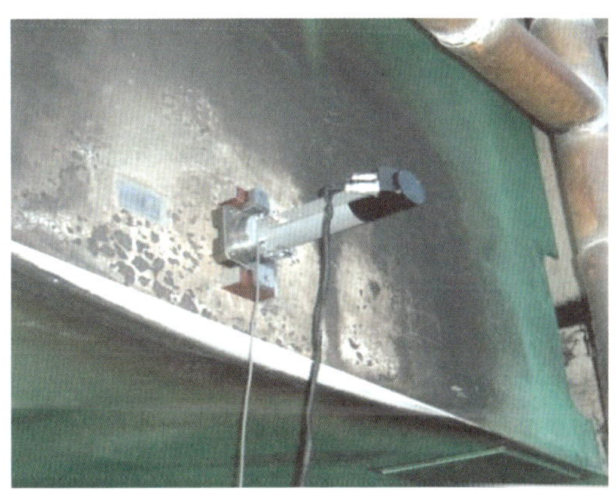

〈강재 계장 압입시험(인장물성 평가)〉

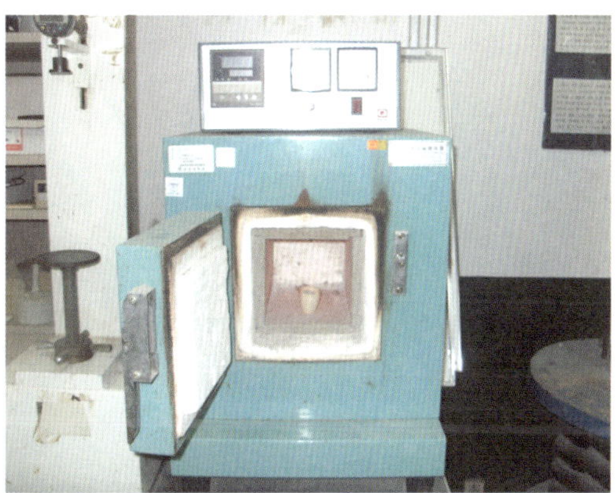

〈X-ray 회절분석시험(콘크리트 화재손상 분석)〉

▲ 현장 재료시험 현황(계속)

다. 시험결과분석

1) 반발경도시험

반발경도시험은 부천고가교 상부구조 12개소, 하부구조 65개소, 중동IC Ramp-C교 상부구조 3개소, 하부구조 3개소, 중동IC Ramp-D교 상부구조 3개소, 하부구조 3개소 총 89개소에서 실시하였다. 반발경도시험에 의한 콘크리트 압축강도를 산출한 결과 전 개소에서 설계기준강도를 상회하는 양호한 상태이다.

▲ 반발경도시험에 의한 압축강도 추정 결과

2) 초음파 전달속도시험

초음파전달속도시험은 부천고가교 상부구조 12개소, 하부구조 16개소, 중동IC Ramp-C교 상부구조 3개소, 하부구조 3개소, 중동IC Ramp-D교 상부구조 3개소, 하부구조 3개소 총 40개소에서 실시하였다. 초음파전달속도시험에 의한 콘크리트 압축강도를 산출한 결과, 모든 부재에서 설계기준강도를 상회하는 것으로 평가되었다.

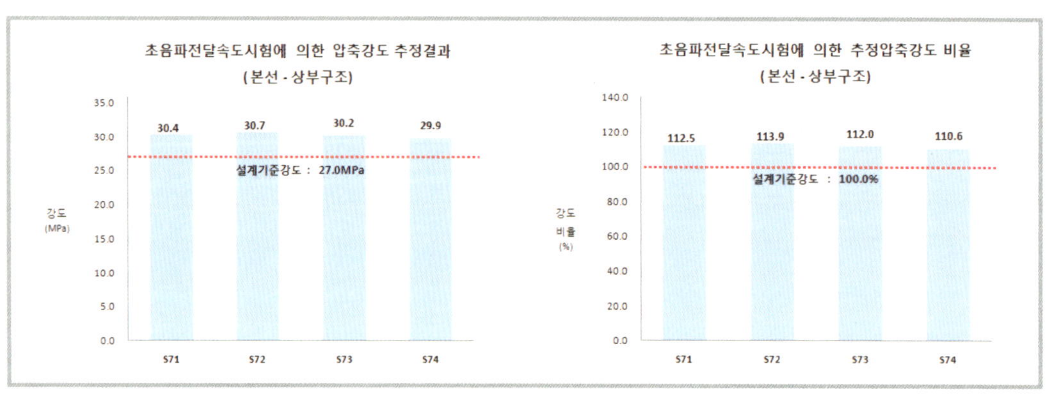

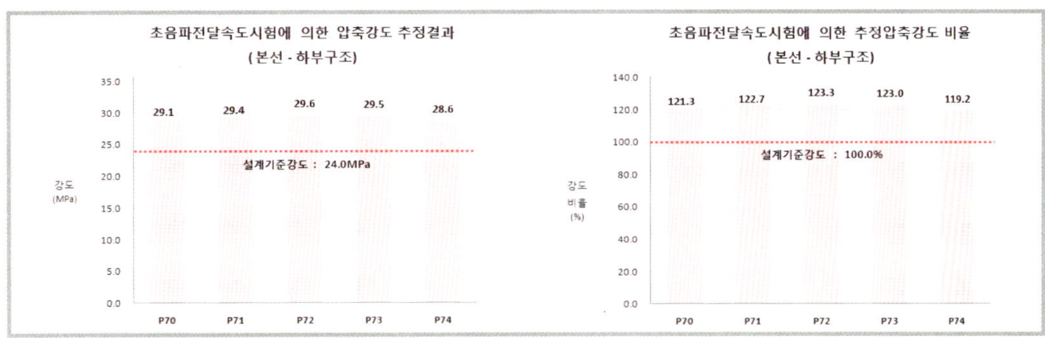

▲ 초음파전달속도법에 의한 압축강도 추정결과

3) 코아 압축강도 시험

코어채취 강도시험은 부천고가교 상부구조 6개소, 하부구조 6개소, 총 12개소에서 실시하였다. 코어채취에 의한 콘크리트 압축강도를 산출한 결과, 모든 부재에서 설계기준강도를 상회하는 것으로 평가되었다.

설계기준강도(상부 : 27.0MPa, 하부 : 24.0MPa)를 상회하는 양호한 상태이므로 구조검토시 안전측으로 설계기준강도를 적용토록 한다.

▲ 코어채취에 의한 압축강도 시험결과

4) 철근 탐사 시험

RC-Radar에 의한 철근탐사 시험은 부천고가교교 상부구조 12개소, 하부구조 15개소, 중동IC Ramp-C교 상부구조 3개소, 하부구조 3개소, 중동IC Ramp-D교 상부구조 3개소, 하부구조 3개소 총 39개소에서 실시하였다.

철근 콘크리트 부재에 RC-Radar을 이용한 국부적인 철근탐사 시험 결과, 철근 간격 및 피복두께는 대체적으로 설계도와 일치하여, 전반적인 배근 상태는 양호한 것으로 판단된다.

5) 탄산화 깊이 측정

탄산화 깊이 측정은 부천고가교 상부구조 8개소, 하부구조 21개소, 중동IC Ramp-C교 상부구조 2개소, 하부구조 3개소, 중동IC Ramp-D교 상부구조 2개소, 하부구조 3개소 총 28개소에서 실시하였다. 측정결과 탄산화 깊이는 2.5~8.9mm로 실측한 최소 피복두께와 비교한 결과 최소 탄산화 잔존깊이가 30.4mm로 상태평가 등급은 전 부재에서 "a등급"이며, 철근까지의 탄산화 도달시간은 시험개소 모두 100년 이상으로 측정되어 탄산화로 인한 내구성 저하 가능성이 없는 양호한 상태이다.

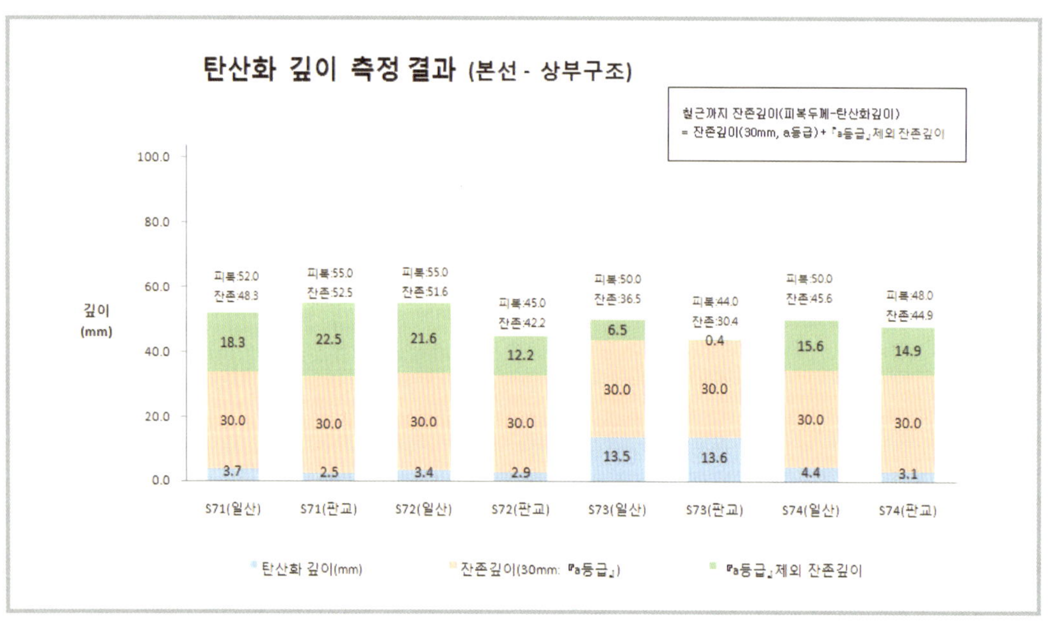

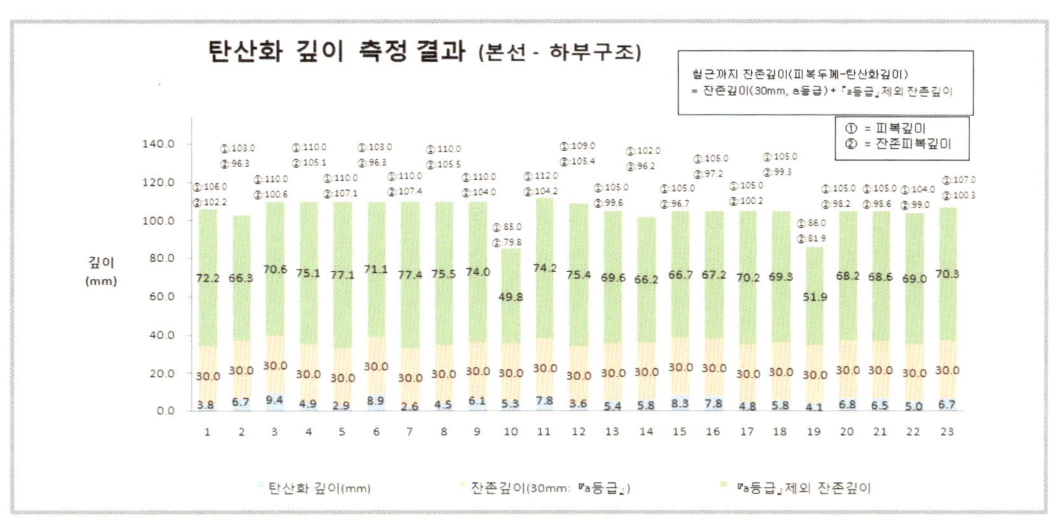

▲ 탄산화 깊이 측정 결과

6) 염화물 함유량 시험

염화물함유량 시험은 부천고가교 상부구조 10개소, 하부구조 6개소 총 16개소에서 실시하였다. 측정결과 염화물함유량은 상부구조 표면부에서 0.161~3.270kg/m^3, 철근부에서 0.161~0.539kg/m^3, 하부구조에서 0.124~0.432kg/m^{3}로 조사되었다. 시험 결과, 상부구조 표면부는 동절기 염화칼슘 제설재 도포의 영향으로 부식 발생 가능성이 높은 상태이고, 상부구조 철근부와 하부구조에서는 상태평가 b등급 기준 0.120 kg/m^{3}이하로 염화물에 의한 부식이 발생할 가능성이 낮은 상태이다.

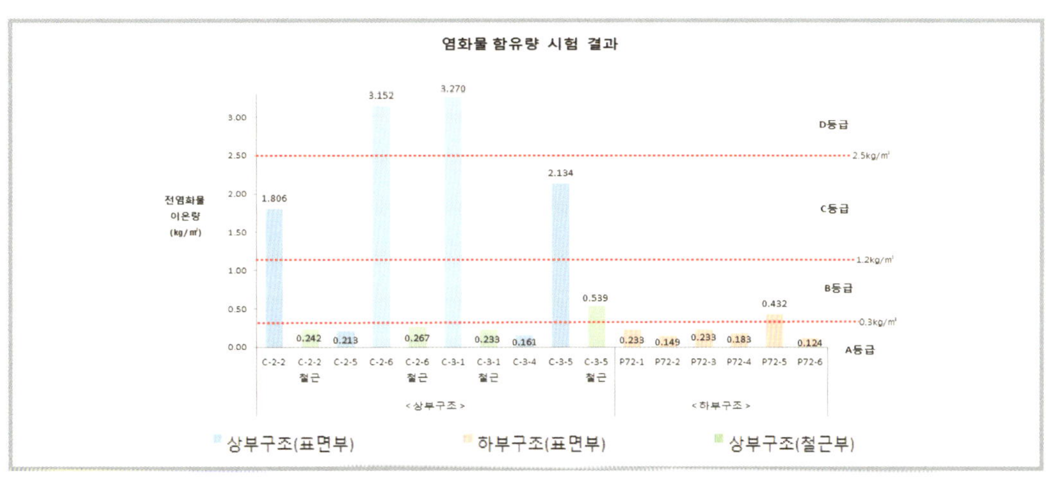

▲ 염화물함유량 시험 결과

7) 초음파 탐상 시험

초음파탐상시험은 부천고가교(일산, 판교) 56개소, 중동IC Ramp-C교 8개소, 중동 IC Ramp-D교 8개소 총 72개소에서 실시하였다. 시험 결과, 전 개소에서 측정부위의 균열 및 내부 결함이 없는 1등급으로 조사되었다.

8) 자분 탐상 시험

부천고가교의 균열이 의심되는 좌, 우측 웨브 필렛 용접부 36개소에서 자분탐상시험(M.T)을 실시한 결과, 균열과 언더컷이 조사되었다.

▼ 자분탐상시험 결과

연번	구 분	시 험 결 과			결함발생 현황	비고
		합격	불합격	등급		
1	S72(일산) G1 D8/9 LW	√		1	결함지시 없음	
2	S72(일산) G1 D8/9 RW	√		1	〃	
3	S73(일산) G1 D12/13 LW		√	4	균 열	
4	S73(일산) G1 D12/13 RW		√	3	언더 컷	
5	S74(일산) G1 D1/2 LW		√	3	언더 컷	
6	S74(일산) G1 D1/2 RW	√		1	결함지시 없음	
7	S72(일산) G2 D8/9 LW	√		1	〃	
8	S72(일산) G2 D8/9 RW	√		1	〃	
9	S73(일산) G2 D12/13 LW		√	3	언더 컷	
10	S73(일산) G2 D12/13 RW		√	3	언더 컷	
11	S74(일산) G2 D1/2 LW		√	4	균 열	
12	S74(일산) G2 D1/2 RW	√		1	결함지시 없음	
13	S72(일산) G3 D8/9 LW	√		1	〃	
14	S72(일산) G3 D8/9 RW	√		1	〃	
15	S73(일산) G3 D12/13 LW		√	3	언더 컷	
16	S73(일산) G3 D12/13 RW		√	3	언더 컷	
17	S74(일산) G3 D1/2 LW	√		1	결함지시 없음	
18	S74(일산) G3 D1/2 RW	√		1	〃	
19	S72(판교) G1 D8/9 LW		√	2	언더 컷	
20	S72(판교) G1 D8/9 RW	√		1	결함지시 없음	
21	S73(판교) G1 D12/13 LW	√		1	〃	
22	S73(판교) G1 D12/13 RW		√	2	언더 컷	
23	S74(판교) G1 D1/2 LW	√		1	결함지시 없음	
24	S74(판교) G1 D1/2 RW	√		1	〃	
25	S72(판교) G2 D8/9 LW	√		1	〃	
26	S72(판교) G2 D8/9 RW	√		1	〃	
27	S73(판교) G2 D12/13 LW	√		1	〃	
28	S73(판교) G2 D12/13 RW	√		1	〃	
29	S74(판교) G2 D1/2 LW	√		1	〃	
30	S74(판교) G2 D1/2 RW	√		1	〃	
31	S72(판교) G3 D8/9 LW	√		1	〃	
32	S72(판교) G3 D8/9 RW	√		1	〃	
33	S73(판교) G3 D12/13 LW	√		1	〃	
34	S73(판교) G3 D12/13 RW	√		1	〃	
35	S74(판교) G3 D1/2 LW	√		1	〃	
36	S74(판교) G3 D1/2 RW	√		1	〃	

9) 강재 계장 압입시험(인장물성평가)

화해를 직접적으로 받은 #4, #5 지역은 품질기준(KS D 3515)상의 최소기준치보다도 강도가 저하된 것을 알 수 있다. 특히 화염의 영향이 가장 큰 #4{판교(직접영향구간)-G2} 구간은 비교 대상 모든 항목에서 만족하지 못한 것으로 나타나고 있으며, #5{판교(직접영향구간)-G3}의 항복강도는 만족하고 있으나, 다른 항목에서 만족하지 못하는 것으로 나타나고 있다. 그러므로 #4, #5는 열영향 이후 소방수에 의한 불균일 냉각효과로 재료의 상대적 물성치 변화가 크며 일부에서는 기준에 미달되고 있고, 또한 상대적 물성치 변화로 큰 변형이 예상된다.

화염의 간접적인 영향을 받은 곳 #1, #2, #3의 경우 항복강도는 최소기준치에 근접 또는 다소 미달하며 항복강도가 15%이상 저하된 것으로 나타나고 있다.

화재발생에 따른 강박스 변형이 발생된 시 · 종점부인 일산방향 및 판교방향 G1 하부플랜지 및 복부판에 대한 시험결과 항복강도, 인장강도, 탄성계수 모두 양호한 것으로 평가되었다.

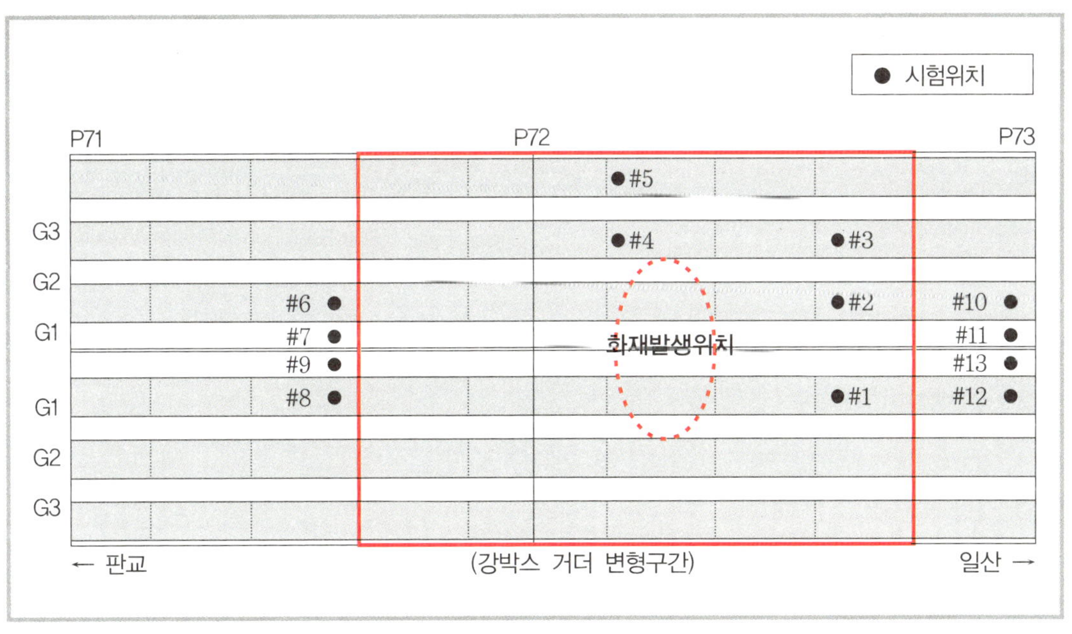

▲ 인장물성 시험 위치도

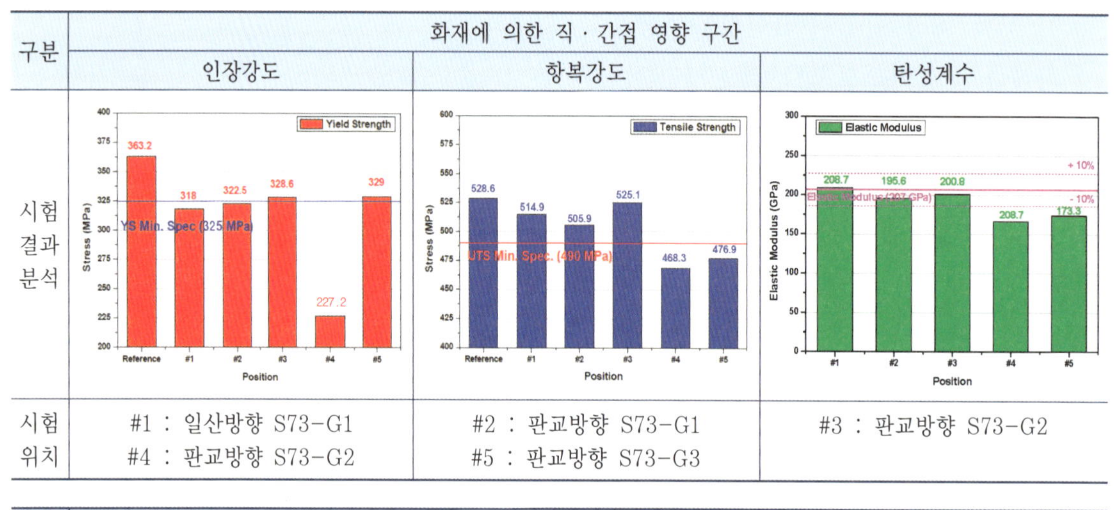

구분	화재에 의한 직·간접 영향 구간		
	인장강도	항복강도	탄성계수
시험 결과 분석			
시험 위치	#1 : 일산방향 S73-G1 #4 : 판교방향 S73-G2	#2 : 판교방향 S73-G1 #5 : 판교방향 S73-G3	#3 : 판교방향 S73-G2

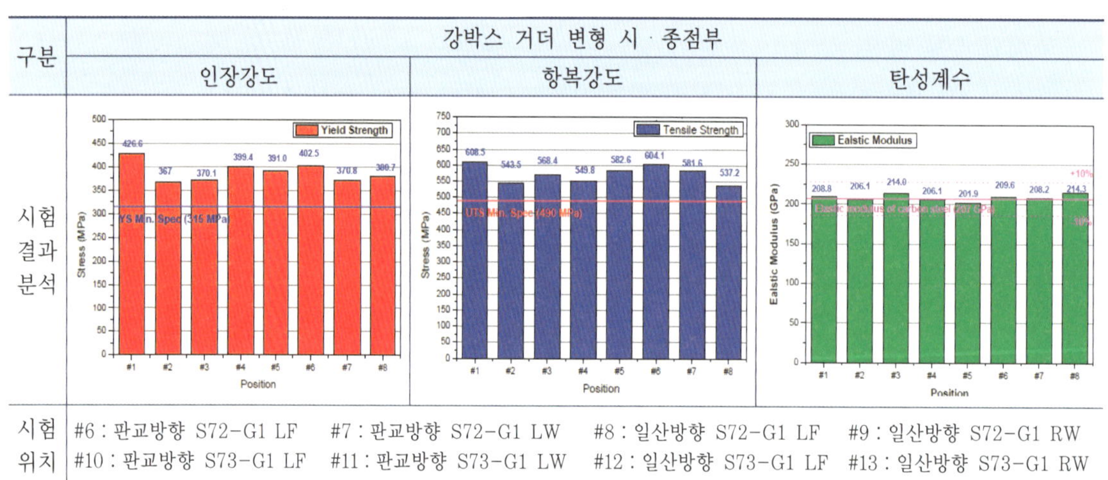

구분	강박스 거더 변형 시 종점부		
	인장강도	항복강도	탄성계수
시험 결과 분석			
시험 위치	#6 : 판교방향 S72-G1 LF　#7 : 판교방향 S72-G1 LW　#8 : 일산방향 S72-G1 LF　#9 : 일산방향 S72-G1 RW #10 : 판교방향 S73-G1 LF　#11 : 판교방향 S73-G1 LW　#12 : 일산방향 S73-G1 LF　#13 : 일산방향 S73-G1 RW		

▲ 인장물성 시험 결과 분석

10) X-ray 회절분석(콘크리트 열영향 분석)

NO.1 시료의 분석결과를 보면 가장 고열을 받은 것으로 추정되는 표면부의 경우 $Ca(OH)_2$가 완전히 분해되어 피크가 나타나지 않으며, CaO 피크가 나타나는 결과를 보여 약 700℃ 정도의 열을 받은 것으로 추정된다. 또한 2cm 내부의 분석결과에서는 $Ca(OH)_2$ 피크가 약하게 보이고 CaO 피크도 관찰되어 400℃정도의 열을 받은 것으로 추정되며, 4cm 내부에서는 $Ca(OH)_2$가 확실하게 관찰되고 있어 300℃정도의 열을 받은 것으로 추정되며, 6cm 깊이에서는 $Ca(OH)_2$도 전혀 분해되지 않은 것으로 보아 200℃ 이하의 열을 받은 것으로 추정된다.

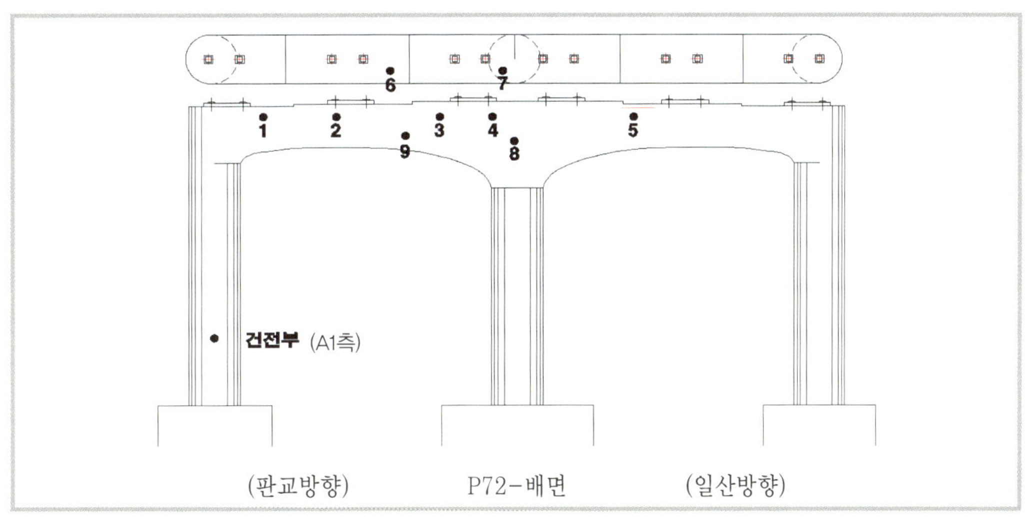

▲ 콘크리트 시료 채취 위치

과거 많은 연구, 실험 결과를 토대로 고온에 의해 가열된 콘크리트 열화발생 기준온도는 300℃로 판단된다. 그러므로 아래 표에서 알 수 있듯이 NO. 3, 4, 6, 7, 8, 9번 시료가 고열을 받은 것으로 추정되며, 전체적으로 6cm 이하의 콘크리트는 400~500℃ 이하의 온도를 받은 것으로 추정된다.

특히 NO. 1, 2, 5번 시료의 경우 6cm 이하에서는 300℃이하의 열을 받은 것으로 추정되어 양호한 상태를 유지하고 있는 것으로 판단된다.

▼ X-ray 회절분석에 의한 화재온도 추정결과

시 료	표면에서부터의 깊이			
	표 면	2cm	4cm	6cm
No.1	700℃	400℃	300℃	200℃
No.2	300℃	200℃	100℃	100℃이하
No.3	700℃	600℃	500~600℃	500℃이하
No.4	800℃	600℃	400℃	300~400℃
No.5	600℃	200℃	200℃이하	100℃이하
No.6	800℃	600℃	400℃	300℃이하
No.7	900℃	700℃	600℃	500℃이하
No.8	800℃	600℃	400~500℃	400℃이하
No.9	600℃	500℃	400℃	300~400℃
No.10	건전부	건전부	건전부	건전부

2.1.4 시편시험에 의한 강재의 열영향 분석

가. 개요

부천고가교 화재구간의 화재 영향으로 인한 주형부 사용소재의 열영향 분석으로 재료의 건전성을 평가한다.

나. 분석방법

① 소재절단(Water Jet) → ② 성분분석(OES) → ③ 조직관찰 → ④ 충격시험 → ⑤ 인장시험 → ⑥ 로크웰(HRB)

다. 시편채취 위치

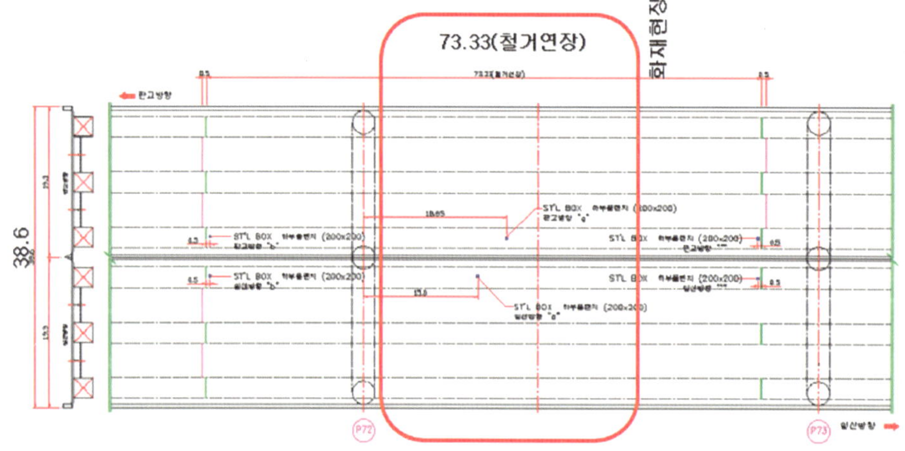

▲ 일산방향-1

▲ 판교방향-1

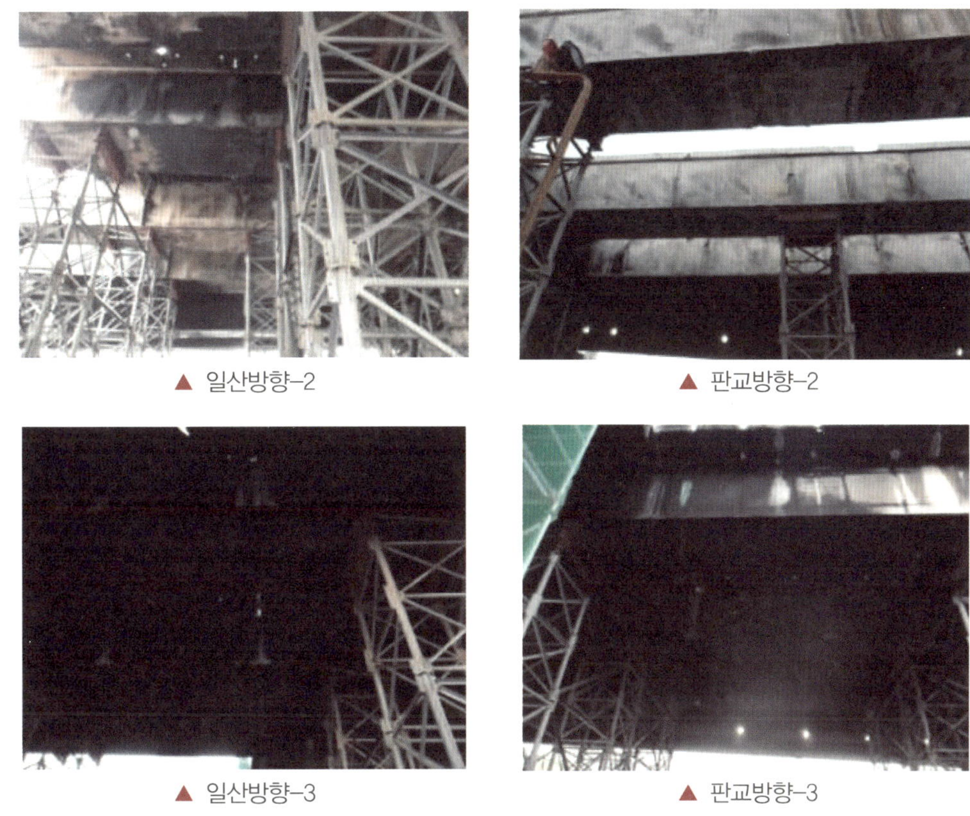

▲ 일산방향-2 ▲ 판교방향-2

▲ 일산방향-3 ▲ 판교방향-3

라. 소재성분 분석

1) 분석용 시편채취 위치 : 열영향을 줄이기 위해 Water Jet으로 절단

2) 강종 분석

- 발광분광분석(OES)를 이용한 성분 분석
- 일산-1의 소재가 탄소(C) 함량 0.115%로 가장 낮음

구 분	C	Si	Mn	P	S	시편두께
일산-1	0.115	0.403	1.39	0.017	0.008	17.5
일산-2	0.146	0.450	1.40	0.019	0.011	13.7
일산-3	0.143	0.409	1.44	0.015	0.008	21.7
판교-1	0.153	0.452	1.41	0.020	0.011	14.8
판교-2	0.130	0.377	1.36	0.013	0.008	13.5
판교-3	0.137	0.424	1.48	0.015	0.012	21.5

마. 인장/충격 시험

1) 인장 특성

구 분	0.2% 항복강도 (MPa) (평균)	인장강도 (MPa) (평균)	시편 규격	연신률	경도 (HRB)	시편두께
일산-1	285,275 (280)	515,515 (515)	KS 5호	37	78	17.5
일산-2	387,383 (385)	541,545 (543)		34	80	13.7
일산-3	327,350 (338)	523,519 (521)		46	75	21.7
판교-1	350,356 (353)	554,551 (553)		38	81	14.8
판교-2	304,268 (286)	507,509 (508)		37	76	13.5
판교-3	342,338 (340)	520,520 (520)		38	70	21.5

2) 충격 특성

- 샤르피 흡수에너지
- 일산-2, 판교-2 시편의 경우 충격치가 가장 높음(화재에 의한 열처리 효과).

강 종	시험 온도(℃)	샤르피 흡수에너지 J(평균)
일산-1	0	22,21,29 (24)
일산-2	0	99,103,102 (101)
일산-3	0	44,41,48 (44)
판교-1	0	44,39,45 (45)
판교-2	0	205,164,192 (187)
판교-3	0	38,36,33 (36)

바. 조직관찰/경도(100배)

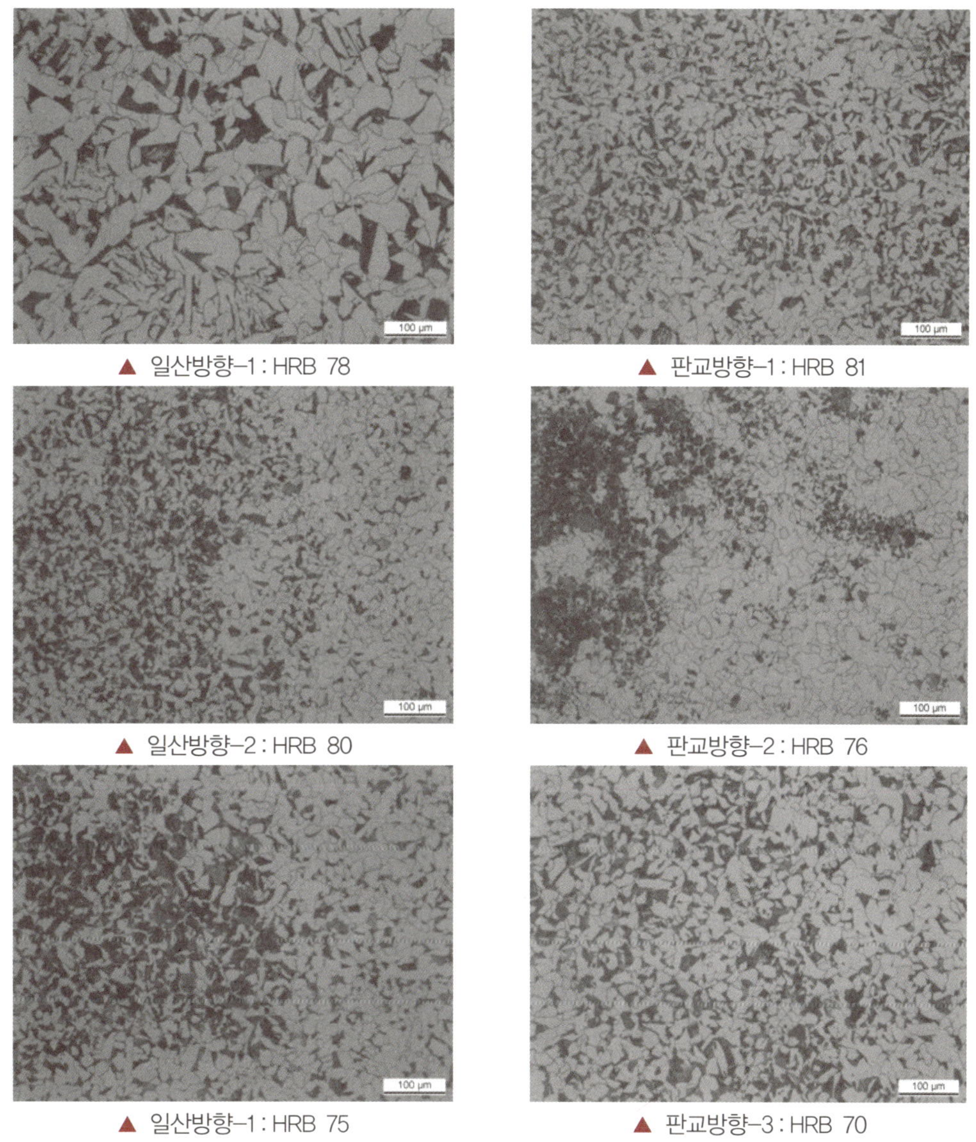

▲ 일산방향–1 : HRB 78

▲ 판교방향–1 : HRB 81

▲ 일산방향–2 : HRB 80

▲ 판교방향–2 : HRB 76

▲ 일산방향–1 : HRB 75

▲ 판교방향–3 : HRB 70

사. 분석결과

1) 성분분석 결과

일산–1 시편의 탄소(C) 함량이 0.115% 수준으로 가장 낮음.

2) 인장시험/경도시험 결과

인장특성 및 경도값 사이에 특별한 연관성을 찾아볼 수 없음.

3) 충격시험 결과

일산-2, 판교-2 시편의 경우 충격치가 가장 높음(화재에 의한 열처리 효과로 판단됨).

4) 조직관찰 결과

모든 시편은 펄라이트(pearlite)와 페라이트(ferrite) 조직이고, 정상조직으로 판단됨.

일산-1 시편의 경우 결정립의 크기가 나머지 모든 시료에 비해 상대적으로 큼.

일산-2, 판교-2 시편은 열영향과 소방수에 의한 냉각효과로 상대적으로 미세한 조직을 보임.

2.2 교량의 안전성평가

2.2.1 상부구조 안전성 검토

화재 후 부천고가교 안전성 검토시 상부구조의 처짐량에 적합하도록 강재의 탄성계수를 E_s=3000MPa로 조정하여 구조검토를 수행하였다.

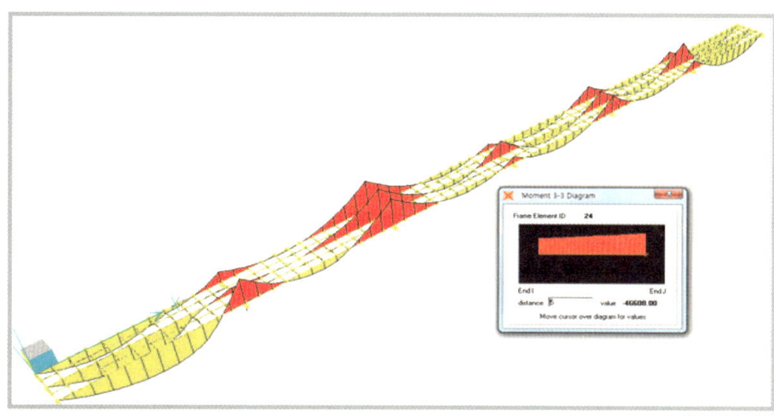

▲ P73 G1 지점부 화재시 휨모멘트도(kN m)

가. 화재후 응력검토결과

1) S72 중간부 G3 화재후 응력

단 계		하중조건	발생모멘트	상부플랜지 (MPa)	하부플랜지 (MPa)	비 고
화재 발생전	합성전	설계 합성전 하중	17,969.260	-100.278	77.266	
	합성후	설계 합성후 하중	5,441.966	-7.262	19.596	
	활하중	설계 활하중	9,130.966	-12.185	32.880	
	손상전 발생응력	활하중 비재하시		-107.540	96.862	
		활하중 재하		-119.725	129.742	
화재시	화재후 발생력	화재구간 강성변화에 의한 하중재분배	34,633.770			
	화재에 따른 추가응력		11,222.544	-14.976	40.412	화재후 모멘트 -화재전 모멘트 합계
	화재후 발생응력	활하중 비재하시		-122.516	137.274	
		활하중 재하시		-134.701	170.154	

2) P73 지점부 G1 화재후 응력

단 계		하중조건	발생모멘트	상부플랜지 (MPa)	하부플랜지 (MPa)	비고
화재 발생전	합성전	설계 합성전 하중	-17,950.849	88.933	-86.047	
	합성후	설계 합성후 하중	-4,070.344	12.514	-18.060	
	활하중	설계 활하중	-11,548.073	35.504	-51.238	
	손상전 발생응력	활하중 비재하시		101.447	-104.107	
		활하중 재하		136.951	-155.345	
화재시	화재후 발생력	화재구간 강성변화에 의한 하중재분배	-46,608.000			
	화재에 따른 추가응력		-24,586.807	75.537	-109.011	화재후 모멘트 -화재전 모멘트 합계
	화재후 발생응력	활하중 비재하시		176.984	-213.118	허용응력 초과
		활하중 재하시		212.488	-264.356	허용응력 초과

나. 부천고가교(일산방향, P71～P77) 화재 후 상부구조에 대한 안전성검토 결과

P73지점부 G1에 대한 응력검토결과, 하부플랜지에서 활하중 재하시 발생응력(-264.356MPa)이 허용응력(-190.000MPa)을 초과하여 최소안전율이 0.719로 시설물의 안전에 위험이 있어 즉각 사용을 금지하고 보강 또는 개축을 하여야 하는 상태로 평가되었다.

다. 내하력 평가 결과

화재 영향이 크게 작용된 S72 중간부 G3과 P73지점부 G1에 대하여 검토한 결과, S73지점부에서 기본내하력이 설계내하력(DB-24) 미만으로 평가되었다.

구 분		응 력(MPa)			내하율 (RF)	기본내하력 (P)
		사하중	활하중	허용응력		
S72 중간부 G3	플랜지 상면	-96.065	-12.185	-190.000	7.709	185.018
	플랜지 하면	144.040	32.880	190.000	1.398	33.547
S73 지점부 G1	플랜지 상면	185.163	35.504	190.000	0.136	3.270
	플랜지 하면	-206.448	-51.238	-190.000	-0.321	-7.704

2.2.2 교각(P72) 화재영향 검토

가. 교각 단면력 손실 검토

화재에 노출된 부천고가교 P72 교각에 대하여 국외 내화설계기준인 ACI 기준과 Eurocode 두 가지 Case에 대하여 내화검토를 실시하였다.

내화검토는 화재시간에 따라 부재 깊이별 온도 분포를 제시하고, 온도별 저하된 콘크리트 압축강도 및 철근의 항복강도를 고려하여 화재 후 단면의 강도 평가를 실시한다. (참고문헌 : 화재 전 · 후 RC 슬래브의 내화성능평가(2010년 단국대학교 대학원 석사논문), 섬유혼입 RC 부재의 비재하 내화시험(2009년 단국대학교 일반대학원 석사논문))

1) 화재지속시간 및 피복두께

부천고가교의 화재지속시간은 화재발생시간 22시 30분부터 화재진화시간 24시20분까지로 총 110분이 소요되었다. 또한 교각 피복두께는 100mm로 이를 고려하여 피복 100mm에서의 온도를 결정하였다.

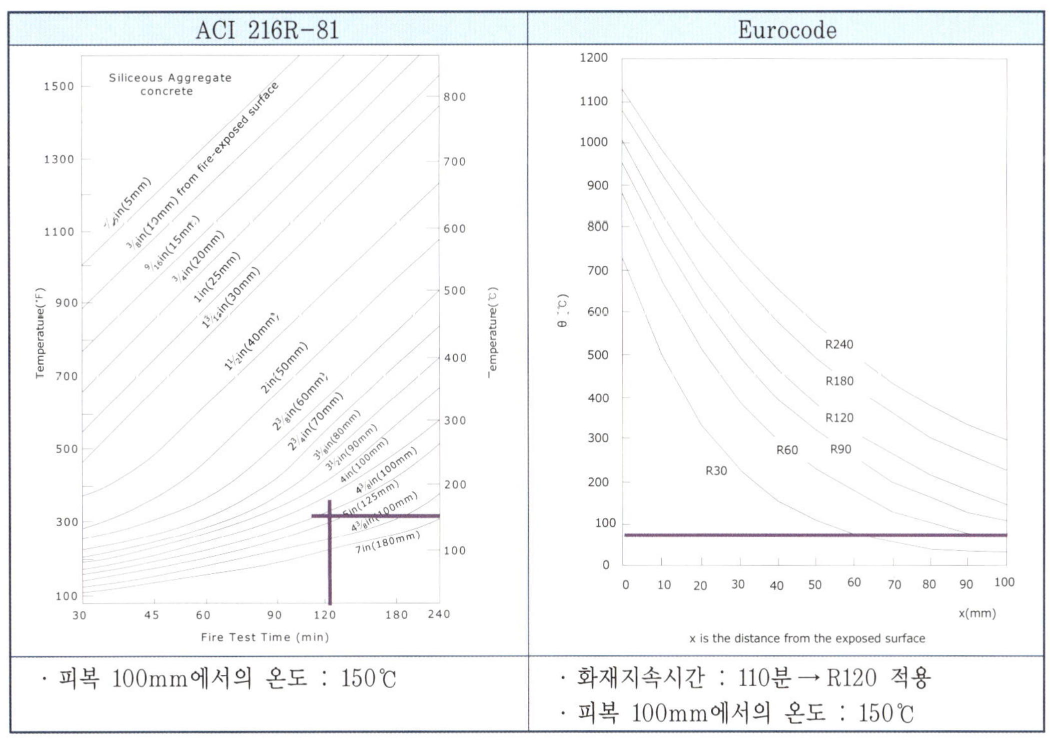

ACI 216R-81	Eurocode
· 피복 100mm에서의 온도 : 150℃	· 화재지속시간 : 110분 → R120 적용 · 피복 100mm에서의 온도 : 150℃

▲ 교각(P72) 화재지속시간과 부재 깊이에 따른 온도분포

2) 콘크리트 압축강도

① ACI 216R-81

화재온도에 따른 콘크리트 압축강도는 골재의 종류에 따라 다르게 나타나며, 아래 그림의 곡선에서 'Unstressed'로 표기된 것은 내화시험 중에는 하중을 가하지 않고, 'Stressed to $0.4f_c'$'라고 표기된 것은 시험을 하면서 콘크리트 압축강도의 40%를 재하한다. 'Unstressed Residual'라고 쓰여 진 곡선은 하중을 가하지 않은 상태에서 내화시험을 하고, 6일후에 압축강도 실험을 하여 잔류하는 압축강도를 초기 압축강도와 비교한 값이다. 이때 상대습도는 75%를 유지시켜야 한다.

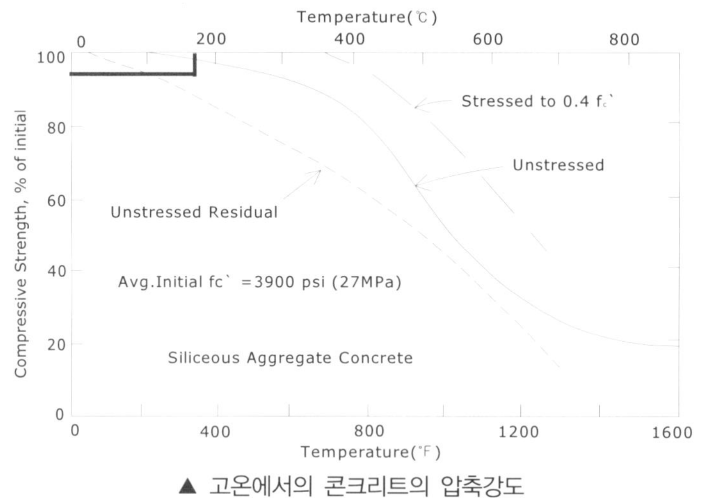

▲ 고온에서의 콘크리트의 압축강도

· $f_{c,\theta} = K_c f_c = 0.96 \times 24 = 23.040\ \text{MPa}$

② Eurocode

콘크리트 압축강도의 감소는 온도의 함수로 다음 표에 나온 식으로 나타낼 수 있다. 규산질골재 또는 석회질골재(석회질 골재를 적어도 80% 포함)로 이루어진 보통 중량 콘크리트를 사용한다.

$$f_{c,\theta} = K_c f_c$$

여기서, $f_{c,\theta}$: 온도가 θ℃일 때의 콘크리트 압축강도

f_c : 20℃에서 콘크리트 압축강도

K_c : 온도에 따른 콘크리트 압축강도의 감소계수

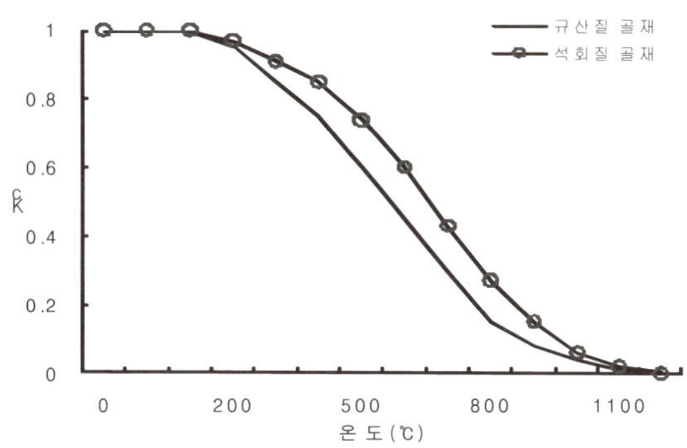

▲ 온도상승에 따른 콘크리트 압축강도 감소계수 (K_c)

온 도 (℃)	규산질 골재	석회질 골재
$100 < \theta \le 200$	$K_c = 1 - 0.0005(\theta - 100)$	$K_c = 1 - 0.0003(\theta - 100)$

· $K_c = 1 - 0.0005(150 - 100) = 0.975$

· $f_{c,\theta} = K_c f_c = 0.975 \times 24 = 23.400$ MPa

3) 철근 항복강도

① ACI 216R-81

ACI 216R-81에서는 철근의 항복강도가 온도의 영향을 받는다는 것을 나타낸다. 일반적으로 철근의 항복강도는 온도가 증가할수록 감소한다. 그러나 Hot rolled steel은 종종 500°F가 될 때까지 항복강도가 증가하는 경우가 있다.

화씨 = 150℃ × 9/5 + 32 = 302°F

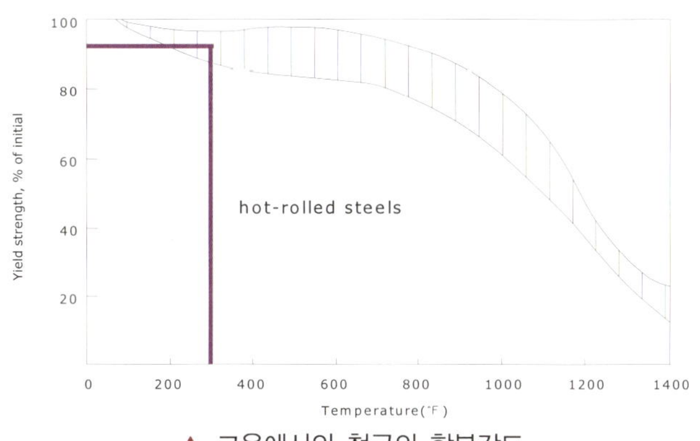

▲ 고온에서의 철근의 항복강도

· $f_{y,\theta} = 0.92 \times 300 = 276$ MPa

② Eurocode

Eurocode에서는 부천고가교 화재 당시 상황에 맞게 Cold worked인 경우를 적용하고 이경우에는 300℃까지 상온의 항복강도와 같고, 이후에는 Hot rolled와 마찬가지로 구간별로 선형으로 감소한다.

$$f_{y,\theta} = K_s f_y$$

여기서, $f_{y,\theta}$: 온도가 θ℃ 일 때의 철근의 항복강도

f_y : 20℃에서 철근의 항복강도

K_s : 온도에 따른 철근의 항복강도의 감소계수

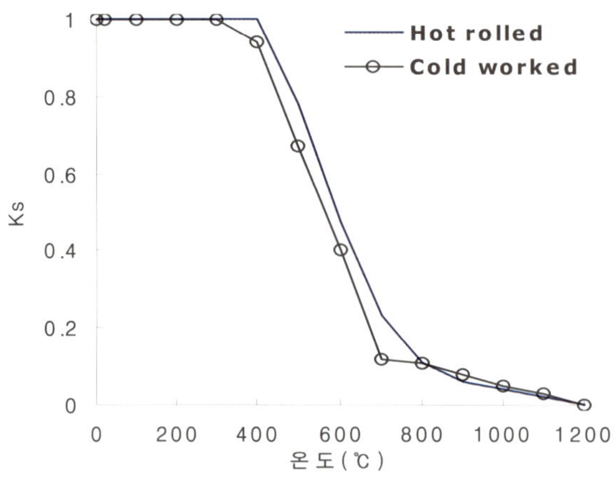

▲ 철근 항복강도의 감소계수

온 도(℃)	Hot rolled	Cold worked
$100 < \theta \leq 200$	$K_s = 1$	$K_s = 1$

- $K_s = 1$
- $f_{y,\theta} = K_s f_y = 1 \times 300 = 300$ MPa

4) 화재온도에 따른 재료 물성치 요약

구 분	콘크리트 압축강도(MPa)	철근 항복강도(MPa)	철근 탄성계수(MPa)
Non-Fire	24	300	200,000
ACI 216R-81	23,040	276	190,000
Eurocode	23,400	300	190,000

5) 교각 공칭 강도 검토결과

① 외측 지점부

구 분	Mu(kN-m)	ΦMn(kN-m)	안전율	비 율	비 고
Non-Fire	31486.46	38024.01	1.208	100%	
ACI 216R-81	31486.46	34994.52	1.111	92.0%	
Eurocode	31486.46	37989.95	1.207	99.9%	

② 코핑 중앙부

구 분	Mu(kN-m)	ΦMn(kN-m)	안전율	비 율	비 고
Non-Fire	20066.85	33201.36	1.655	100%	
ACI 216R-81	20066.85	30566.47	1.573	92.1%	
Eurocode	20066.85	33142.94	1.652	99.9%	
피복 10cm 단면무시	20066.85	31663.606	1.578	95.3%	

③ 중앙 지점부

구 분	Mu(kN-m)	ΦMn(kN-m)	안전율	비 율	비 고
Non-Fire	52956.31	71636.88	1.353	100%	
ACI 216R-81	53093.00	62927.14	1.242	87.8%	
Eurocode	52956.31	71578.45	1.352	99.9%	

나. 화재 시뮬레이션 온도 곡선을 이용한 교각 공칭 강도 검토결과

Fire Dynamics Simulator(Version5) 해석 프로그램을 이용한 화재 시뮬레이션의 온도-시간곡선을 이용하여 ACI 216R-81 및 Eurocode를 적용한 교각의 공칭 강도 검토를 수행하였다. 피복두께는 화재 시뮬레이션의 온도-시간곡선의 깊이별로 50mm, 100mm, 150mm에 대하여 적용하였다.

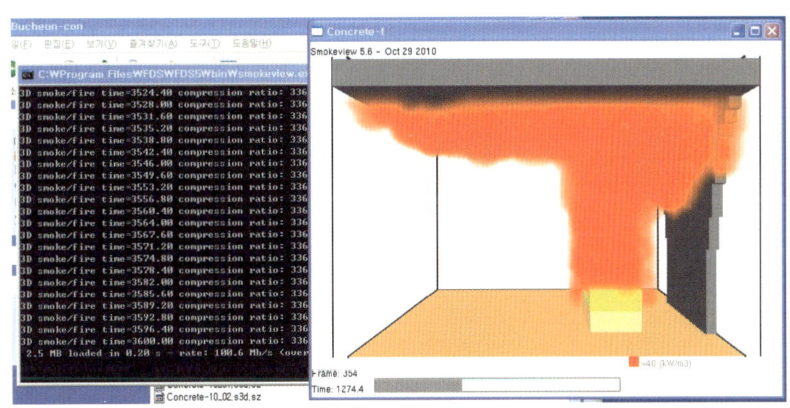

1) 모델링

① Geometry 및 해석조건

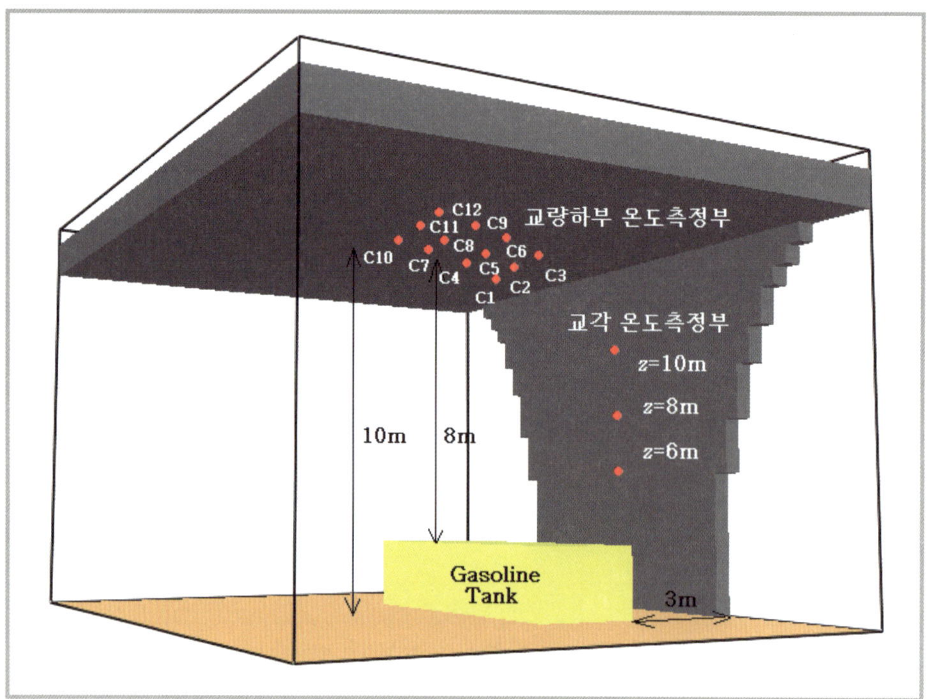

▲ 열영향 분석 모델링

- 해석조건
  - 교하고 : 10m
  - 유조차 최상단에서부터 교량하부까지 이격거리 : 8m
  - 교각과의 이격거리 : 3m
  - 유조차 모델
    - · 가연물 : 2.5m×8m×1m(Width, Length ,Height) : $20m^3$(20,000ℓ)
    - · 기타 부속물 : 저면으로부터 1m까지, 불연소조건(INERT)
  - 유조차 위치 : 교량 중심선에 대하여 대칭
  - 교각 온도측정부 : 교각 중심을 따라 저면에서부터 6m, 8m, 10m
  - 교량하부 온도측정부 : 교량중심에서부터 좌 · 우측 1m 및 중심부

② 물성값

구 분	설 명	Gasoline	Steel	Concrete
EMISSIVITY	방사율	1.0	1.0	1.0
NU_FUEL	연소수득율	1	해당없음	해당없음
CONDUCTIVITY	열전도도 [W/m/K]	0.140	45.8	1.28
SPECIFIC_HEAT	비열 [kJ/kg/K]	2.24	0.46	0.75
DENSITY	밀도 [kg/m^3]	745	7,850	2,400
HEAT_OF_COMBUSTION	연소열 [kJ/kg]	44,566	해당없음	해당없음

2) 해석결과

① 열방출률 결과

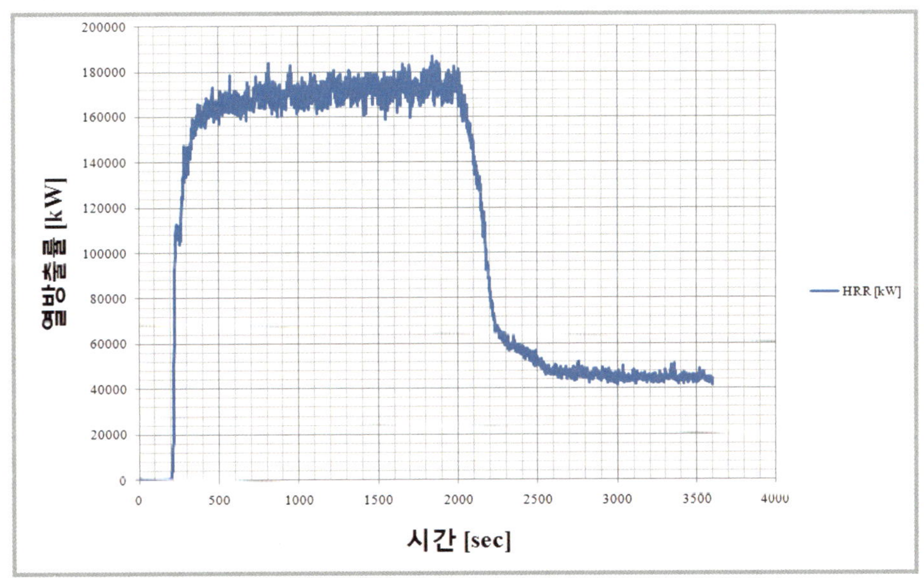

▲ 시간에 따른 열 방출률 곡선

- 화재규모 : 약 160MW급
- 화재지속시간 : 약 3,600초 (1시간)
- 발화시간 : 약 200초

② 교각부 온도-시간 관계 곡선

- 측정위치 : 교각중심부 z=6m, 8m, 9.5m
- 측정대상 : 표면온도, 깊이별 온도(d=5cm, 10cm, 15cm)

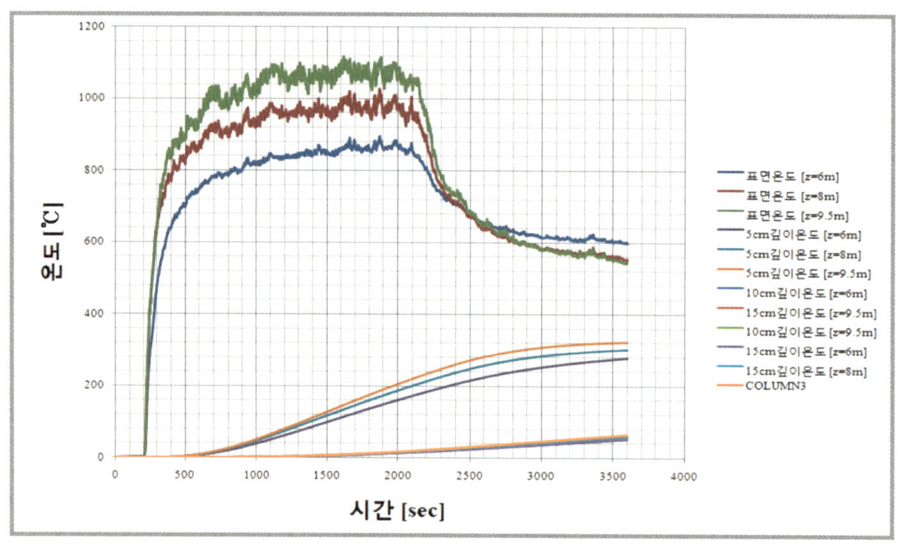

▲ 측정높이에 따른 교각부의 깊이별 온도분포

3) 교각 단면깊이별 발생온도

① 온도해석에 의한 발생온도 산정 결과

- 표면에서의 온도 : 1100℃
- 피복 50mm에서의 온도 : 320℃
- 피복 100mm에서의 온도 : 50℃

② 콘크리트 X-Ray 회절분석 시험에 의한 발생온도

시 료	표면에서부터의 깊이			
	표 면	2cm	4cm	6cm
No.1	700℃	400℃	300℃	200℃
No.3	700℃	600℃	500~600℃	500℃이하
No.4	800℃	600℃	400℃	300~400℃
No.6	800℃	600℃	400℃	300℃이하
No.7	900℃	700℃	600℃	500℃이하
No.8	800℃	600℃	400~500℃	400℃이하
No.9	600℃	500℃	400℃	300~400℃

4) 발생온도별 콘크리트 응력변형율도

Lie(1995)가 제안한 응력-변형율 관계식을 이용한 발생온도별 응력-변형율도는 다음과 같다.

$$f_c = \begin{cases} f'^c[1-(\frac{\epsilon_{max}-\epsilon_c}{\epsilon_{max}})^2] & \epsilon_c \leq \epsilon_{max} \\ f'^c[1-(\frac{\epsilon_c-\epsilon_{max}}{\epsilon_{max}})^2] & \epsilon_c > \epsilon_{max} \end{cases}$$

$$f'_c = \begin{cases} f_{c0}' & T \leq 450℃ \\ f_{c0}'[2.011-2.353\frac{T-20}{1000}] & T > 450℃ \end{cases}$$

$$\epsilon_{max} = 0.0025 + (6.0T + 0.04T^2) \times 0.000001$$

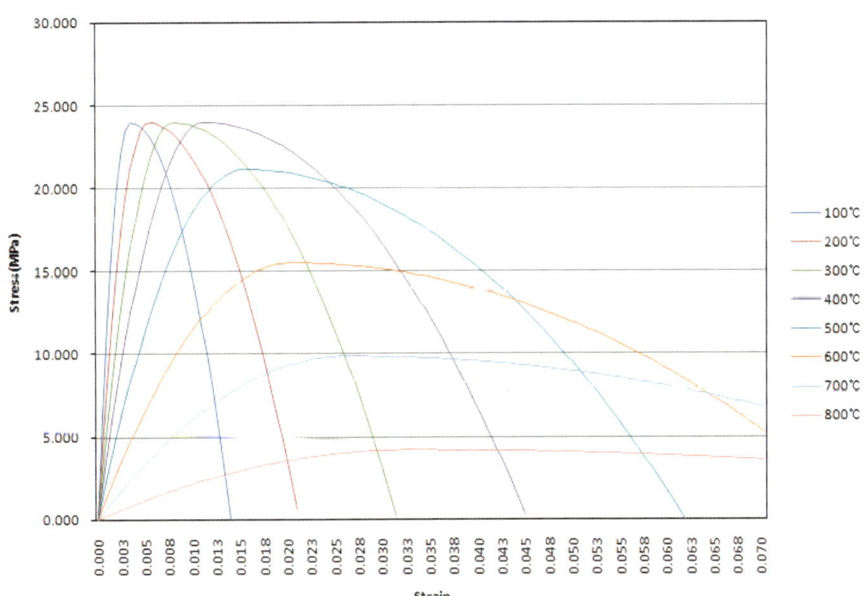

5) 응력-변형율 곡선 산정

콘크리트 발생온도에 따른 깊이별 응력-변형율도는 교각 콘크리트 표면에서 40mm 이상부는 재료성능 저하가 경미하나 표면에서 40mm 미만부는 재료성능이 크게 감소하는 경향을 보이고 있다. 따라서 부재강도 산정시 표면 40mm 미만은 비유효단면으로 적용하여 안전성 검토를 실시하는 것이 적합할 것으로 판단된다.

표면에서 깊이별 응력-변형율도

6) 콘크리트 압축강도

 - 순 피복두께 50mm인 경우

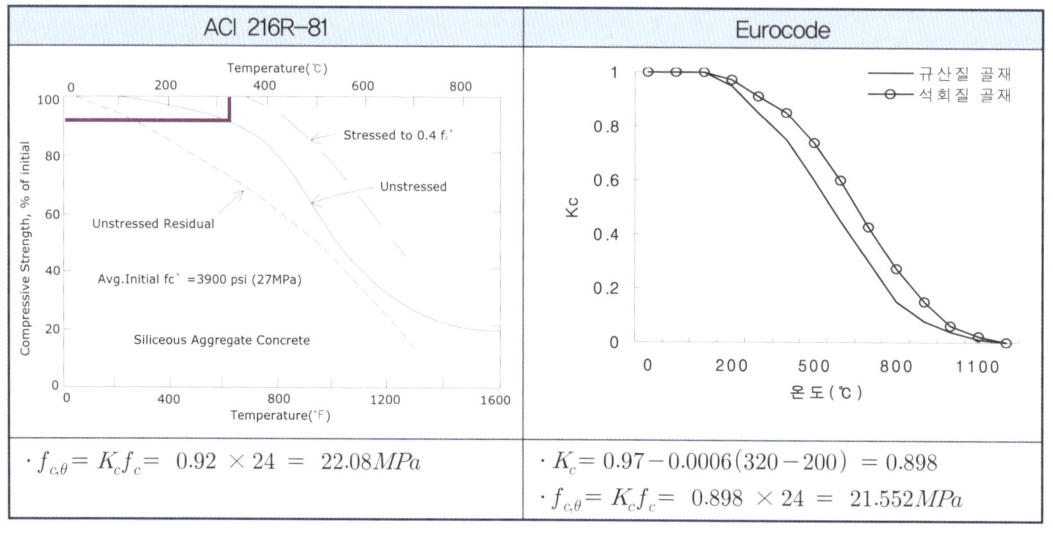

ACI 216R-81	Eurocode
$\cdot f_{c,\theta} = K_c f_c = 0.92 \times 24 = 22.08MPa$	$\cdot K_c = 0.97 - 0.0006(320-200) = 0.898$ $\cdot f_{c,\theta} = K_c f_c = 0.898 \times 24 = 21.552MPa$

7) 철근 항복강도

- 순 피복두께 50mm인 경우

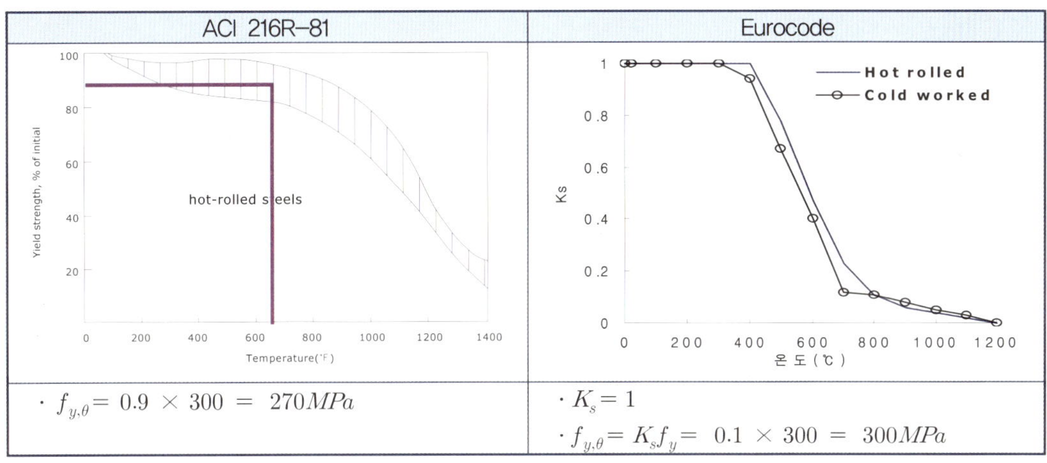

ACI 216R-81	Eurocode
· $f_{y,\theta} = 0.9 \times 300 = 270MPa$	· $K_s = 1$ · $f_{y,\theta} = K_s f_y = 0.1 \times 300 = 300MPa$

8) 교각 공칭 강도 검토결과

진단대상 교량은 화재에 의하여 교각부 콘크리트 온도상승이 발생하였으므로 본 검토는 화재시 발생온도에 따른 콘크리트 및 철근의 재료성능 저하를 고려하여 안전성 검토 결과 모든 지점에서 안전한 것으로 평가되었다.

- 외측 지점부

구 분	Mu(kN-m)	ΦMn(kN-m)	안전율	비 율	비 고
Non-Fire	31486.46	38024.01	1.208	100%	
ACI 216R-81	31486.46	34247.51	1.088	90.07%	
Eurocode	31486.46	37873.07	1.203	99.6%	

- 코핑 중앙부

구 분	Mu(kN-m)	ΦMn(kN-m)	안전율	비 율	비 고
Non-Fire	20066.85	33201.36	1.655	100%	
ACI 216R-81	20066.85	29925.51	1.491	90.13%	
Eurocode	20066.85	32943.08	1.642	99.22%	
폭열부(100mm) 비유효단면	20066.85	31663.94	1.578	95.37%	

- 중앙 지점부

구 분	Mu(kN-m)	ΦMn(kN-m)	안전율	비 율	비 고
Non-Fire	52956.31	71636.88	1.353	100%	
ACI 216R-81	53093.00	64517.47	1.215	90.06%	
Eurocode	52956.31	71378.59	1.344	99.64%	

2.3 교량의 보수보강 방안

2.3.1 개요

화재구간 주형부는 화재 영향으로 주형플랜지 절단 및 변형 등 중대 손상이 발생되었으므로 본 진단에서는 현장조사 결과, 재료시험 결과, 안전성 검토 결과를 토대로 재시공 필요구간, 보강구간, 보수구간으로 구분하며, 화재당시 교량의 외적 환경조건이 불명확하므로 객관적인 평가가 곤란한 경우 정량적인 평가를 통하여 보수 · 보강 방안을 제시토록 한다.

2.3.2 주형 보수보강 방안

가. 보강대상

보강대상은 외관조사 결과 강재변형 및 균열이 발생된 구간과 국부 안전성 해석 결과 불안전한 것으로 검토된 구간을 선정하였다.

외관조사에 의한 보강대상 선정기준은 복부 및 용접부 균열이 발생하거나 주부재 및 보강재가 모두 변형된 구간, 시공중 변형이 증가된 구간으로 하며, 안전성 검토 결과에 의한 보강대상 선정기준은 불안전한 것으로 검토된 부재로 한다. 이에 따른 보강대상 선정결과는 아래 표와 같다.

▼ 상부구조 보강대상

위 치	부 재	외관조사 결과	보강여부
P73 부모멘트부 (일산)	G1 하부플랜지 (S73 D11~D12, S74 D2~D3)	- 하부플랜지 변형	**보강**
P73 부모멘트부 (판교)	G1, G2 하부플랜지 (S73 D11~D12, S74 D2~D3)	- 하부플랜지 변형	**보강**
P73 부모멘트부 (일산방향)	G1 복부 (S72 SP4~S73 SP1)	- 복부 균열 - 복부 수평보강재 단부 용접부 균열 - 복부 및 수직보강재 변형	**보강**
P73 부모멘트부 (판교방향)	G1, G2 복부 (S72 SP4~S73 SP1)	- 복부 및 수평보강재 변형 - 시공중 복부 변형 증가(G2)	**보강**
S72(P71~P72) (일산방향)	G1 복부 (S72 D8~D9)	- 복부 및 수직보강재 변형	**보강**
기타	복부	- 변형량 30mm 미만 - 보강재 변형 없음	지속관찰

나. 손상원인 분석

화재의 직접적 영향을 받은 구간(철거구간)의 손상은 화재발생시 온도의 급격한 상승 및 화재진압용 소방수(水)에 의한 급격한 냉각에 의해 뒤틀림, 처짐, 급격한 부피의 팽창 및 수축으로 손상이 발생한 것으로 보인다. 그러나 조사결과, 보수, 보강 대상구간인 화재에 의한 직접영향을 받지 않은 구간(P73번 지점부)에도 손상이 발생한 바, 이에 대한 원인 분석을 통해 보수, 보강의 이론적 배경을 마련하도록 한다.

1) 손상원인 분석

조사결과에서 보듯이 화재의 직접적 영향을 받지 않은 구간의 손상은 P73번 지점부에 집중되어 있다. 초기 안전 점검시 화재 발화지점인 제 2경간(P72~P73) 시점부 하부플랜지의 찢어짐으로 인한 강거더의 구조기능 상실을 확인할 수 있었으며, 이와 같은 거더의 절단으로 인하여 화재발화지점으로부터 P73번 지점부에 걸친 과도한 캔틸레버 작용에 의해 P73번 지점부에 손상이 온 것으로 예측되어 진다.

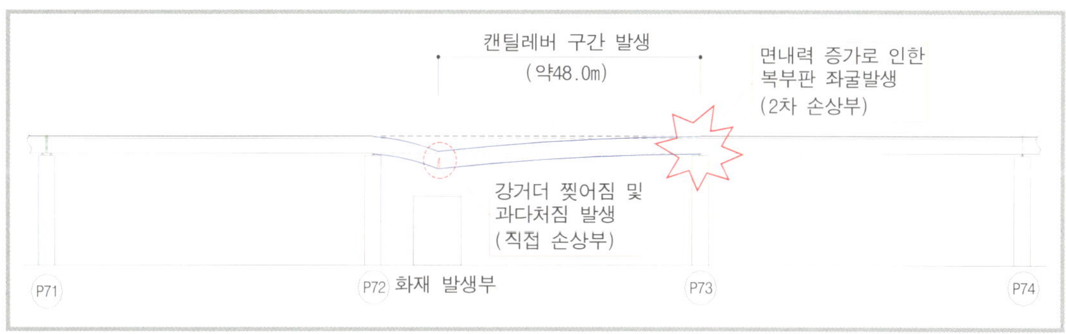

▲ 지점부(P73) 간접손상 개요도

더욱이 P73번 지점부 거더의 손상형태가 전형적인 복부판의 후좌굴 형상을 이루고 있으며 이는 2경간부 화재에 의한 거더의 1차 손실 이후, 캔틸레버 작용에 의한 지점부 면내력의 증가로 복부판이 좌굴을 일으켜 2차손실이 발생하였음을 나타내는 근거자료이기도 하다.

▲ P73 지점부 복부판의 좌굴손상

복부판의 후 좌굴(Post Buckling) 현상

- 정의

축압축부재는 좌굴발생 후 즉시 붕괴하나 강거더의 복부판은 면내력이 작용할 때 좌굴후에도 계속 저항력을 나타내어 바로 극한상태에 도달하지 않는 경우를 가리켜 후좌굴 현상이라 한다. 이러한 경우 후좌굴이 작용하는 면내의 인장발생 구역을 인장장(tension field) 또는 인장력장 거동(tension field action)이라 한다.

- 작용원리

강거더에서는 얇은 복부판의 문제점을 극복하기 위해 수직보강재와 수평보강재를 설치하며 특히, 적절한 강성을 가진 수직보강재에 의해 보강된 복부판은 강거더의 전단강성을 매우 효과적으로 증진시킨다. 이러한 증가효과는 복부판의 전단파괴가 최종파괴로 직접 진행되지 않고 아래 그림과 같이 좌굴된 복부판이 수직보강재와 연계하여 Truss와 같은 거동을 보이며 작용하중에 저항하기 때문에 나타난다. 이와 같은 작용을 '인장력장 거동'이라 하며 인장력장 거동에서는 수직보강재는 압축을 받으며, 좌굴된 복부판은 인장력을 받아 마치 Pratt Truss와 같은 거동을 한다.

인장력장 거동이 발생할 경우 플랜지가 부담하는 하중효과가 증가하여 플랜지부의 응력이 증가하게 되므로 플랜지의 설계시 이러한 효과를 적절히 고려하여야 하며 복부판의 세장비에 따라 허용응력을 저감하기도 한다.

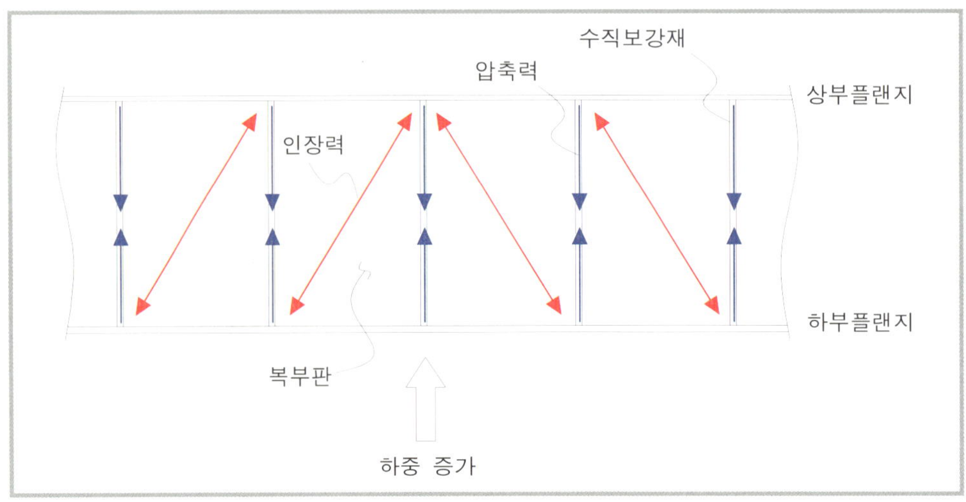

▲ 복부판의 인장력장 거동

다. P73 부모멘트부 하부플랜지 보강방안

본 구간은 하부플랜지 변형에 의하여 발생응력이 허용응력을 초과하고 있으므로 강판덧붙임 보강을 시행토록 한다.

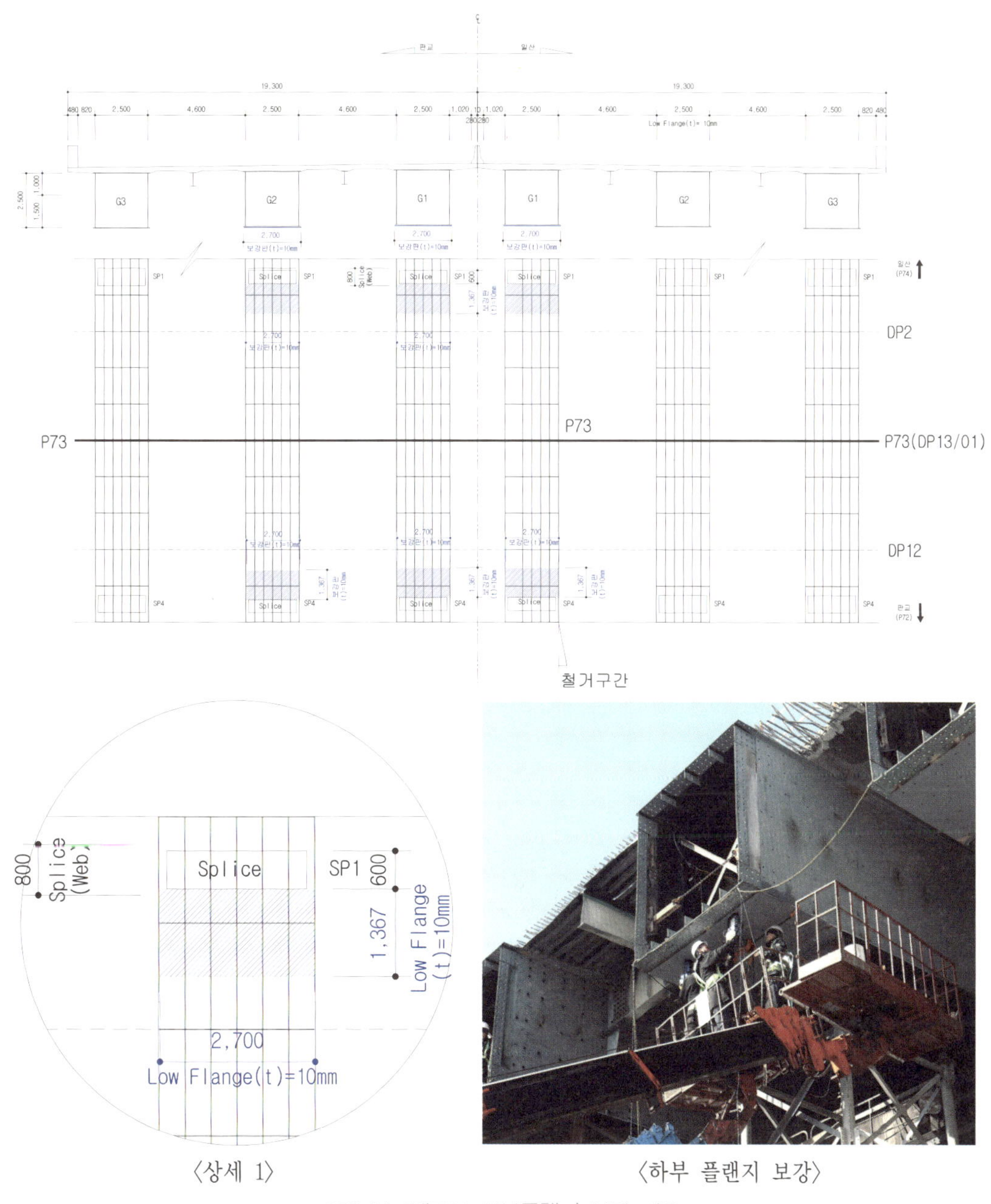

〈상세 1〉 〈하부 플랜지 보강〉

▲ P73 부보벤트부 하부플랜지 보강 개요도

라. P73 부모멘트부 복부 보강방안

본 구간은 P73 복부 최대변형(50mm)부에 대한 국부해석 결과 발생전단응력이 80.1 MPa로서 허용응력(110MPa) 미만이나 판교, 일산방향 G1은 하부플랜지 변형 및 복부 강재균열이 발생되었고 일산방향 G2는 복부 변위량이 크고 시공중 변형량이 증가되며, 화재당시 온도상승에 의하여 강재의 전단변형 및 소성변형이 발생된 상태이므로 안전측으로 강판덧붙임 보강을 시행토록 한다.

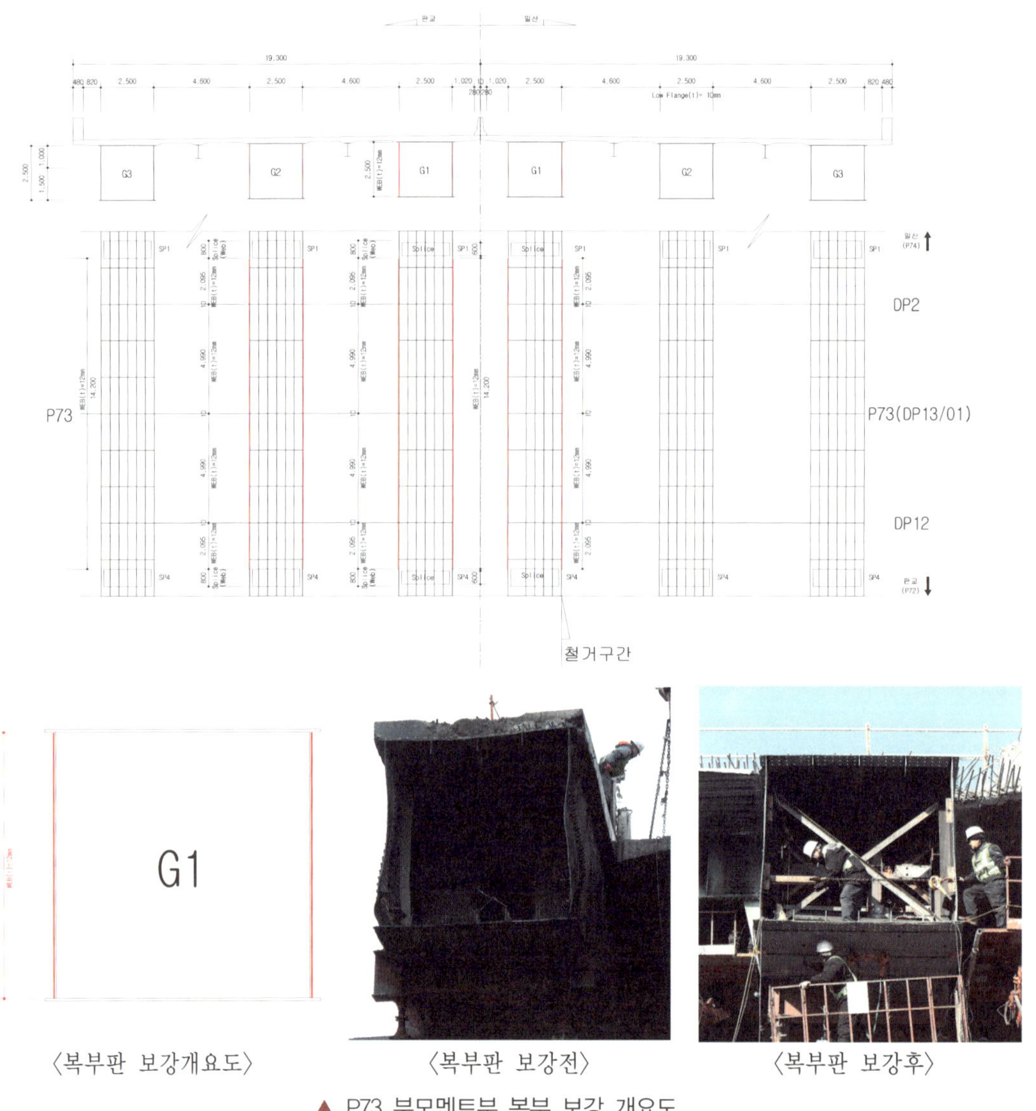

〈복부판 보강개요도〉 〈복부판 보강전〉 〈복부판 보강후〉

▲ P73 부모멘트부 복부 보강 개요도

마. S72(P72~P73) 일산방향 G1 복부 보강방안

본 구간(S72-D8/9)은 수직보강재와 복부 모두 변형이 발생한 상태이므로 수직보강재와 수직보강재 사이에 추가로 보강재를 설치하여 복부강성 및 수직보강재 변형에 대한 보강을 시행한다.

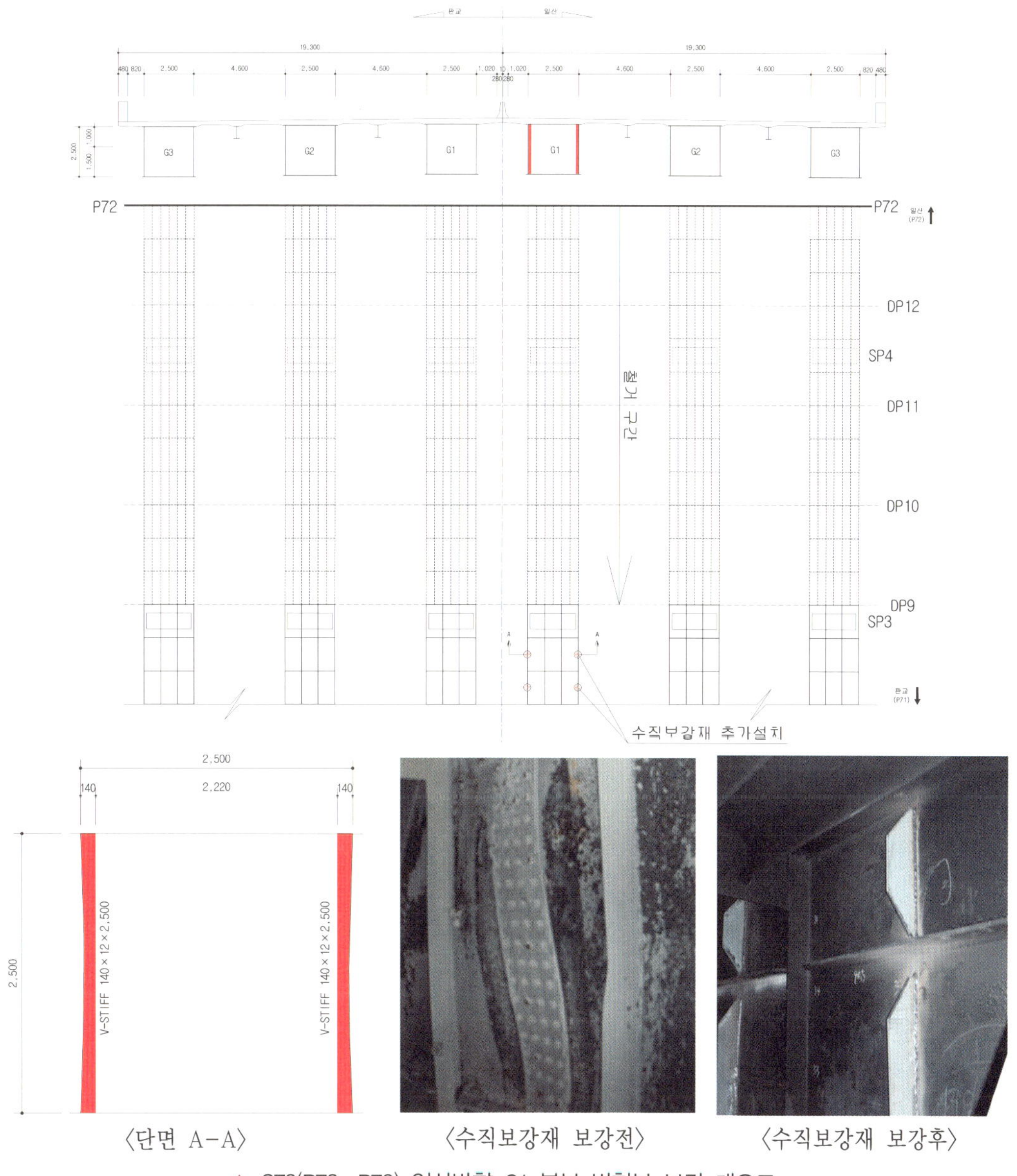

〈단면 A-A〉 〈수직보강재 보강전〉 〈수직보강재 보강후〉

▲ S72(P72~P73) 일산방향 G1 복부 변형부 보강 개요도

2.3.3 교각 보수보강 방안

가. 보수 · 보강대상

화재피해에 의한 교각부의 보수범위는 안전성, 내구성, 사용성(미관) 측면에서 보수범위를 선정하며 그에 따른 보수범위는 다음과 같다.

부 재		안전성	내구성	사용성
본 선	P71			●
	P72	●	●	●
	P73			●
	P74			●
Ramp-C	P1			●
	P2			●
Ramp-D	P1			●
	P2			●

나. 보수 · 보강방안

부 재		안전성	내구성	사용성
본 선	P71			표면처리 및 고압물청소
	P72	단면복구	단면복구	중성화 방지재 도포
	P73			표면처리 및 고압물청소
	P74			표면처리 및 고압물청소
Ramp-C	P1			표면처리 및 고압물청소
	P2			표면처리 및 고압물청소
Ramp-D	P1			표면처리 및 고압물청소
	P2			표면처리 및 고압물청소

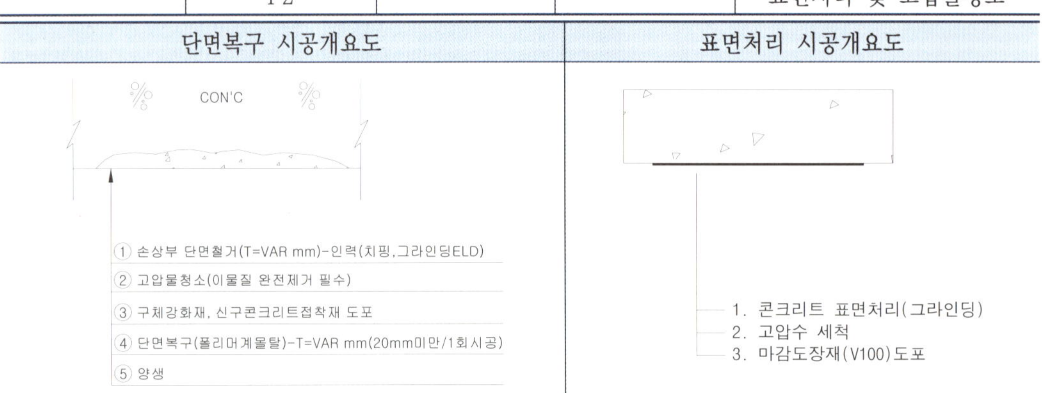

2.3.4 보수보강 공사

가. 강박스 균열부 및 변형부 보강공사

1) 복부판 균열부의 보수공사

균열이 발생한 강박스 부위는 우선 가우징을 실시하여 균열부를 노출하였다. 균열부는 완전 홈입 용접하여 균열이 추가 발생하지 않도록 보강하였다.

① 복부판 균열발생 현황도

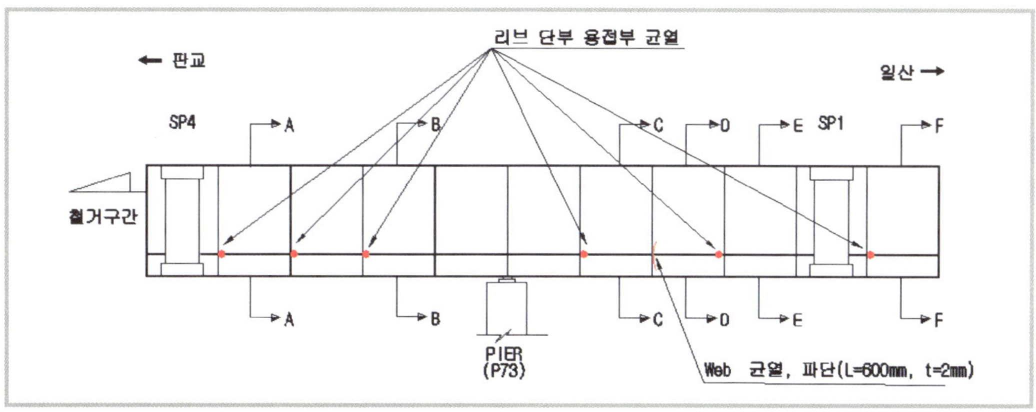

② 강박스 복부판 균열보수작업 절차

① 복부판 균열 발생

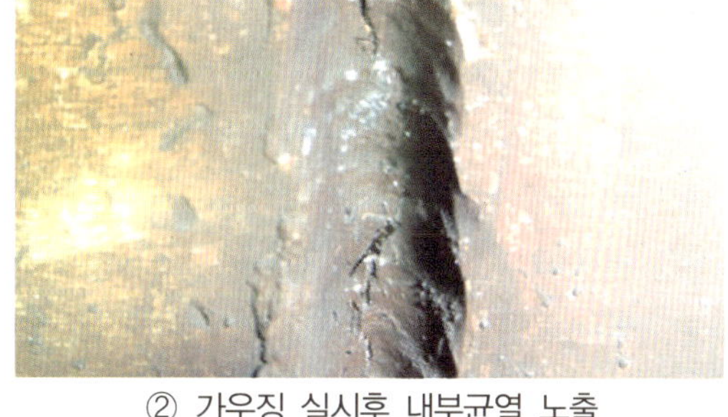
② 가우징 실시후 내부균열 노출

③ 내부 용접

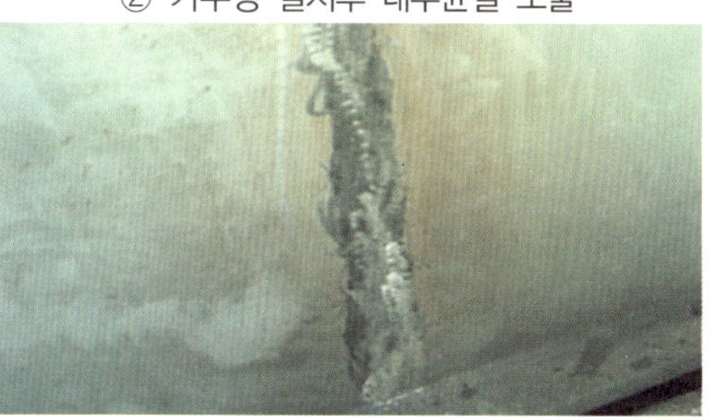
④ 외부 용접 후 면정리

2) 강박스 변형부의 복원

변형된 강박스 복부 및 하부플렌지 부위에 반력대를 설치해 유압잭으로 변형을 복원한 후 12mm 보강 강판을 볼트로 접합해 원박스와 보강판이 일체거동 할 수 있도록 하였다

강박스의 보강공사는 일산방향 G1, 판교방향 G1, G2 복부판보강($t=12$mm)을, 일산방향 G1, 판교방향 G2 하부플랜지 보강($t=10$mm)을 대상으로 수행하였다.

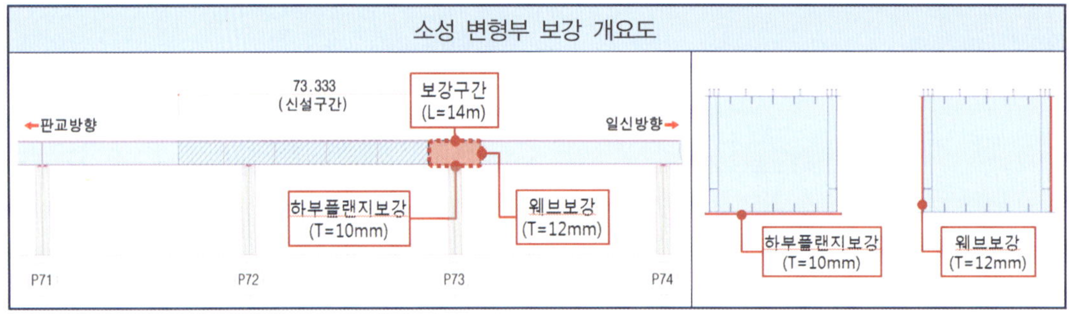

① 반력대를 이용한 소성변형부의 복원

▲ 박스내부 반력대(잭업시설) 설치

▲ 유압잭을 이용한 변형부 복원

② 보강판 부착

강박스의 하부플랜지 및 복부판의 경우 변형이 발생하였으나 재료의 시편시험을 수행한 결과 인장강도 및 경도 등 강재의 건전도는 양호한 것으로 분석되었다. 따라서 변형부의 복원 후 추가적인 변형을 억제 하도록 하부플랜지 및 복부판 변형부에 대해 볼트접합을 이용한 보강판 접합공사를 실시하였다. 볼트의 설치는 기존 강박스 단면손실의 최소화가 가능하도록 배치하였으며, 기존판과 보강판의 접합면 사이에 에폭시 충진을 실시하여 접합도를 향상시켰다.

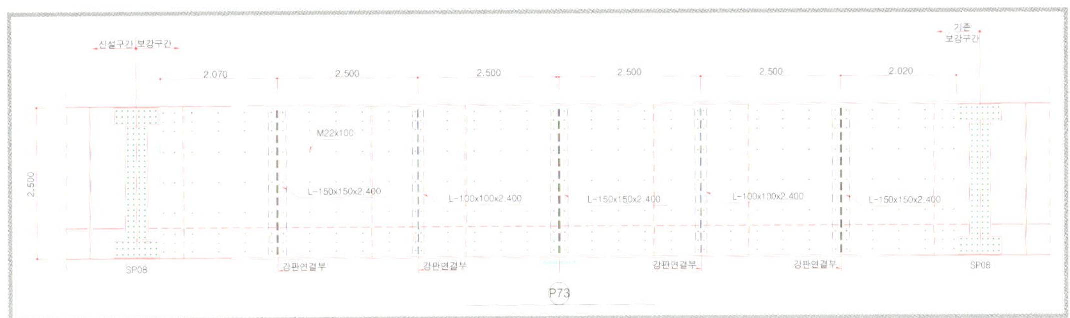

▲ 복부 보강판 설치 상세도

〈보강판 부착 및 볼트홀 천공〉

〈볼트 체결〉

〈에폭시 주입구 설치 및 씰링 작업〉

〈외부 씰링 삭업〉

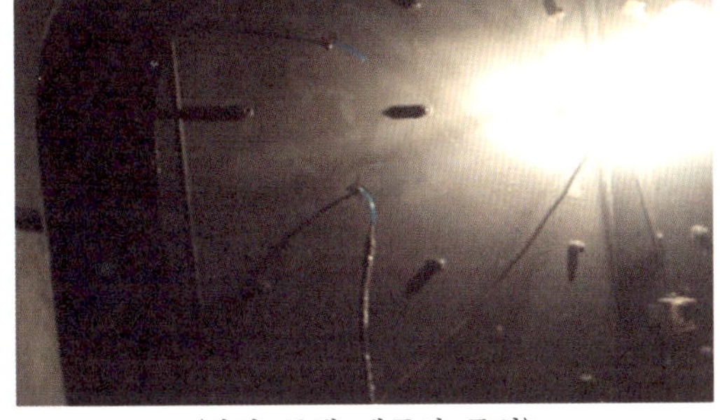

〈강판 틈새 에폭시 주입〉

〈강박스 보강 완료〉

▲ 보강판 설치 공사

나. 교각 및 교량받침 보수공사

정밀안전진단 결과에 따라 P72번 교각에 대해 보수공사를 실시하였다. 교각 코핑부는 손상 부위를 제거한 후 단면복구 실시하고 내구성 증진을 위한 표면보호재료를 전체 단면에 시공하였다. 또한 교량받침의 열화, 받침 콘크리트 폭열 등으로 P72 교각의 교량받침 12개소를 교체하였고 전단키 8개소는 재배치하였다. 그 외 P71, P73, P74 교각받침은 부분 단면복구 또는 받침콘크리트 재타설을 실시하였다.

1) P72 교각 보수계획

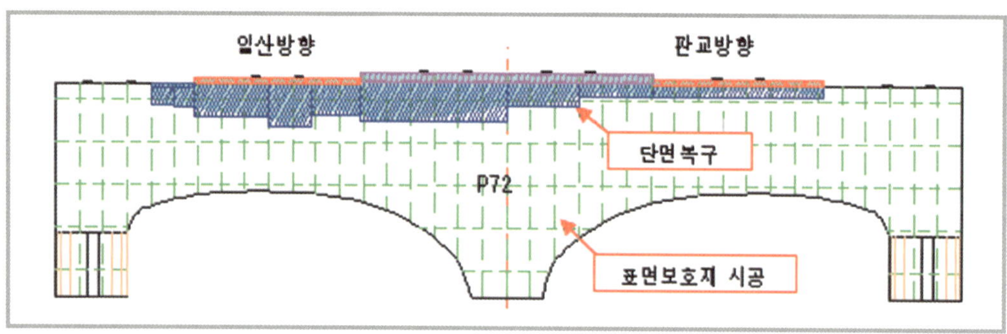

2) 교각 보수공사

▲ 교각 코핑부 손상발생

▲ 교각 보수용 비계 설치

▲ 손상부 제거

▲ 거푸집 설치

▲ 신구 접착제 도포

▲ 단면복구용 폴리머 몰탈 타설

▲ 증기 양생

▲ 표면보호재 시공

3) 교량받침 교체공사

▲ 교량받침 손상부 전경

▲ 기존 교량 받침 철거

▲ 받침콘크리트 제거

▲ 교량받침 철근 노출

▲ 교량받침 세팅 및 거푸집 설치

▲ 받침콘크리트 타설

▲ 무수축 몰탈 타설

▲ 교량받침 보수 완료

다. 강교도장 보수작업

화재로 인해 손상된 강교의 도장은 정밀안전진단을 통해 조사된 도장상태를 기준으로 재도장, 보수도장 및 표면세척의 3개 영역으로 구분하여 보수하였다.

기존의 강교도장은 염화고무계 도료를 사용하였으나 보수도장의 경우는 내구성이 우수하며 환경문제가 적은 내후성 중방식 도장을 사용하였다.

▼ 강박스 기존도장 공법과 보수도장 공법 비교

구 분	당 초	변 경
강교 표면 처리 공법	· 강교 외부 : 미정 · 강교 내부 : 미반영	· 강교 외부 : Shot-Blasting (PS-Ball 사용) · 강교 내부 : Shot-Blasting (PS-Ball 사용)
강 교 보수도장	· 강교 외부 : 에폭시 마감 · 강교 내부 : 미반영	· 강교 외부 – 보강도장 : 에폭시 마스틱(75μm) – 중 도 : 에폭시(80μm) – 상 도 : 우레탄(60μm) · 강교 내부 – 보강도장 : 에폭시 마스틱(75μm) – 중 도 : 에폭시(80μm)
강교 표면 그을음 제거	· 약품 처리	· 고압 물세척(Water Jet)

1) 강교도장 보수작업

① 강박스 도장상태 조사

▲ 도장연소부 손상 확인

▲ 그을음부 상태확인

② 보수도장용 비계와 보양막 설치

손상 도장막을 제거하기 위한 작업용 비계를 설치하고, 쇼트 블라스팅시 발생되는 분진과 소음의 분산을 방지하기 위해 교량 외측을 보양하였다.

▲ 보수도장용 비계 설치

▲ 분진 비산방지용 보양막 설치

③ 손상부 도장 제거방법

손상 도장막 제거를 위해 PS볼을 이용한 쇼트 블라스팅 공법을 사용했으며, 재도장이 필요 없는 부위는 고압 물세척을 통해 그을음을 제거하였다.

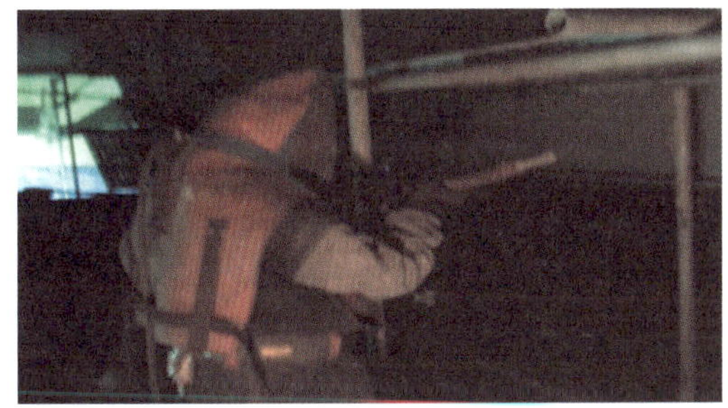

▲ PS볼 쇼트블라스팅

▲ 고압 물세척(Water Jet)

Chapter 3.

교량 긴급설계를 위한 사전 준비

3.1 강교제작을 위한 기초자료 수집

3.2 기존교량 사전측량

3.3 강교 현장 조사

3.4 건설관계자 및 건설정보수집

3.5 프리캐스트바닥판 시공을 위한 강교 설계검토

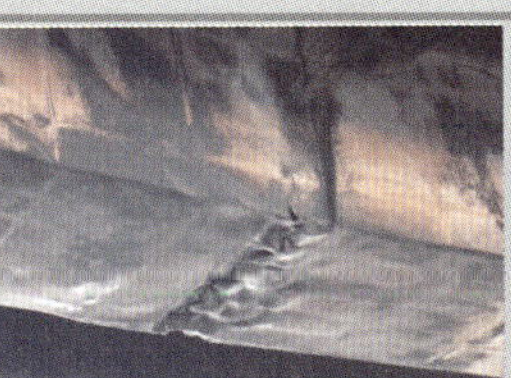

3.1 강교제작을 위한 기초자료 수집

화재교량의 설계시 가장 중요한 요인으로는 신속한 설계에 있다고 할 수 있다. 화재교량(강박스 교량) 공사를 수행함에 있어 가장 시간이 많이 소요되는 공종은 강교제작이다. 부천고가교의 경우 총강재 소요량이 817TON으로 강교제작에 2~3개월이 소요되기 때문에 강교의 긴급발주를 위한 설계검토가 우선적으로 필요하였다.

따라서 기존 설계도서를 화재사고 발생 즉시 유지관리부서로부터 인계받아 사전 검토 및 현황파악을 실시하였으며, 설계도면과 현장제원의 일치여부를 파악하기 위하여 강교 주요부재에 대한 현장조사를 실시하였다. 또한 시공당시와 현재 설계기준과의 비교를 통하여 합리적인 강교제작 방안을 수립하였다.

【기존 설계 현황】

- 상부형식 : ST.BOX 거더
- 하부형식 : 3주식 라멘형 교각
- 설계준공 : 1995년 6월
- 설계회사 : 선진엔지니어링
- 시공회사 : 두산건설
- 관리주체 : 한국도로공사 경기지역본부

3.2 기존교량 사전측량

강교제작시 솟음(camber), 제작길이, 신구접합시 오차 등의 보정을 위하여 교량상면에 대한 사전 측량을 실시하였다. 각 행선별 중심위치 및 캔틸레버부 끝단, 중앙 분리대부를 측량하여 처짐 및 변형정도를 파악하고, 그 결과 값을 분석하여 강교 제작 및 설치시 정밀한 시공이 될 수 있도록 반영하였다.

▲ 주요 위치별 교량 상면 사전 측량

3.3 강교 현장 조사

화재교량의 조속한 시공을 위해 기존 준공도서를 활용한 만큼 시공된 현황과 준공도서와의 일치성 여부를 확인하였다.

시공시 변경이력이 자세히 기록되었다면 변경이력지만을 가지고 확인 가능하겠지만 준공시기가 오래된 교량일수록 이러한 관리가 되어 있지 않은 것이 현실이다.

따라서 현장 확인을 통한 준공도면의 적정성 검토가 필요하여 주요 부재별 두께 등의 상세 현장 확인 후 설계적용 하였다.

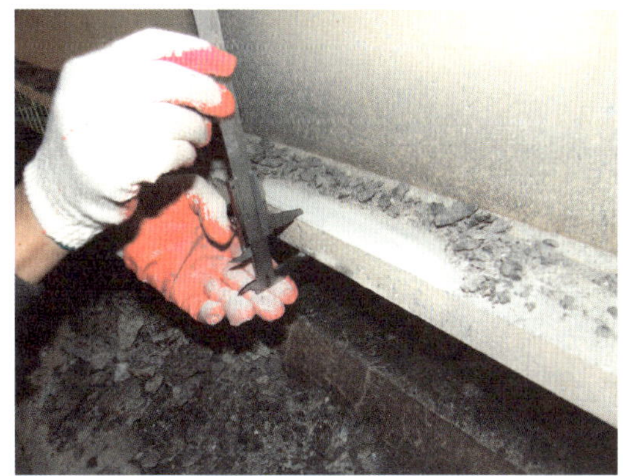

▲ 하부 플랜지 두께 측정

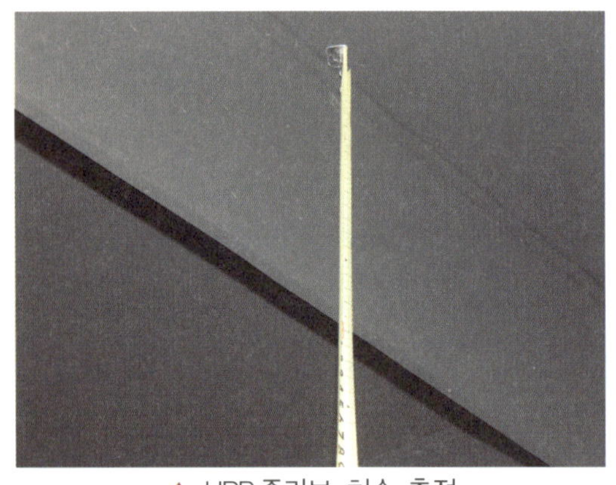
▲ UPP.종리브 치수 측정

▲ LOW.종리브 치수 측정

▲ UPP.종리브 치수 측정

▲ 수평보강재(WEB 상부) 치수 측정

3.4 건설관계자 및 건설정보수집

화재교량의 신속한 복구를 위해 기존 교량의 제작 및 시공에 참여한 회사를 사전에 파악, 협의함으로써 예상문제점을 조기 해결하였다.

원자재 제작사인 포스코와의 협의를 시작함과 동시에 자재입고시 바로 제작에 착수할 수 있도록 제작사인 두산메카텍의 제작라인을 사전점검하였다. 사전점검을 통해 1개공장(두산메카텍)만으로는 제작시간이 많이 소요될 것으로 판단하여 기존에 부천고가교 제작에 참여했던 대우에스티를 추가투입계획함으로 제작기간을 대폭 단축하였다.

강교의 시공은 기존교량 시공에 참여했던 두산건설과 수의계약을 체결하여 보다 신속한 진행을 도모할 수 있었다.

3.5 프리캐스트바닥판 시공을 위한 강교 설계검토

복구교량의 바닥판은 동절기 품질관리 및 공기단축을 위하여 프리캐스트 바닥판으로 결정하였다. 따라서 강교제작시 프리캐스트 바닥판 시공에 따른 강교제작 사전검토가 필요하였다.

프리캐스트 바닥판은 공장제작으로 기존의 스터드 배치를 반영할 경우 위치별 별도 제작이 필요하여 제작기간 및 효율성을 고려하여 강교제작시 스터드 간격을 동일하게 배치하도록 설계적용 하였다.

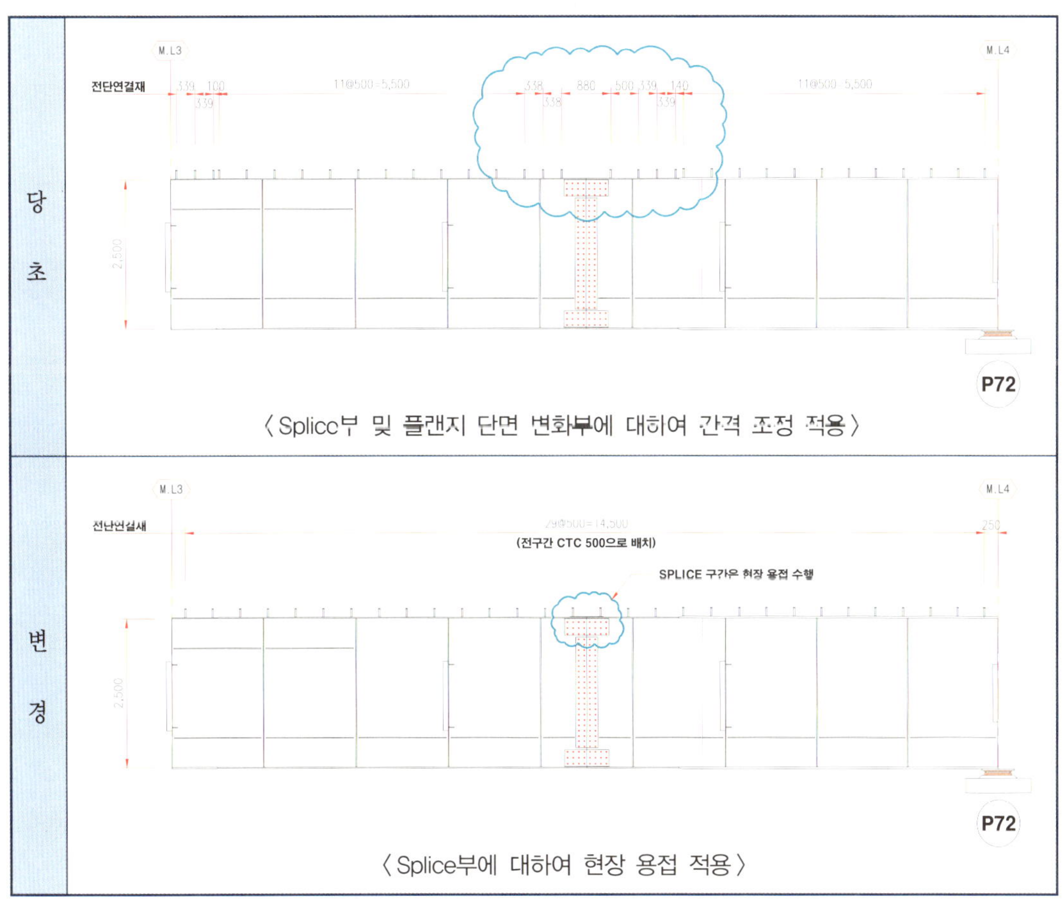

〈Splicc부 및 플랜지 단면 변화부에 대하여 간격 조정 적용〉

〈Splice부에 대하여 현장 용접 적용〉

Chapter 4.

화재구간 교량의 철거

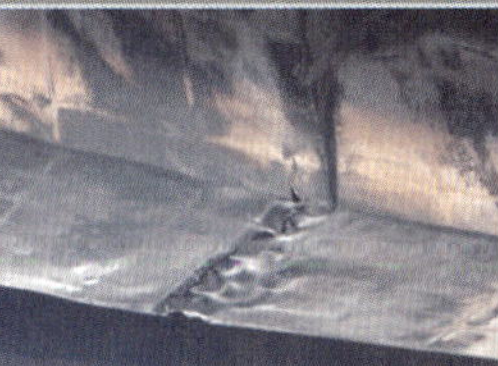

4.1 현장여건 분석에 따른 철거계획수립

4.1.1 개요

피해교량 철거범위

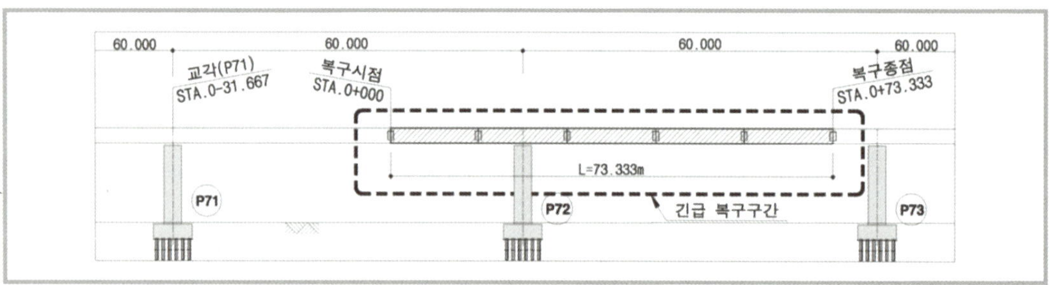

본 철거구간은 본선8차로(B=38.6m)와 본선좌우 업다운램프 2차로로 구성되어 있어 교량외측에서의 철거작업시 지장물 간섭 및 램프 통행 차량의 안전성 확보를 위해 작업반경이 큰 대용량의 크레인 사용이 어려웠다. 따라서 철거구간 내에서만 작업이 가능하도록 크레인 배치계획을 수립하였다.

우선적으로 철거구간내에 작업공간확보("A" 구간)를 위해 교량상면에 소형크레인(100톤)을 이용하여 부분철거한 후 작업공간을 확보하여 작업공간 내에 중형크레인(400톤)을 배치하여 철거하는 것으로 계획하였다. (B → C → D)

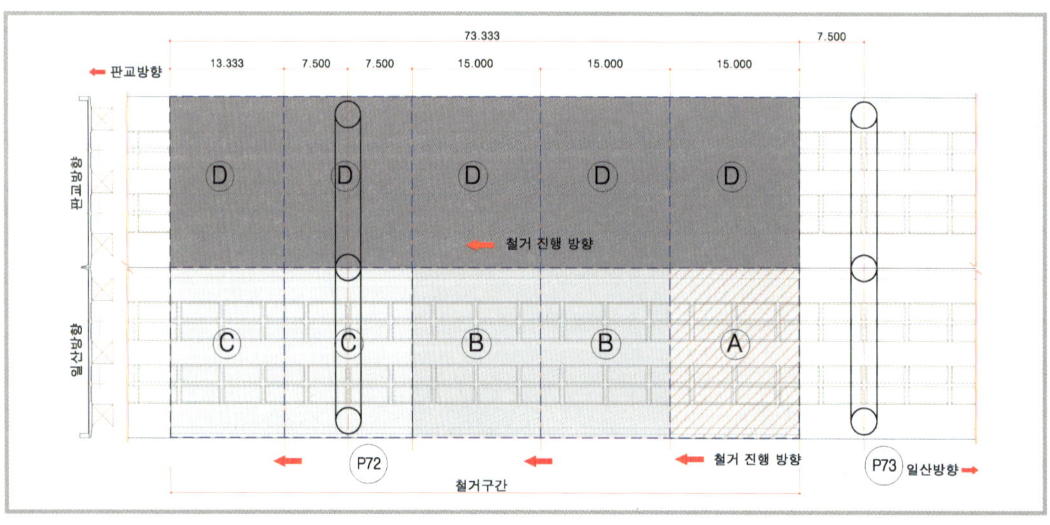

교량상면에 소형크레인 거치시 화재로 인한 기존교량의 안전성확보를 위해 P73상면부에 소형크레인을 거치하여 철거된 부재를 양중하는 것으로 계획하였다.

철거시 가설벤트위치는 가설을 고려하여 15m간격으로 계획하였으며 일산방향은 크레인위치에 따른 양중능력을 고려하여 양중무게를 축소하고자 7.5m 간격으로 계획하였다.

■ 상부공 철거 추진경과

일 자	내 용
〈2010년〉	
12월 17일	교면포장 제거
12월 18일	손상구간 방음벽 철거 시작
12월 19일	철거용 가설벤트 설치 및 바닥판 인양 홀 천공 시작
12월 20일	바닥판 절단작업 시작
12월 23일	철거작업 시작
12월 27일	일산 방향 철거용 가설벤트 설치 완료
12월 28일	철거구간 강박스 인양 시작(일산 방향), 임시 동바리 철거 완료
12월 31일	철거용 가설벤트 기초콘크리트 완료
〈2011년〉	
1월 6일	일산 방향 철거 완료
1월 7일	판교 방향 철거용 가설벤트 설치 완료
1월 15일	판교 방향 철거 완료

4.1.2 현장 여건분석

철거구간은 본선8차로 73.3m이며 철거구간 양측에는 본선진 · 출입을 위한 램프교량이 교통 차단된 본선으로 이용되고 있어서 철거구간 외부측면에서 장기간 교통을 차단한 철거작업이 불가능하였다. 따라서 첫 철거는 교량상부에서 100톤급 크레인을 활용해 일산방향 15m를 우선 제거하고, 이후 400톤급 크레인을 이용해 하부에서 순차적으로 철거하는 것으로 계획하였다.

교량상면에 설치된 크레인은 강박스 위에 지지되도록 하여 가설 안전성을 확보하였다.

전체 73.3m 구간을 분할 철거함에 따라 하부에 가설벤트를 설치해 상부 강박스와 바닥판을 절단한 후 순차적으로 인양하는 것으로 하였다. 작업구간이 시가지에 인접했

기 때문에 소음 등 환경피해를 최소화 할 수 있는 절단공법이 적용되었다.

절단구간은 13~15m로 나누어 구간별로 각각의 인양방법을 선정했으며, 설계된 공법을 검토해 현장여건에 맞는 최적의 철거방법을 수립하였다. 그 결과 크레인용량을 700톤급으로 상향했으며, 바닥판 깨기작업 선행 등으로 철거작업의 효율과 속도를 개선하였다.

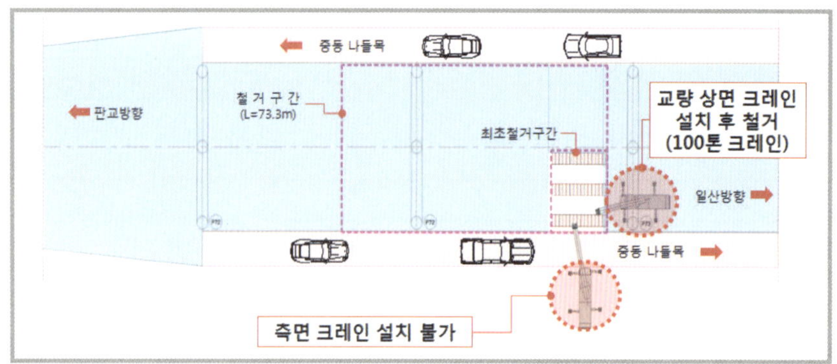

▲ 상부철거용 크레인 설치위치 검토

▲ 교량상면 크레인 설치

▲ 최초 철거부재 인양

▲ 크레인 용량 변경→700톤급 크레인

▲ 15m 강박스 인양

4.2 철거 공법 검토

본 철거구간은 도심지내에 위치한 교량특성을 감안하여 부분절단후 철거하는 공법을 적용하였으며, 대표적인 공법으로 다이아몬드 와이어 및 휠소, 산소절단공법이 적용되었다. 그 외에 포장철거시에는 Breaker공법, 콘크리트 폐기물은 Crushing후 처리하였다.

4.2.1 철거공법 비교

공법 / 구분	일반적인 파쇄공법	발파공법	절단공법	초고압수 파쇄공법
공법종류	·Breaker공법 ·Crusher공법	·화약에 의한 폭파공법	·다이아몬드 와이어소 및 휠 소	·Water-Jet
작 업 소요시간	·규격과 치수가 불균일한 작업에 시공속도 빠름	·순간 발파로 해체시간 빠름 ·완벽한 사전작업 필요	·철근이나 기타 금속 동시절단 가능 ·시공속도 빠름	·상대적으로 절단 속도 느림
시 공 정 밀 도	·정밀절단 불가능	·정밀 절단 불가능	·정밀절단 가능	·정밀절단 가능 ·콘크리트만 부분제거 가능
구 조 물 영향여부	·구조물 손상 우려	·구조물 손상 우려 큼	·구조물 손상 우려 없음	·구조물 손상 우려 없음
소 음 및 분 진	·소음 및 분진 다량 발생 ·방음 및 비산 방지막 등의 안전시설 필요	·소음 및 분진 다량 발생 ·비산으로 주변지역 완전 통제 필요	·저소음, 저분진 ·시가지 지역에 적합	·서소음, 무분진 ·시가지 및 주요시설 주변 등 까다로운 작업소선에 적합
철거작업 공 간	·수중작입 불가 ·위험시설물(가스관 등)의 주변 작업불가	·발피시 주변지역 안전 통제(최소 사방 30m) ·위험시설물(가스관 등)의 주변 작업불가	·원격조정 가능 ·근접공간에서 절단가능 ·위험시설물(가스관 등)의 주변 작업가능	·원격조정 가능 ·근접공간에서 절단가능 ·위험시설물(가스관 등)의 주변 작업가능
경 제 성	·방음, 방진은 있으나 대형장비 사용으로 공사비 저렴	·비산방지를 위한 안전시설비 소요 ·마무리를 위한 타공법 추가소요로 공사비 증가	·공사비 다소고가	·작업효율이 낮아 공사비 고가
적 용 성	·환경제약 조건이 없는 곳	·제약조건 없는 콘크리트나 암석파괴	·도심지 · 정온시설 및 정밀절단 요구시	·정밀절단 ·콘크리트 부분 제거

4.2.2 철거공법의 적용

구 분	적용공법	공법특징	사진자료
포장 철거	Breaker공법	- 기동성이 좋아 단독 공법으로 사용 가능 - 진동 파면의 비산이 적음	
절단 및 인양용 코아 천공	Core Drill	- 무진동 · 무소음 · 무분진으로 민원 발생해소 - 중장비 운용으로 천공작업이 빠름	
난간 방호벽	다이아몬드 와이어 소	- 공해추방, 무진동 · 무분진 및 소음 최소화 - 고속 · 정밀 절단 및 공기단축	
슬 래 브	휠소	- 절단깊이 제약 (최대 60cm 이내)	
강 박 스	산소절단	- 강교 절단에 적합	
폐기물 처리	Crushing	- 콘크리트 완전분쇄로 해체하므로 폐기물처리 용이	
방 음 벽	인양 철거	- 손상된 부재를 기설치된 크레인을 이용해 철거	

4.3 세부 철거 계획

4.3.1 TYPE “A” 구간(L=15.0m)

TYPE “A” 구간은 작업공간확보를 위한 초기철거구간으로 소형크레인(100톤) 작업능력을 감안하여 난간방호벽 3.0m, 슬래브 1.0~2.0m, 강박스 1.0~2.0m로 분할철거하는 것으로 계획하였다. 강박스 철거 후 가설벤트를 철거하여 작업공간을 확보하였고, 이후 작업은 지상에 크레인을 거치하여 철거하는 것으로 계획하였다.

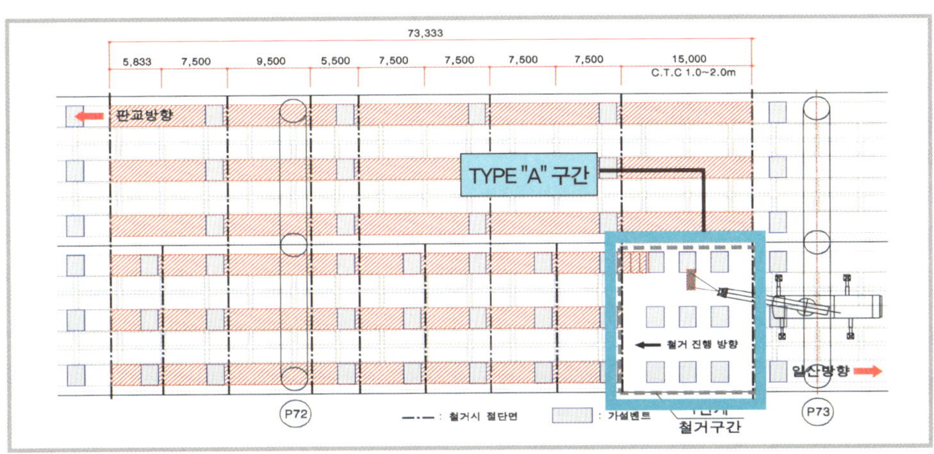

▲ 방음벽 철거

▲ 거더상면 슬래브 분쇄

▲ 강거더의 절단 및 인양, “A” 구역

4.3.2 TYPE “B” 구간 (L = 30.0m)

TYPE “B” 구간은 작업공간이 확보된 “A” 구간에 HD 크레인(400톤)을 거치한 후 난간방호벽 5.0m, 슬래브 5.0m, 강박스 7.50m로 분할철거하는 것으로 계획하였다.

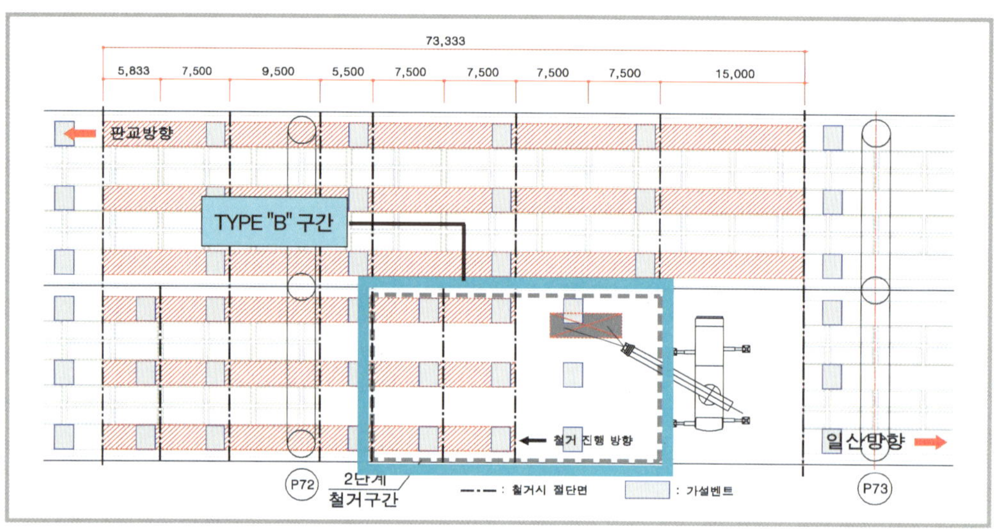

▲ “B” 구간 철거

▲ 산소용접기를 이용한 강거더 절단

▲ “B” 구간의 크레인 설치

4.3.3 TYPE "C" 구간 (L=28.333m)

TYPE "C" 구간은 작업공간이 확보된 "B" 구간에 HD크레인(400톤)을 거치한 후 난간방호벽 5.0m, 슬래브 5.0m, 강박스 5.5~9.5m로 분할 철거하는 것으로 계획하였다.

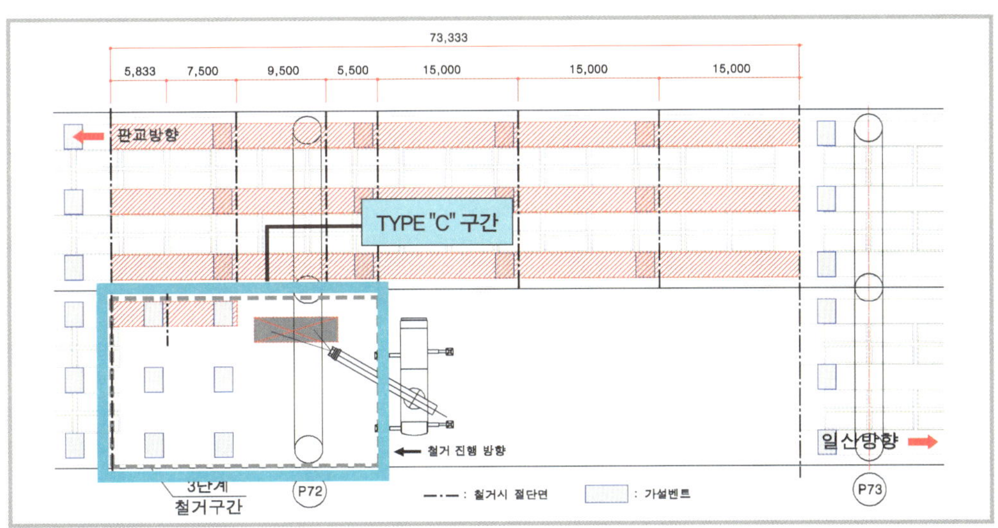

▲ "C" 구간 크레인 배치

▲ 일산방향 P72번부 철거 완료

▲ "C" 구간 철거 및 인양

4.3.4 TYPE "D" 구간(L=73.333m)

TYPE "D" 구간은 작업공간이 확보된 "A, B, C" 구간에 HD크레인(400톤)을 거치한 후 난간방호벽 5.0m, 슬래브 5.0m, 강박스 5.5~15.0m로 분할철거 하는 것으로 계획하였다.

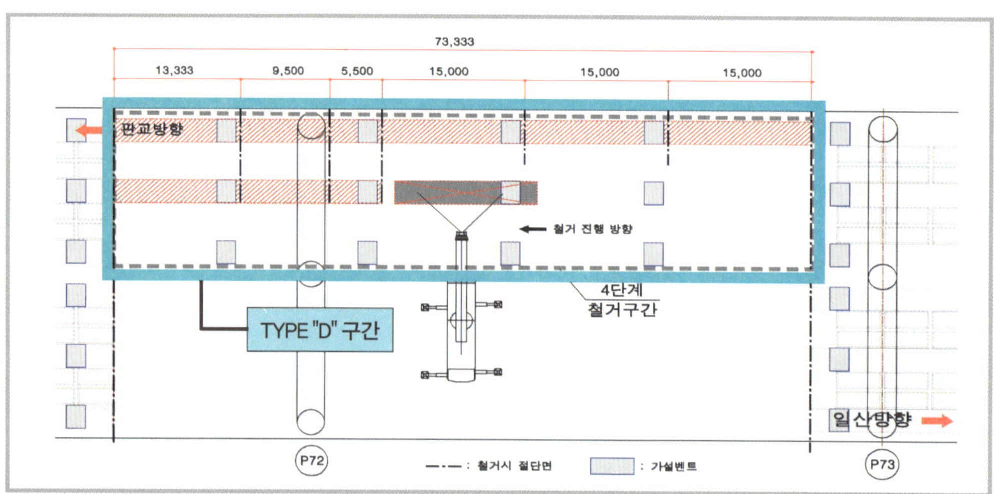

▲ "D" 구간 판교방향 철거

▲ "D" 구간 크레인 배치

▲ "D" 구간 철거부재 인양

▲ 상부구조물 철거 완료

4.3.5 철거용 크레인 용량의 결정

가. 100톤 크레인(TYPE "A")

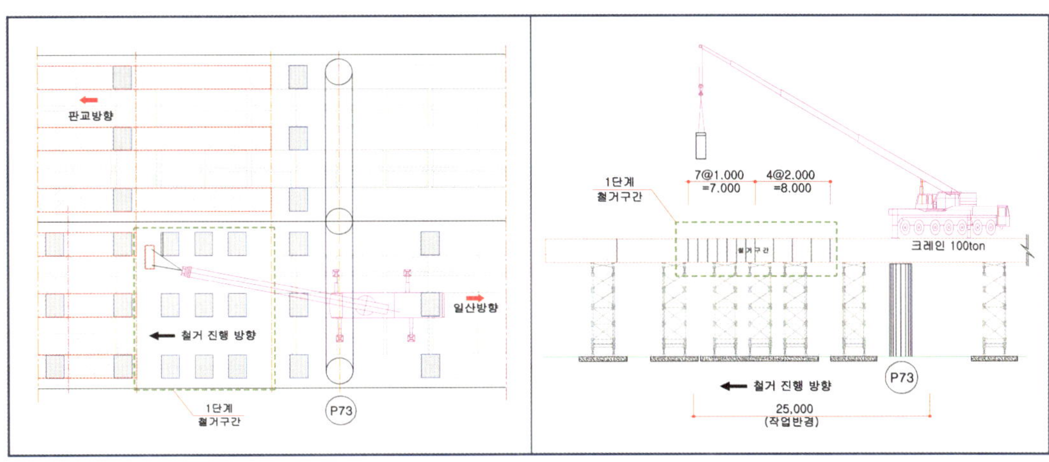

부 재 명	SEG.길이 (M)	작업반경 (M)	BOOM 길이 (M)	크레인 인양능력 (TON)	SEG. 중량 (TON)	비 고
난간방호벽	3.0	24.00	29.5	6.4	6.05	O.K
슬 래 브	1.0	25.00	29.5	5.9	3.74	O.K
Steel Box	1.0	25.00	29.5	5.9	4.23	O.K

나. 400톤 크레인(TYPE "C")

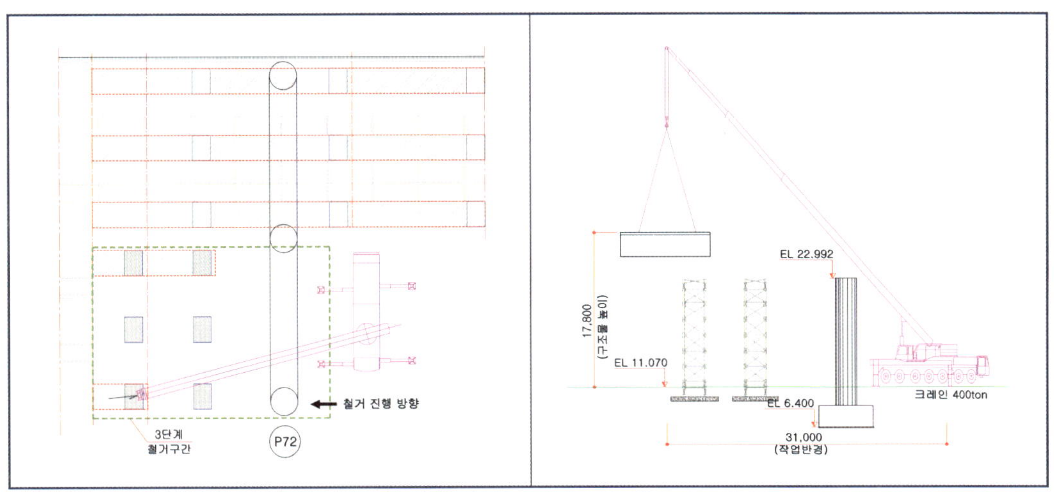

부 재 명	SEG.길이 (M)	작업반경 (M)	BOOM 길이 (M)	크레인 인양능력 (TON)	SEG. 중량 (TON)	비 고
난간방호벽	5.833	31.00	39.3	26.3	11.8	O.K
슬 래 브	5.833	31.00	39.3	26.3	21.8	O.K
Steel Box	5.833	31.00	39.3	26.3	24.6	O.K

다. 철거용 크레인 용량 변경

최초 계획시 크레인의 용량검토를 통해 400톤급 크레인의 사용을 계획하였으나 "D" 구간의 경우 작업공간이 확보되어 철거작업의 효율성 향상을 위해 700톤급 크레인으로 변경 적용하였다.

4.4 가설벤트 설치

4.4.1 가설벤트 설치위치 검토

철거시 가설벤트위치는 가설을 고려하여 15m간격으로 계획하였으며, 일산방향은 크레인위치에 따른 양중능력을 고려하여 양중무게를 축소하고자 7.5m 간격으로 계획하였다. 다만, 일산방향 초기철거구간("A")내 가설벤트위치는 소형크레인(100톤)에 의해 철거해야 하므로 양중능력을 감안하여 3.75m 간격으로 계획하였다.

기존구간내 B1 및 B15 가설벤트는 철거시 기존구조물의 추가 처짐발생으로 인한 신구접합부의 회전각발생을 최소화하여 추후 신구접합이 용이하도록 계획하였다.

가설벤트 B13은 미설치시에도 상부구조의 구조적안전성은 확보되나 7.5m 캔틸레버의 신구접합부로 시공시 원할한 연결처리를 위해 추가적으로 설치하는 것으로 하였다.

가설벤트 B14은 미설치시에도 상부구조의 구조적안전성은 확보되나 초기 철거를 위한 상부에 크레인(100톤) 설치시 거더 안전성의 보강을 위해 추가 설치하는 것으로 계획하였다.

가설벤트 설치 위치도

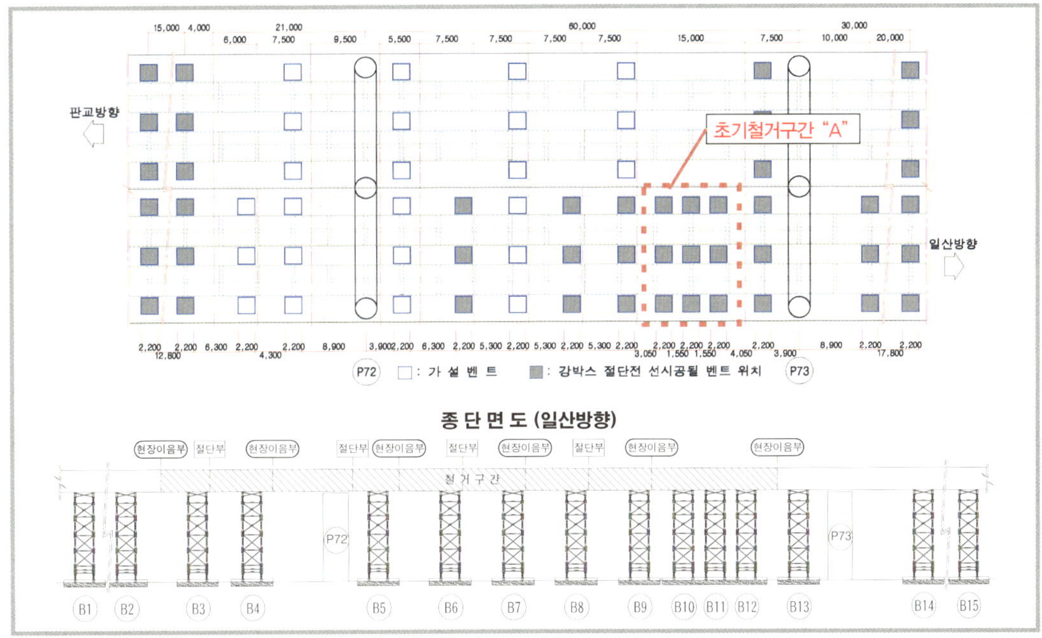

가설벤트 설치

가설벤트는 기초 콘크리트 타설 후 소정의 강도(15MPa)가 발현되면 설치를 시작하는 것으로 계획하였다. 가설벤트는 미리 조립 후 크레인을 이용해 소정의 위치에 설치하는 방식으로 진행하였다. 설치된 가설벤트는 바람, 진동 등에 의한 전도방지를 위해 브레이싱을 설치해 가설벤트끼리 횡방향으로 연결하였다.

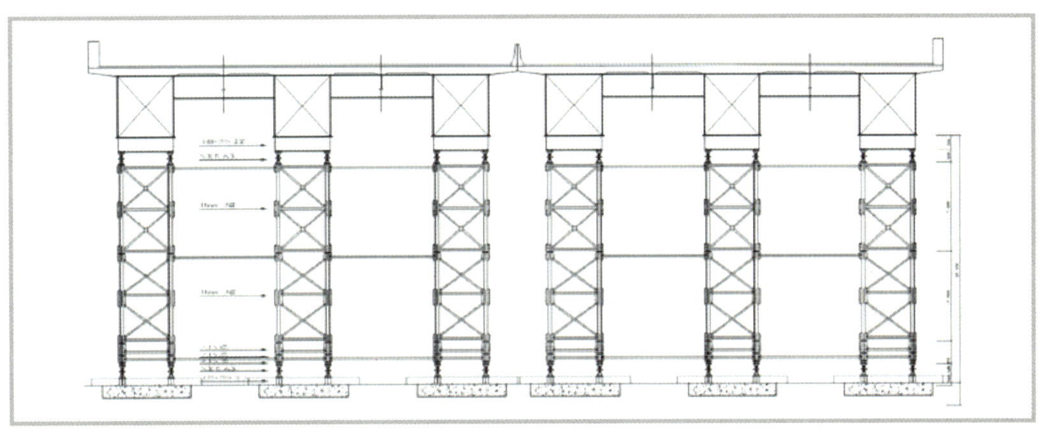

▲ 가설벤트 설치 횡단면도

또한 철거 완료된 구간의 가설벤트는 즉시 해체해 후속 철거작업시 지상에서 작업하는 크레인을 위한 작업공간을 확보하였다. 또한 작업차량 충돌 등에 의한 안전사고 방지를 위해 펜스 설치 및 작업로를 확보하였다.

가설벤트의 간격 및 설치 개수는 철거작업시 상부에서 작업하는 크레인의 중량과 절단된 상부구조의 자중을 지지하고 철거시 기존구조물 변위 등을 검토해 결정하였다. 가설벤트 위치는 강박스 절단선 1m 이내로 하였다.

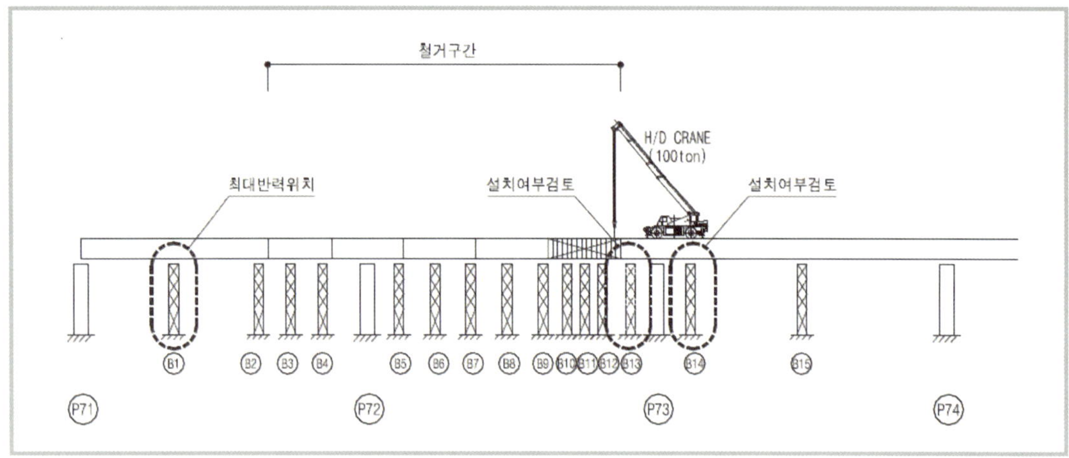

▲ 철거작업을 고려한 가설벤트 위치 결정

4.4.2 가설벤트 설치 현장조정

철거전 사전검토에 의한 가설벤트 설치위치는 보다 안전한 철거 공사를 위해 현장여건을 반영하여 다소 조정되었다. 당초 총 70개소의 철거용 가설벤트를 설치하도록 계획 되었으나 판교방향 P72번 교각 좌측부에 가설벤트가 설치되어 있어 크레인의 진입이 불가하여 마지막 SEG(L=13.3m)의 분할철거가 불가피한 상황이 발생하였다. 이에 따라 판교방향의 가설벤트를 3개소 추가하여 분할철거(5.8m+7.5m)시 캔틸레버 발생에 따른 안전성을 확보하도록 하였다.

판교방향 가설벤트추가설치

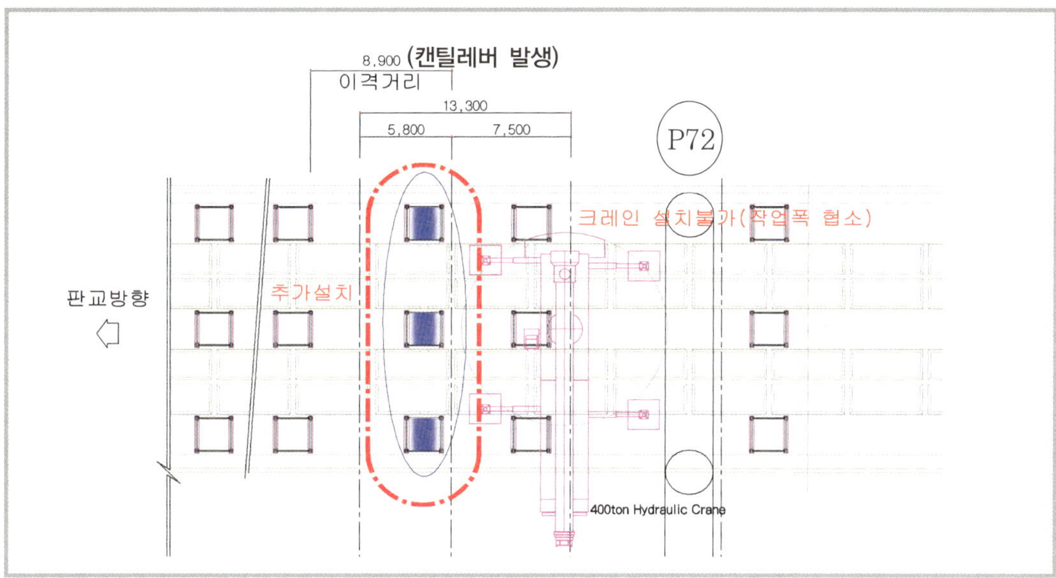

최종 가설벤트 설치도(70개소 → 73개소로 변경)

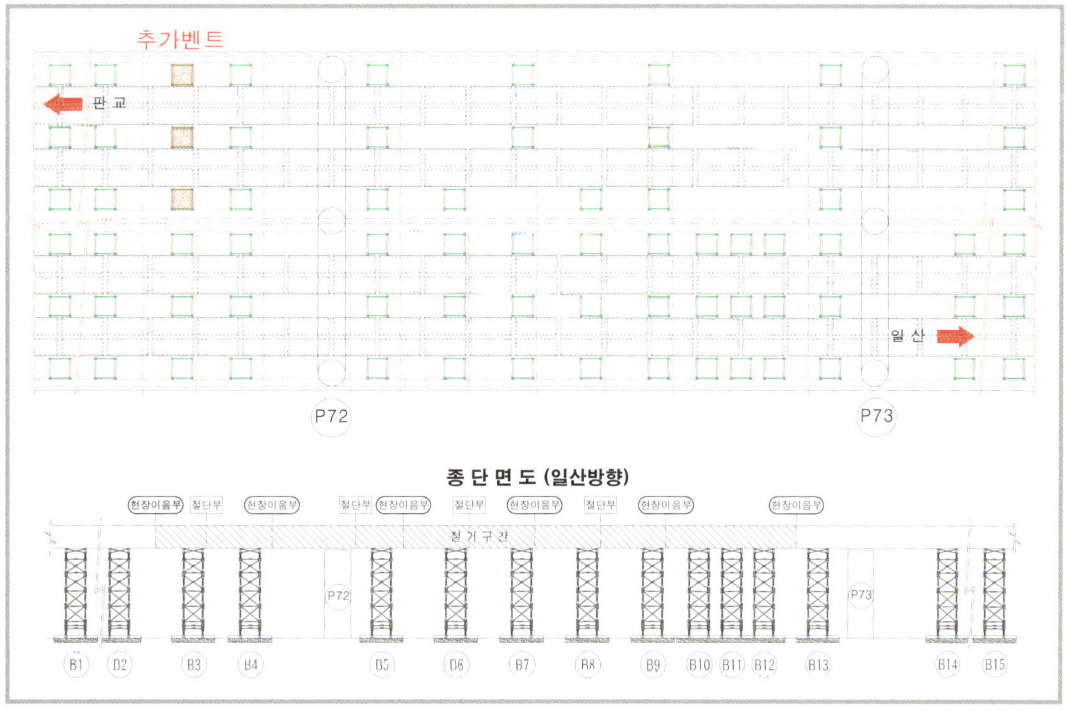

4.4.3 가설벤트 기초 접지압 검토

가설벤트 기초 접지압에 대한 안전성 확보를 위해 해당구간 지반에 대한 조사를 실시하였다. 지반조사는 평판재하 시험 및 시추조사를 통해 이루어졌으며, 이 두 가지 토질조사 결과를 토대로 가설벤트 기초의 안전성을 검토하였다.

가. 토질조사 위치

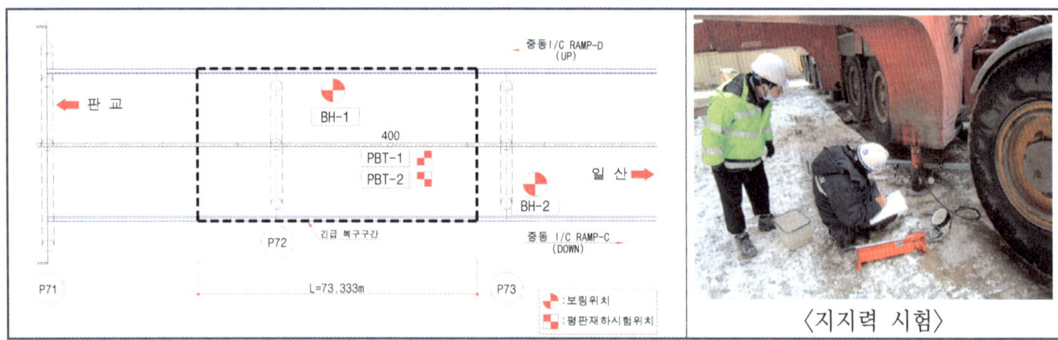

〈지지력 시험〉

▲ 토질조사 위치도 (평판재하시험 2개소, 시추조사 2개소)

나. 조사항목

조사의 목적을 수행하기 위하여 부천고가교 가설벤트 가설 부지내에 2개소를 시험 대상으로 현장조사 및 현장시험을 실시하였다

구 분	대 상	수 량	비 고
시 추 조 사	가설벤트 설치 부지	2 공	NX 규격
평판재하시험	가설벤트 설치 부지	2 개소	

다. 조사장비

본 조사에 사용된 조사장비는 다음과 같다.

시 추 조 사			평 판 재 하 시 험		
품 목	규 격	수 량	품 목	규 격	수 량
시 추 기	유압기-300	1대	Bearing Plate	원형 Φ300	1개
표준관입시험기	KSF 2307	1조	Oil Jack	30 tonf	1개
엔 진	10HP	1대	Dial Gauge	1/100 mm	2개
지하수위 측정기	-	1대	Magnetic Base	-	2개
기타부대장비	-	1조	반력하중	Dump Truck	1대

라. 평판재하시험 결과

TEST No.	p-s Curve		Log p-Log s Curve		qa (tf/m^2)	설계 지지력 (tf/m^2)	지지력 판정
	pu (tf/m^2)	su (mm)	pu (tf/m^2)	su (mm)			
PBT-1	45.26	7.70	45.26	7.70	15.09	6.7	O.K
PBT-2	45.26	2.63	45.26	2.63	15.09	6.7	O.K

마. 시추조사 결과

시추조사 결과 본 조사지역의 지층 구성 상태는 지표면으로부터 매립층, 퇴적층(실트질 모래, 실트질 점토), 풍화토로 나타나며 각 시추공의 지층분포 상태는 다음과 같다.

공 번	지 층 구 성				계 (m)	SPT (회)	지 하 수 위 (GL.-m)	비 고
	매립층	퇴적층		풍화토				
		실트질 모 래	실트질 점 토					
BH-1	7.5	3.9	0.3	3.3	15.0	16	8.5	
BH-2	3.6	7.0	2.1	3.3	16.0	17	8.6	
합 계	11.1	10.9	2.4	6.6	31.0	33		

바. 지지력 산정결과

가설벤트 기초 접지압 검토는 철거후 가장 큰 작용력이 발생하는 가설벤트(B1)에 대해서 검토하였으며, 기초(f_{ck} =15MPa) 규격 5.5×5.5m, 두께 500mm 적용시 발생접지압이 7.85tf/m^{2}으로 허용지지력 12.0tf/m^2 이내로 계획하였다.

시추공	지지층 평균 (N치)	기초 형상 B×L(m)	기초지반 허용지지력(kPa)				최대 지반 반력 (kPa)	판정
			Terzagh	Hansen	구조물기초 설계기준	적용		
BH-1 BH-2	매립층 (N=19)	5.00×5.00	164.2	121.2	150.0	121.2	78.5	O.K

주) 상기 검토 결과는 상시에 대한 것으로 지진시 지반의 허용지지력은 상시의 1.5배로 한다.

4.4.4 가설벤트 시공 순서도

가. 가설벤트 기초의 시공

① 기초터파기 작업

② 바닥 정리 및 다짐

③ 거푸집 설치

④ 콘크리트 타설다짐

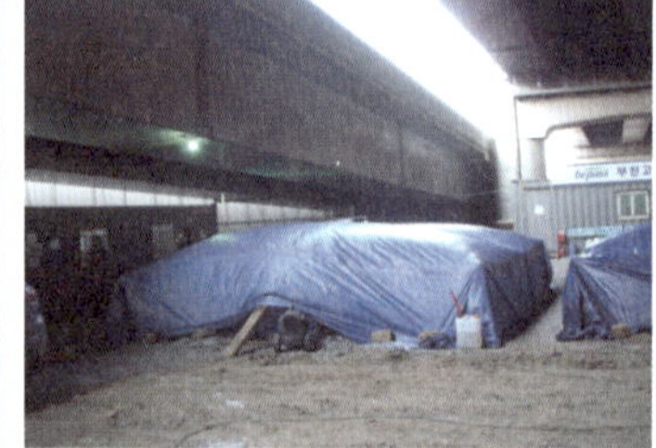
⑤ 콘크리트 보온양생

⑥ 시공 완료

나. 가설벤트의 시공

① 콘크리트 기초 앵커 설치

② 하부 베이스빔 설치

③ 가설벤트 세팅

④ 가설벤트 높이조정

⑤ 보조빔 및 스티프너 설치

⑥ 시공 완료

4.5 기타 안전관리 계획

가 강박스 슬라이딩 방지대책

P71~P72 구간 부분철거 후 존치구간은 종단경사 (−)0.08%의 하향경사 구간으로 P71교각의 교량받침이 종방향가동단 임을 고려할 때 슬라이딩 발생 예상에 대한 방지대책으로 임시용접을 통한 가체결을 실시하였다.

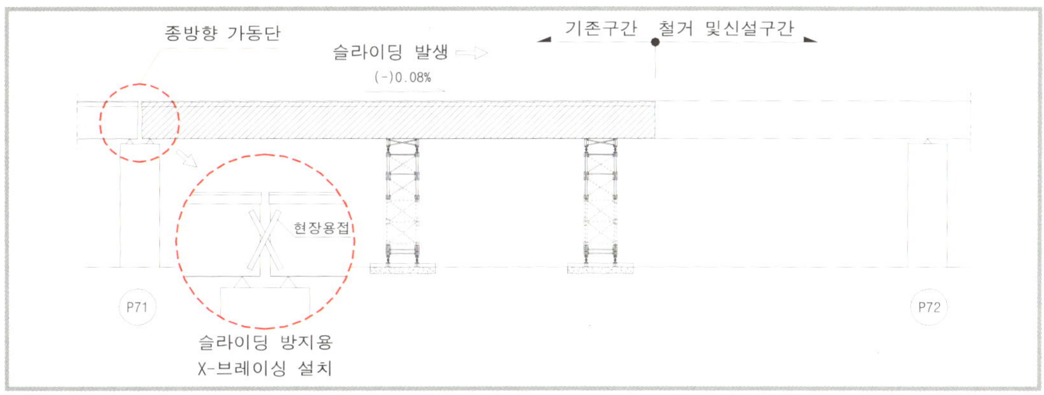

나. 공사중 상부 적재물, 차량통행 등 검토

강박스 부분철거 후 존치되는 구간내에 설치된 가설벤트는 상부에 적재물 적치나 차량통행으로 인한 작용하중 증가시나 기초침하시 또는 시공시 예기치 못한 돌발상황(공사용차량)이 가설벤트와 충돌하는 경우 등에 대비하여 횡방향 가설벤트 간 경사방향 브레이싱을 설치하였다.

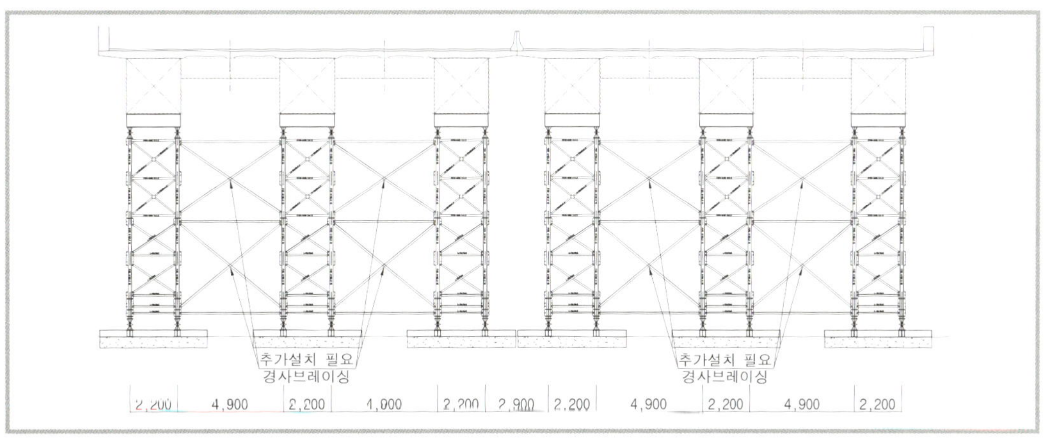

다. 강박스 변형방지를 위한 대책

강박스 철거 후 존치되는 구간의 최외측 가설벤트 중심에서 자유면으로 돌출되어 있는 BOX길이가 최대 4.0m로 BOX내 형상변형으로 인한 신설BOX와의 접합이 어려울 수 있으므로 BOX내측에 버팀대 등을 설치하여 BOX 변형을 최소화할 수 있도록 조치하였다.

라. 바닥판 절단공법 변경

휠 소(Wheel Saw)를 이용한 바닥판 절단작업 중 원형 톱날이 바닥판에 끼이는 현상이 발생하여 다이아몬드 와이어 소(Diamond Wire Saw) 절단공법으로 변경 시공하였다.

▲ 작업중 원형톱날 끼임

▲ 다이아몬드 와이어 소 공법으로 변경

마. 한중 공사관리 계획

본 긴급복구 공사는 추운겨울에 시공된 관계로 가설벤트 기초콘크리트의 양생 관리 및 바닥판 절단작업시 냉각수의 동결로 인한 근로자 안전관리가 필요하여 콘크리트의 보온양생 및 바닥판부 염화칼슘 살포 등의 대책을 마련하였다.

▲ 가설벤트 기초콘크리트의 보온양생

▲ 동결방지용 염화칼슘 살포

Chapter 5.

강교의 재가설

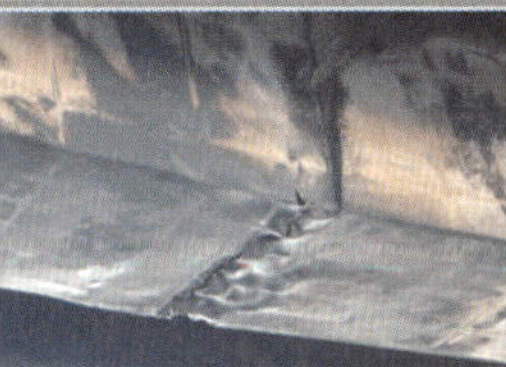

5.1 강교 제작 및 설치

신속한 강교 재가설공사의 진행을 위해 화재사고에 대한 복구범위가 정해짐과 동시에 강교의 제작을 위한 사전 작업에 착수하였다. 긴급공사의 특성 및 전후 구간과의 연계성을 고려하여 준공도서를 최대한 활용할 수 있도록 기존 구조계산서 및 설계도의 검증작업을 실시하였으며 강교 감리원 및 제작사와의 유기적인 협조로 최단기간에 강교의 설계, 제작 및 시공을 완료하였다. 사고발생 2일 후인 2010년 12월 15일 기존 준공도서의 검증 및 보완작업을 시작으로 2개월 후인 2011년 2월 14일 강교제작 및 설치공사를 완료하였다.

5.2 준공도서 검토

5.2.1 설계 기준 검토

가. 개요

공사준공시 적용한 설계기준은 도로교시방서(1992)이며, 현재에는 도로교설계기준(2005)을 적용하고 있으므로 바닥판 및 강거더 설계시 적용되는 주요설계기준을 비교검토하여 적정한 설계기준을 선정하였다.

나. 적용 설계기준

1) 바닥판 설계기준 검토

당초대비 현행 설계하중은 동일하나 하중조합시 고정하중 계수가 1.2 → 1.3, 활하중 계수가 1.8 → 2.15로 증가되었으므로 바닥판설계시 보다 강화된 현행 설계기준을 적용하였다.

▼ 설계기준 비교

구 분	당 초 (도로교시방서, 1992)	현 행 (도로교설계기준, 2005)
• 설계활하중	DB – 24	좌 동
• 충격계수(i)	i = 20/(50+L)	i = 15/(40+L) ≤ 0.3
• 풍하중 – 활하중 비재하시 – 활하중 재하시	W = 0.3 $tonf/m^2$ WL = 0.15 $tonf/m^2$	좌 동 좌 동
• 하중조합	U1 = 1.2D+1.8(L+i) U2 = 1.2D+0.6(L+i)+1.4WL U3 = 1.2D+1.4W	U1 = 1.3D+2.15(L+i) U2 = 1.3D+1.3(L+i)+0.65WL U3 = 1.3D+1.3W

2) 강거더 설계기준 검토

준공당시 사용강재는 주부재 : SWS50, 부부재 : SWS41의 강종을 적용하였으나 현재에는 주부재 : SM490, 부부재 : SM400으로 명칭이 변경되었으며 기준상의 변경은 없는 것으로 검토되었다.

▼ 허용축방향인장응력 및 허용휨인장응력

구분	당 초 (도로교시방서, 1992) [단위 : kg/cm^2]			현 행 (도로교설계기준, 2005) [단위 : MPa]		
허용응력	강종 / 판두께	SS 41 SWS 41 SMA 41	SWS 50	강종 / 판두께	SS 400 SM 400 SMA 400	SM 490
	40 이하	1,400	1,900	40 이하	140	190

▼ 국부좌굴을 고려하지 않은 허용 축방향 압축응력

당 초 (도로교시방서, 1992) [단위 : kg/cm^2]

강종 / 판두께	SS 41 SWS 41 SMA 41	SWS 50
40 이하	1,400 : $\frac{l}{r} \leq 20$ $1{,}400-8.4(\frac{l}{r}-20)$: $20 < \frac{l}{r} \leq 93$ $\frac{12{,}000{,}000}{6{,}700+(\frac{l}{r})^2}$: $93 < \frac{l}{r}$	1,900 : $\frac{l}{r} \leq 15$ $1{,}900-13(\frac{l}{r}-15)$: $15 < \frac{l}{r} \leq 80$ $\frac{12{,}000{,}000}{5{,}000+(\frac{l}{r})^2}$: $80 < \frac{l}{r}$
비고	l : 부재의 유효좌굴길이(cm) γ : 부재 총단면의 단면2차 반지름(cm)	

현 행 (도로교설계기준, 2005) [단위 : MPa]

강종 / 판두께	SS 400 SM 400 SMA 400	SM 490
40 이하	140 : $\frac{l}{r} \leq 20$ $140-0.84(\frac{l}{r}-20)$: $20 < \frac{l}{r} \leq 93$ $\frac{1{,}200{,}000}{6{,}700+(\frac{l}{r})^2}$: $93 < \frac{l}{r}$	190 : $\frac{l}{r} \leq 15$ $190-1.3(\frac{l}{r}-15)$: $15 < \frac{l}{r} \leq 80$ $\frac{1{,}200{,}000}{5{,}000+(\frac{l}{r})^2}$: $80 < \frac{l}{r}$
비고	l : 부재의 유효좌굴길이(mm) γ : 부재 총단면의 단면2차 반지름(mm)	

▼ 압축응력을 받는 양연지지판의 최소판두께(mm)

당 초(도로교시방서, 1992)

강재 판두께 (mm) \ 강종	SS 41 SWS 41 SMA 41	SWS 50
40 이하	$\frac{b}{56\ f}$	$\frac{b}{48\ f}$

여기서, b : 판의 고정연사이의 거리(mm)
i : 응력구배계수, $i=0.65\Phi^2+0.13\Phi+1.0$
Φ : 응력구배, $\Phi=\frac{f_1-f_2}{f_1}$
f_1, f_2 : 각각 판의 양연에서의 응력(MPa)
다만, $\sigma_1 \geq \sigma_2$이며, 압축응력을 정(+)으로 한다.

현 행(도로교설계기준, 2005)

강재 판두께(mm) \ 강종	SS 400 SM 400 SMA 400	SM 490
40 이하	$\frac{b}{56\ i}$	$\frac{b}{48\ i}$

여기서, b : 판의 고정연사이의 거리(mm)
i : 응력구배계수, $i=0.65\Phi^2+0.13\Phi+1.0$
Φ : 응력구배, $\Phi=\frac{f_1-f_2}{f_1}$
f_1, f_2 : 각각 판의 양연에서의 응력(MPa)
다만, $f_1 \geq f_2$이며, 압축응력을 정(+)으로 한다.

▼ 양연지지판의 국부좌굴에 대한 허용응력(t=40이하)

당 초(도로교시방서, 1992)

[단위 : kg/cm²]

강종	국부좌굴에 대한 허용응력	
SS 41 SWS 41 SMA 41	1,400	: $\frac{b}{39.6f} \leq t$
	$2,200,000\left(\frac{t\ f}{b}\right)^2$	: $\frac{b}{80f} \leq t < \frac{b}{39.6f}$
SWS 50	1,900	: $\frac{b}{34.0f} \leq t$
	$2,200,000\left(\frac{t\ f}{b}\right)^2$	: $\frac{b}{80f} \leq t < \frac{b}{34.0f}$

현 행(도로교설계기준, 2005)

[단위 : MPa]

강종	국부좌굴에 대한 허용응력	
SS 400 SM 400 SMA 400	140	: $\frac{b}{39.6i} \leq t$
	$220,000\left(\frac{t\ i}{b}\right)^2$	: $\frac{b}{80i} \leq t < \frac{b}{39.6i}$
SM 490	190	: $\frac{b}{34.0i} \leq t$
	$220,000\left(\frac{t\ i}{b}\right)^2$	: $\frac{b}{80i} \leq t < \frac{b}{34.0i}$

▼ 압축응력을 받는 보강된 판의 최소판두께(mm)

당 초(도로교시방서, 1992)

강재 판두께(mm) \ 강종	SS 41 SWS 41 SMA 41	SWS 50
40 이하	$\frac{b}{56\ fn}$	$\frac{b}{48\ fn}$

현 행(도로교설계기준, 2005)

강재 판두께(mm) \ 강종	SS 400 SM 400 SMA 400	SM 490
40 이하	$\frac{b}{56\ in}$	$\frac{b}{48\ in}$

▼ 보강된 판의 국부좌굴에 대한 허용응력(t=40이하)

당 초 (도로교시방서, 1992) [단위 : kg/cm²]			현 행 (도로교설계기준, 2005) [단위 : MPa]		
강종 / 판두께 (mm)	SS 41 SWS 41 SMA 41	SWS 50	강종 / 판두께 (mm)	SS 400 SM 400 SMA 400	SM 490
40 이하	$1,400 \quad : \frac{b}{28fn} \leq t$ $1,400-25\left(\frac{b}{tfn}-28\right)$ $: \frac{b}{56fn} \leq t < \frac{b}{28fn}$ $2,200,000\left(\frac{tfn}{b}\right)^2$ $: \frac{b}{80fn} \leq t < \frac{b}{56fn}$	$1,900 \quad : \frac{b}{24fn} \leq t$ $1,900-39\left(\frac{b}{tfn}-24\right)$ $: \frac{b}{48fn} \leq t < \frac{b}{24fn}$ $2,200,000\left(\frac{tfn}{b}\right)^2$ $: \frac{b}{80fn} \leq t < \frac{b}{48fn}$	40 이하	$140 \quad : \frac{b}{28in} \leq t$ $140-2.5\left(\frac{b}{tin}-28\right)$ $: \frac{b}{56in} \leq t < \frac{b}{28in}$ $220,000\left(\frac{tin}{b}\right)^2$ $: \frac{b}{80in} \leq t < \frac{b}{56in}$	$190 \quad : \frac{b}{24in} \leq t$ $190-3.9\left(\frac{b}{tin}-24\right)$ $: \frac{b}{48in} \leq t < \frac{b}{24in}$ $220,000\left(\frac{tin}{b}\right)^2$ $: \frac{b}{80in} \leq t < \frac{b}{48in}$

5.2.2 준공도서의 적정성 검토

가. 준공도서 적용단면 현황

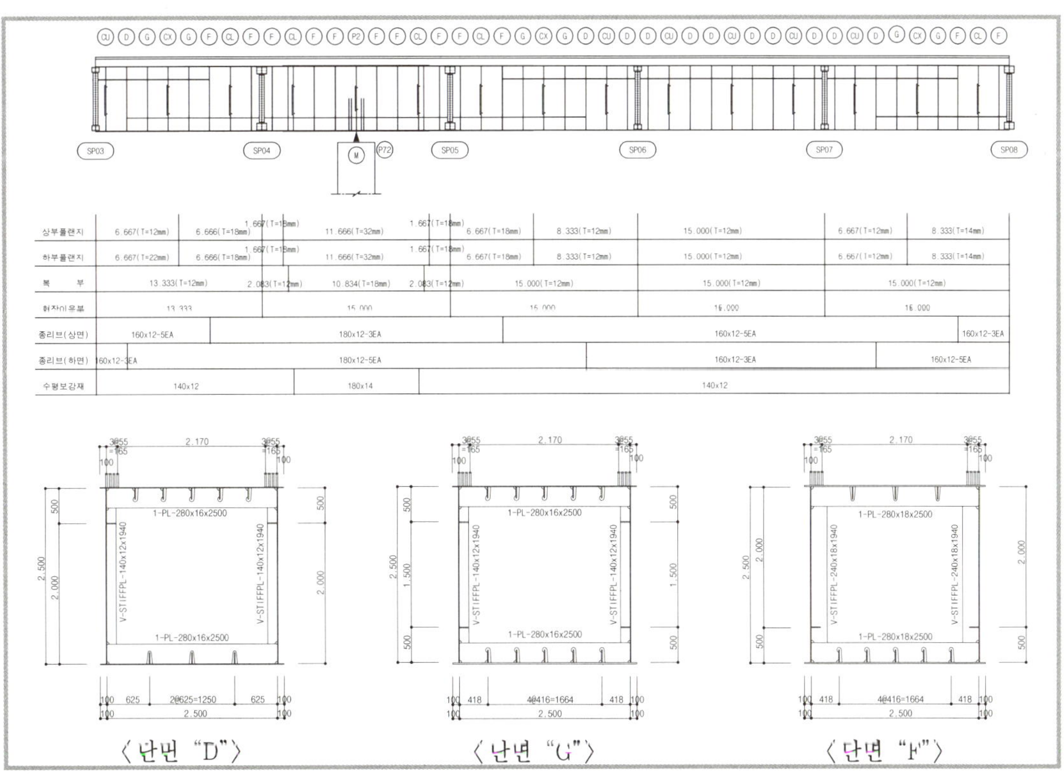

〈단면 "D"〉 〈단면 "G"〉 〈단면 "F"〉

나. 구조계산의 적정성

1) 주거더 응력검토

위 치		휨응력 검토 (MPa)						합성응력 검토			
		상부 플랜지			하부 플랜지						
		작용응력	허용응력	판정	작용응력	허용응력	판정	상연	하연	기준	판정
제1경간	정모멘트 최 대	141.207	218.5	O.K	-123.536	190.0	O.K	0.425	0.430	1.2	O.K
P72	부모멘트 최 대	-168.612	190.0	O.K	181.500	190.0	O.K	1.061	1.186	1.2	O.K
제2경간	정모멘트 최 대	147.145	192.6	O.K	-145.563	190.0	O.K	0.727	0.731	1.2	O.K

2) 보강재 검토

구 분	규 격	최소두께 (mm)			강 성 (mm^4)		
		필요	사용	판정	필요	사용	판정
종리브	160×12	10.0	12.0	O.K	13,301,566	16,384,000	O.K
	180×12	11.3	12.0	O.K	19,826,840	23,328,000	O.K
횡리브	280×16	–	16.0	O.K	68,363,125	117,077,333	O.K
	280×18	–	18.0	O.K	106,543,152	131,712,000	O.K
수 직 보강재	140×12	10.8	12.0	O.K	7,121,275	10,976,000	O.K
	240×18	18.0	18.0	O.K	24,034,302	82,944,000	O.K
수 평 보강재	140×12	8.8	12.0	O.K	7,911,692	19,652,000	O.K
	180×14	11.3	14.0	O.K	26,701,962	27,216,000	O.K

3) 다이아프램 검토

구 분	사용판두께 (mm)	개구율 검토		강 도 K (N · mm)		
		개구율 (ρ)	판 정	필요강도	사용강도	판정
일반부	10	0.36 〈 0.8	충복판식	2.71E+12	2.03E+13	O.K
P72	14	0.30 〈 0.8	충복판식	2.63E+12	2.84E+13	O.K

4) 부부재 응력검토

구 분	최대모멘트 (kN · m)	최대전단력 (kN)	전단응력 검토 (MPa)			휨응력 검토 (MPa)		
			작용응력	허용응력	판정	작용응력	허용응력	판정
세로보	186.889	220.791	36.80	80.0	O.K	92.63	140.0	O.K
가로보	408.752	179.423	17.94	80.0	O.K	88.32	140.0	O.K

다. 준공도면의 적정성

1) 준공설계도서와 시공상태의 일치여부 적정성

① 강거더 준공도면과 실제구조물 일치성 검토

부 재	준공도면	현장 조사	비 고
UPP.종리브	160×12×48.158-5EA	160×12×48.158-5EA	일 치
	180×12×23.334-3EA	180×12×23.334-3EA	
	160×12×36.666-5EA	160×12×36.666-5EA	
	160×12×23.334-3EA	160×12×23.334-3EA	
LOW.종리브	160×12×41.492-3EA	160×12×41.492-3EA	
	180×12×36.666-5EA	180×12×36.666-5EA	
	160×12×23.334-3EA	160×12×23.334-3EA	
	160×12×36.666-5EA	160×12×36.666-5EA	
수직보강재	140×12×2.500	140×12×2.500	
	240×18×2.500	240×18×2.500	
	140×12×2.500	140×12×2.500	
수평보강재	140×12×1.607	140×12×1.607	
	180×14×1.607	140×12×1.607	
	140×12×1.607	140×12×1.607	
UPP.횡리브	250×16×2.220	280×16×2.220	불일치
	280×18×2.020	280×18×2.020	일 치
LOW.횡리브	250×16×2.220	280×16×2.220	불일치
	280×18×2.020	280×18×2.020	일 치
지점부 수직보강재	240×16×2.500	240×16×2500	
하부플랜지	2.700×22×6.667	2.700×22×6.667	
	2.700×18×6.667	2.700×18×6.667	
	2.700×32×11.666	2.700×32×11.666	
	2.700×18×6.667	2.700×18×6.667	
	2.700×12×8.333	2.700×12×8.333	
상부플랜지	2.700×12×6.667	-	
	2.700×18×6.666	-	
	2.700×32×11.666	-	
	2.700×18×6.667	-	
	2.700×12×15.000	-	
	2.700×14×8.333	-	
웨 브	2.500×12×13.333	-	
	2.500×18×10.834	-	
	2.500×12×15.000	-	

현장 실측 결과, UPP.횡리브 및 LOW.횡리브의 크기가 준공도서와 불일치하나 규격이 크게 적용되어 있으므로 기 설치된 규격을 반영하여 설계도면을 보완하였다.

② 부대공 준공도면과 실제구조물 일치성 검토

▼ 방음벽기초 및 중앙분리대

구 분	준공도면	현장조사	비 고
방음벽 기초			H=1.00m
중앙 분리대			H=0.81m (판교방향 단면형상 불일치)

현장 실측 결과, 판교방향 중앙분리대의 단면형상이 준공도면과 불일치하나 이는 방음벽 설치를 위하여 준공 후 재시공된 부분이므로 실제 시공된 규격에 준하여 설계도면을 보완하였다.

▼ 가로등 기초

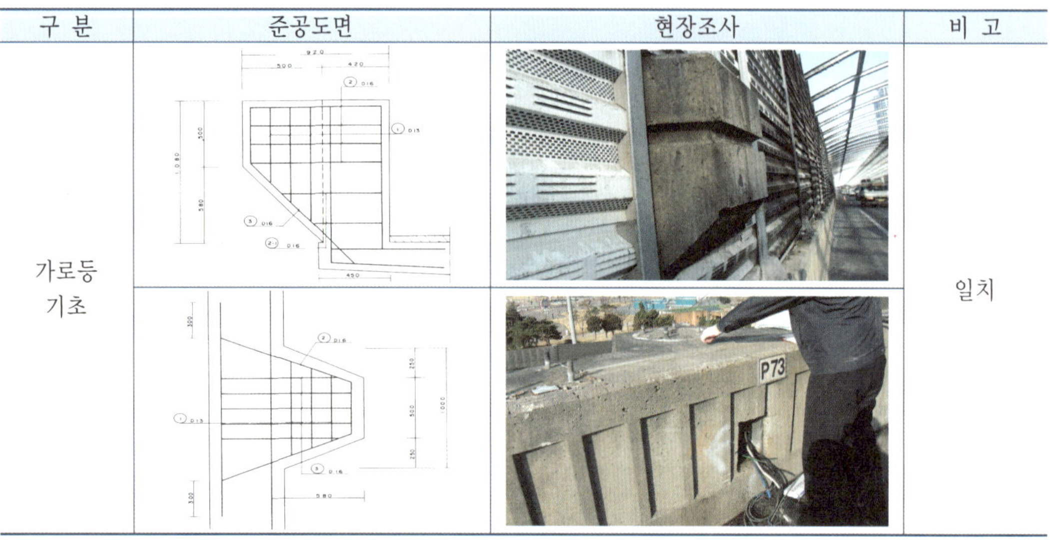

구 분	준공도면	현장조사	비 고
가로등 기초			일치

가로등 기초는 준공도면과 현장 실측 제원과 일치하였다.

▼ 배수시설

구 분	현 장 조 사	비 고
집수구 설치간격	 • 집수구 설치간격 C.T.C 10.0m	준공도서 미 기 재
집수구 규 격	 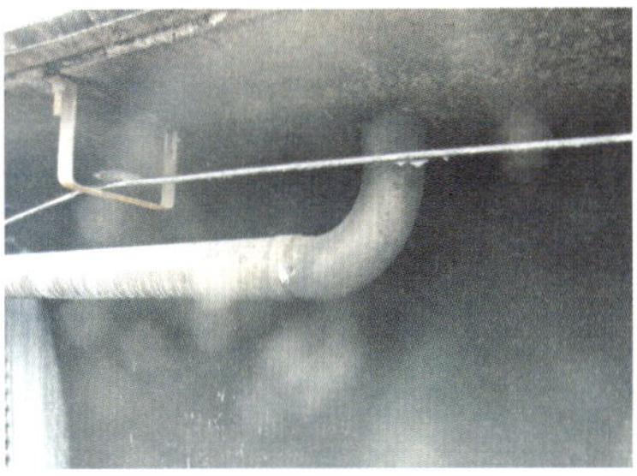 • 집수구 규격 : 250mm × 250mm • 수직배수관 : Ø150mm (아연도금)	준공도서 미 기 재
종배수관	 • 지간중앙부를 기준으로 대칭으로 배치 • 종배수관 : Ø200mm(아연도금)	준공도서 미 기 재

배수시설의 설치 간격 및 규격이 준공도서에 미기재 되어있으므로 현장 실측 자료를 바탕으로 집수구 간격 및 규격을 재검토하여 설정하였다.

라. 강교제작 상세부 적용방안 검토

1) 환기구

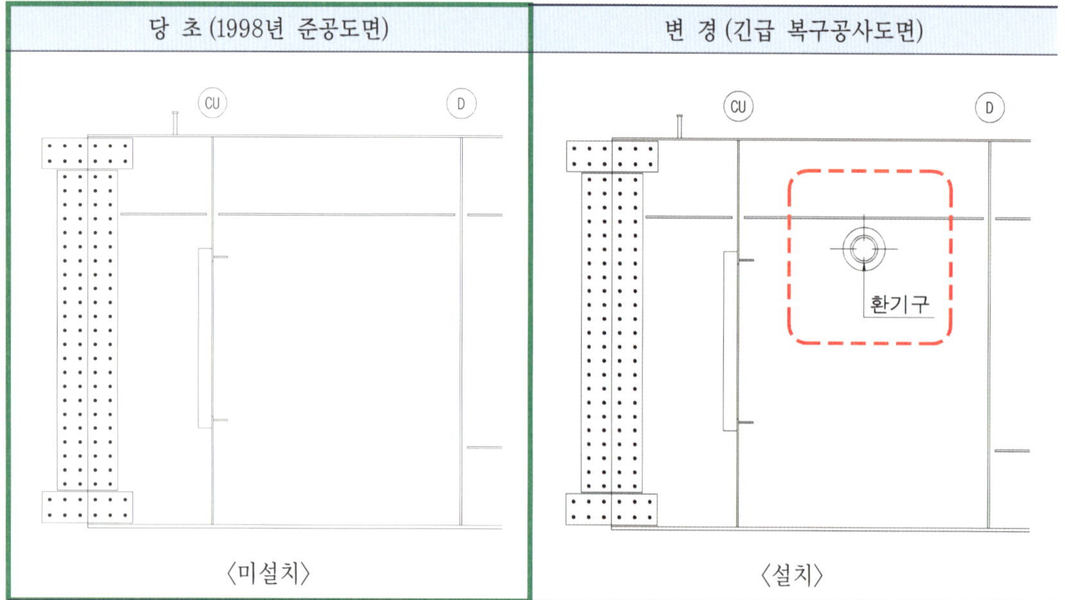

〈미설치〉 〈설치〉

• 기존 구조물에 환기구가 미설치 되었으며, 기능의 중요도 및 인접경간 연속성을 감안하여 준공도면을 준용하는 **"당초"** 안 적용.

2) 단차부 경사

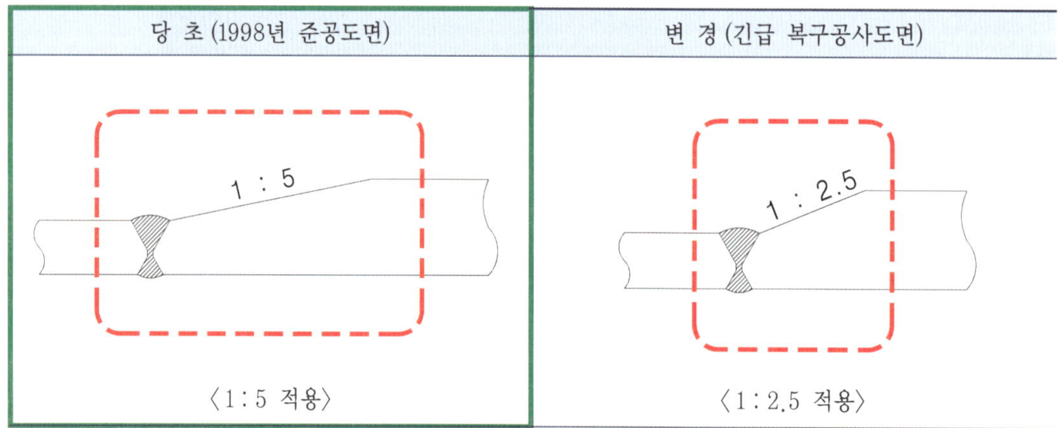

〈1 : 5 적용〉 〈1 : 2.5 적용〉

• 판두께 변화부의 테이퍼(taper)는 최근 용접기술의 발달로 연결부에서 문제가 발생할 확률이 적어 1 : 2.5로 변경(강도로교 상세부 설계지침, 2006)되었으나 응력 전달에 유리하고 도장효과를 고려하여 **"당초"** 안 적용.

3) 잭업 보강재

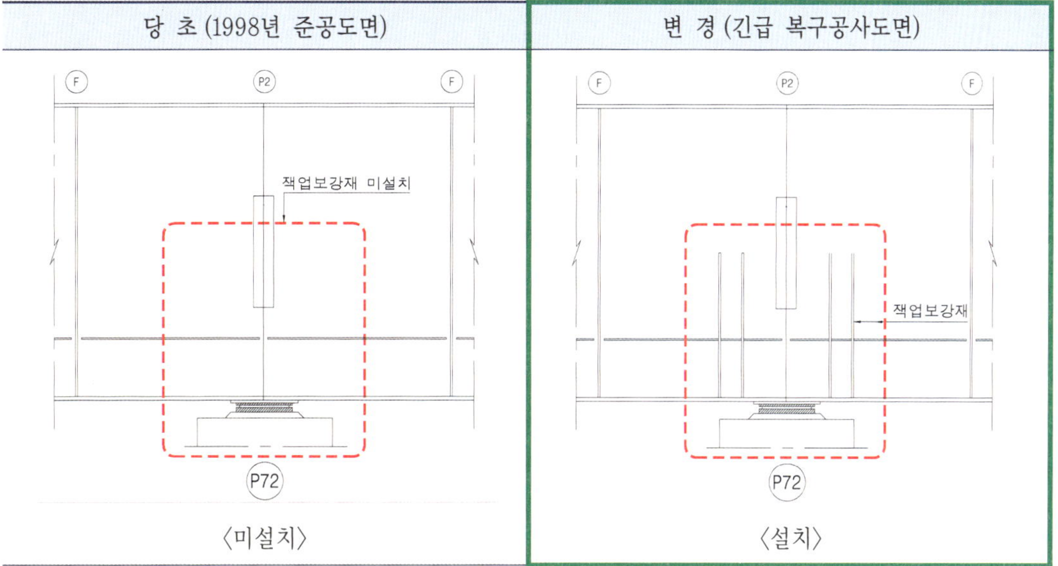

〈미설치〉 〈설치〉

- 기존 구조물에 잭업 보강재가 미설치 되었으나, 향후 원활한 유지관리를 위해 교량받침 교체를 감안하여 잭업 보강재를 설치하는 **"변경"** 안 적용.

4) 수평 보강재

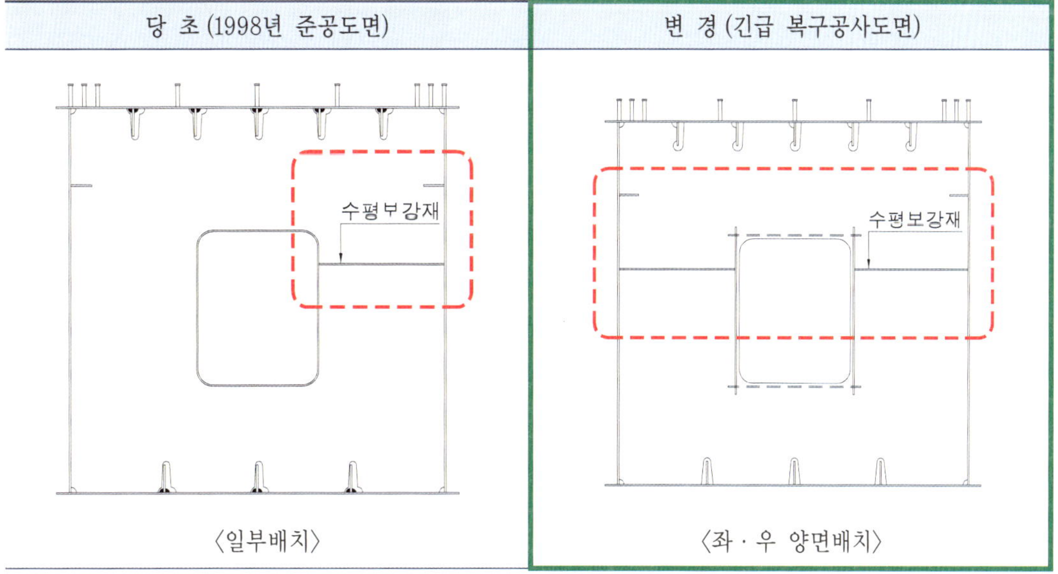

〈일부배치〉 〈좌 · 우 양면배치〉

- 가로보 연결부 수평보강재는 원활한 응력 전달을 위하여 좌·우 양면배치의 **"변경"** 안 적용.

5) 개구부 크기 및 위치

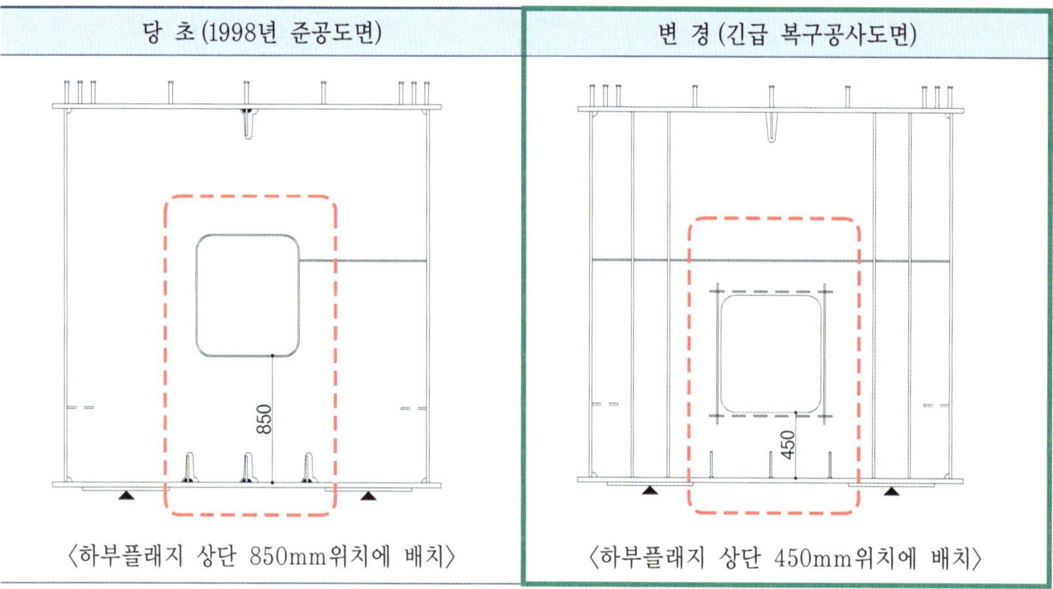

〈하부플래지 상단 850mm위치에 배치〉 〈하부플래지 상단 450mm위치에 배치〉

- 다이아프램 개구부의 높이는 그 하단이 사람이 통행할 수 있도록 하부플랜지로부터 450mm 이하에 설치한 **"변경"** 안 적용.

6) 개구부 보강재

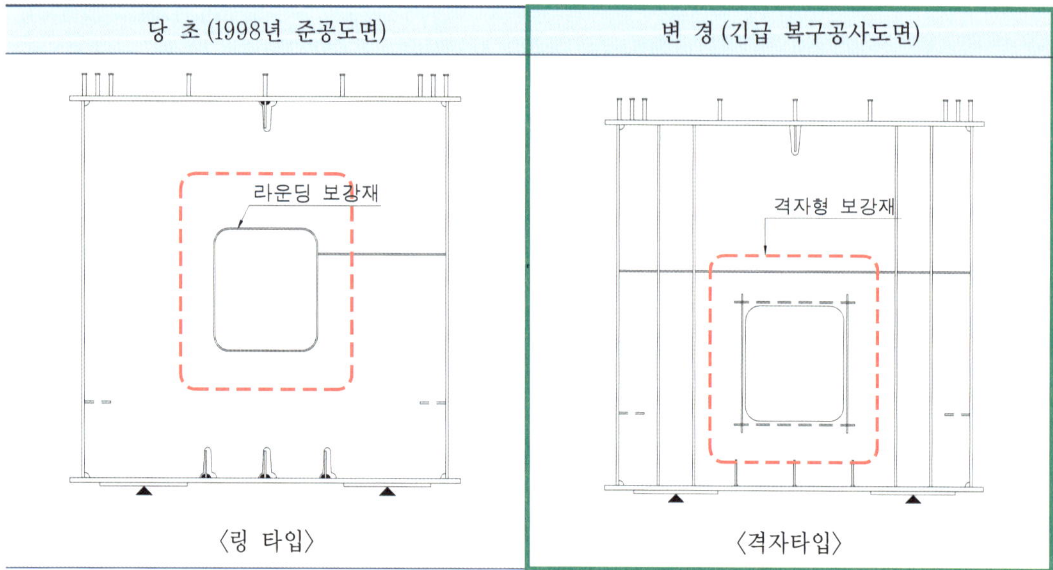

〈링 타입〉 〈격자타입〉

- 다이아프램 개구부 보강리브는 용접이 용이한 격자타입의 **"변경"** 안 적용.

7) 슬롯홀 형상

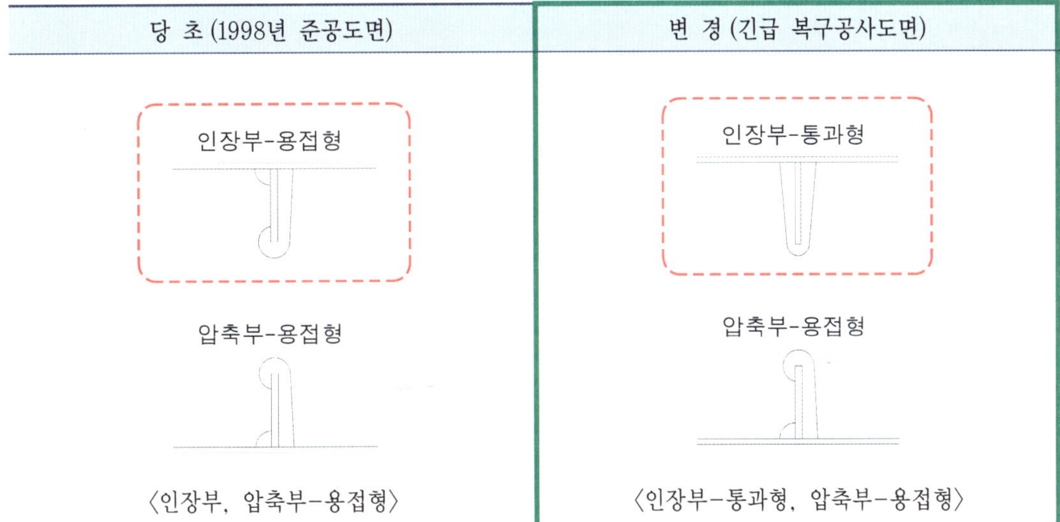

- 슬롯홀 형상을 당초(준공)에는 〈용접형〉을 적용하였으나 압축부 변형 문제 등을 고려하여 인장부근에는 〈통과형〉, 압축부근에는 〈용접형〉의 "**변경**" 안 적용.

8) 지점부 종리브

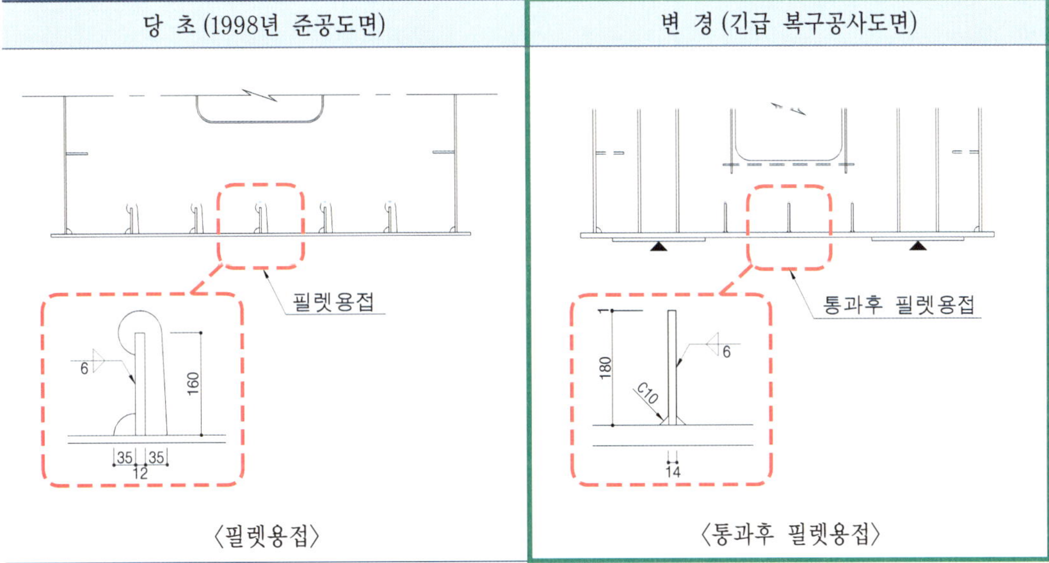

- 지점부 종리브는 지점부의 응력집중 및 변형 문제에 적극 대응하기 위하여 통과후 필렛용접 및 슬롯형상의 "**변경**" 안 적용.

9) 횡보강재 접합 형상

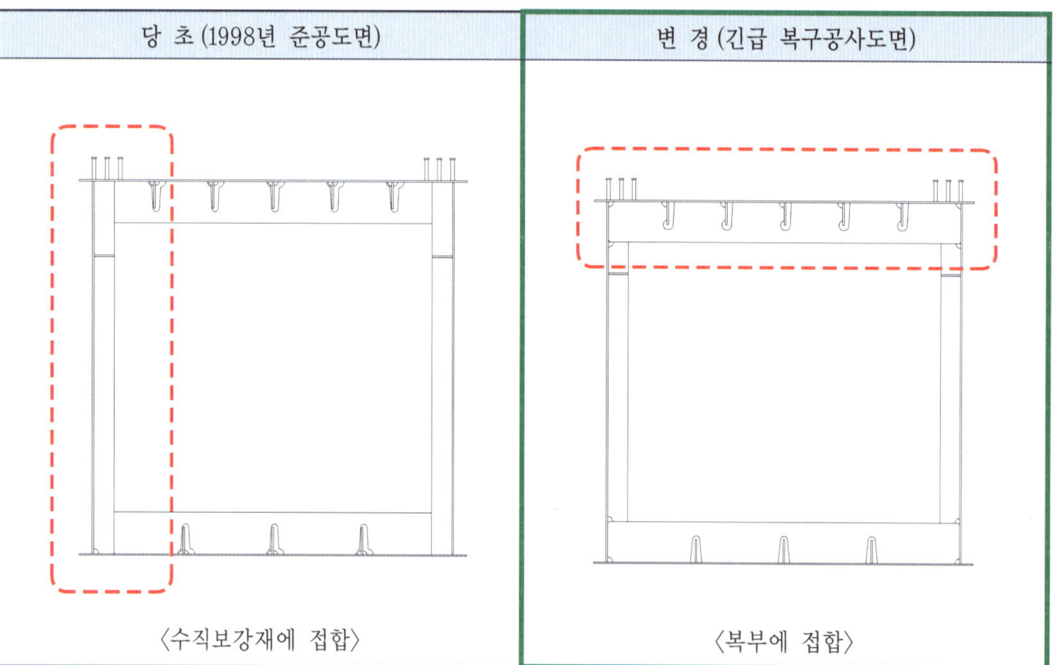

- 횡보강재의 연결은 복부에 접합하는 **"변경"** 안 적용.

10) 가로보 및 세로보 연결판

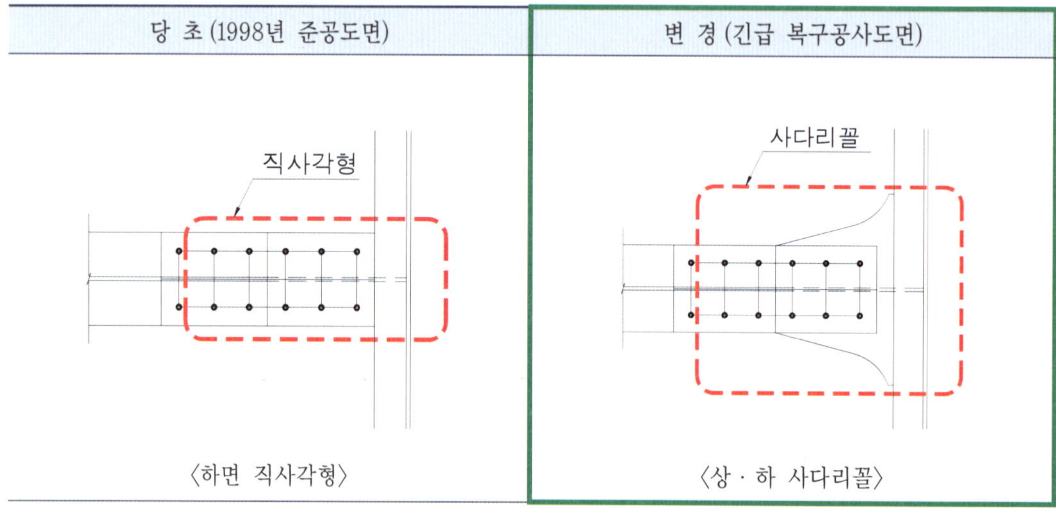

- 가로보 및 세로보 연결판은 응력전달 및 작업성이 우수한 사다리꼴 형상의 **"변경"** 안 적용.

11) 세로보 보강재

당 초 (1998년 준공도면)	변 경 (긴급 복구공사도면)

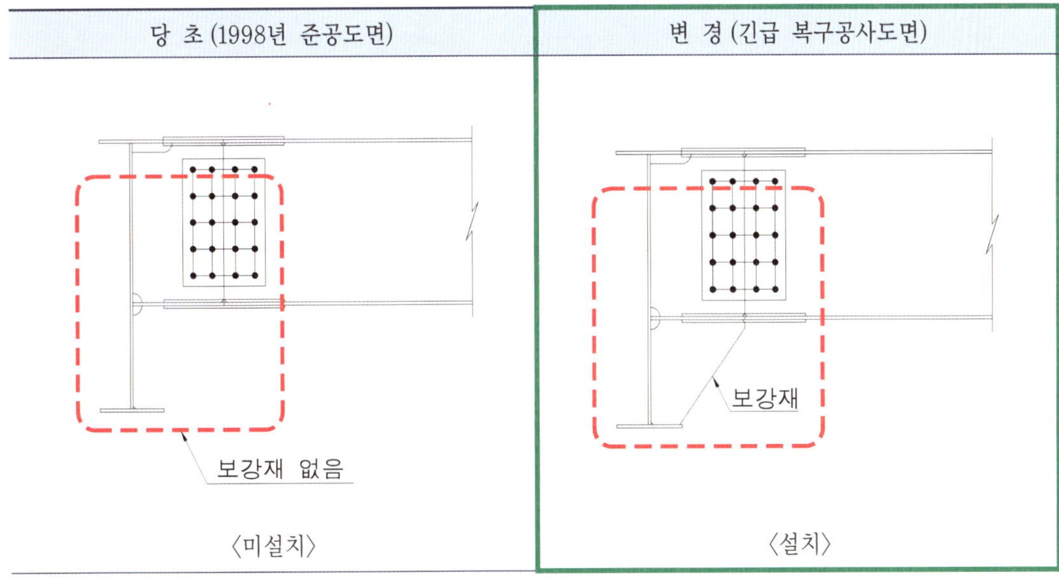

● 세로보 지지를 위한 세로보 보강재를 설치하는 **"변경"** 안 적용.

12) 동바리 고리

당 초 (1998년 준공도면)	변 경 (긴급 복구공사도면)

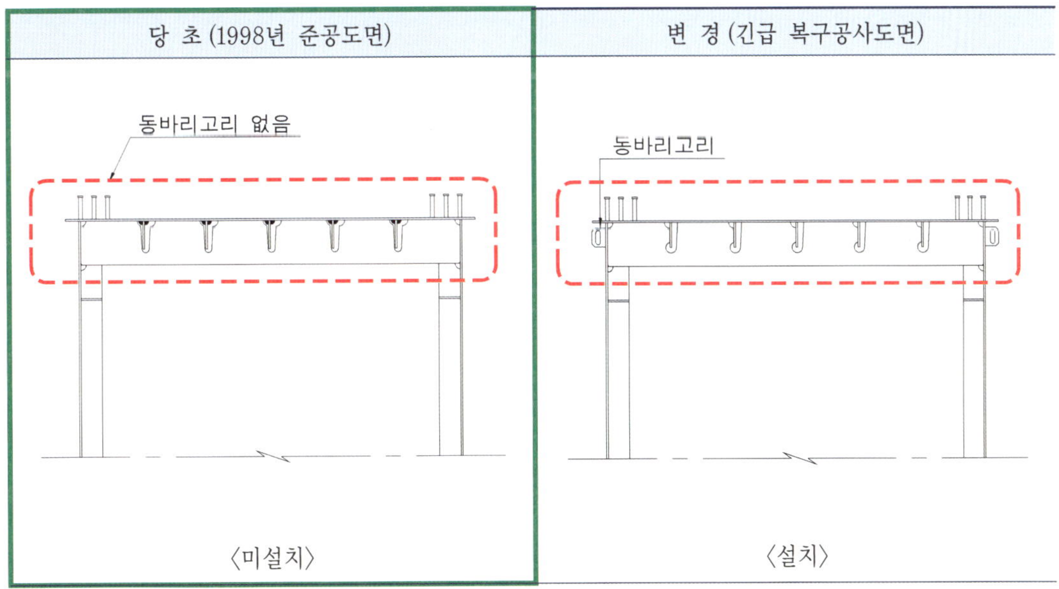

● 프리캐스트 바닥판 적용으로 동바리 고리가 불필요한 것으로 판단되므로 **"당초"** 안 적용.

13) 강교제작에 대한 상세부 적용방안 요약

구 분	1998년 준공도면	긴급 복구공사 도면	비 고
환기구	미 설 치	설 치	
단차부 경사	1:5 경사 적용	1:2.5 경사 적용	
잭업 보강재	미 설 치	설 치	
수평 보강재	일부배치	좌 · 우 양면배치	
개구부 위치	850mm 이격	450mm 이격	
개구부 보강재	링 타입	격자 타입	
슬로트홀 형상	인장-용접형, 압축-용접형	인장-통과형, 압축-용접형	
지점부 종리브	필렛용접	통과후 필렛용접	
횡보강재 접합형상	수직보강재에 접합	복부에 접합	
가로보 연결판	하측 직사각형	상 · 하 사다리꼴	
세로보 연결판	상 · 하 직사각형	상 · 하 사다리꼴	
세로보 보강재	미 설 치	설 치	
동바리고리	미 설 치	설 치	

: 적용

5.3 강교 재가설에 따른 구조안전성 검토

5.3.1 개요

본 과업은 긴급공사의 특성 및 전후구간과의 연계성을 고려하여 준공도서를 활용하였으며, 기존교량의 구조계 대비 단면력 변화가 발생한 단면에 대해서만 구조검토를 수행하였다. 또한 교량일부를 철거한 후 재가설하는 시공특성을 고려하여 시공단계별 해석을 수행하였다.

구조해석에 적용한 시공순서는 다음과 같으며 가설벤트는 바닥판 시공완료 후 제거하는 것으로 계획하였다.

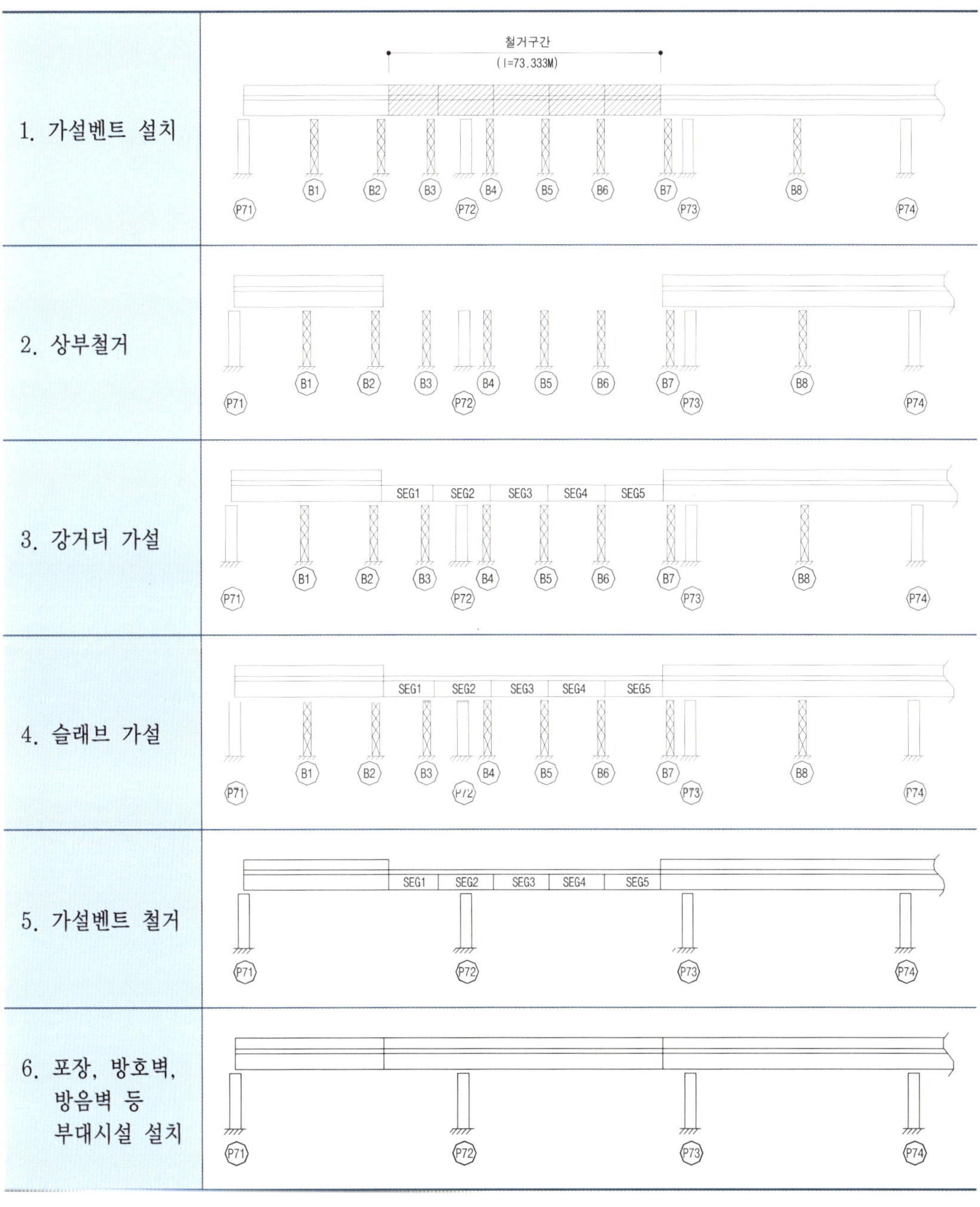

5.3.2 시공단계별 상부거더 안전성 검토

가. 상부구조 모델링

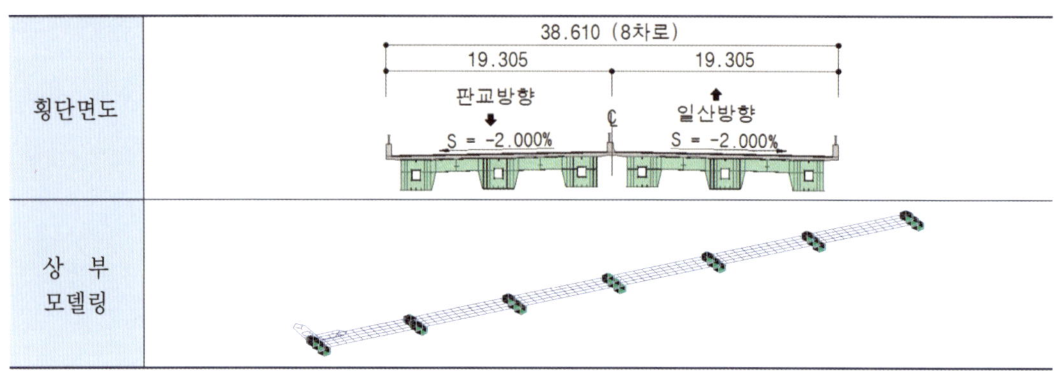

나. 시공단계별 주형의 단면력 변화

구 분	B.M.D	S.F.D
기존 교량	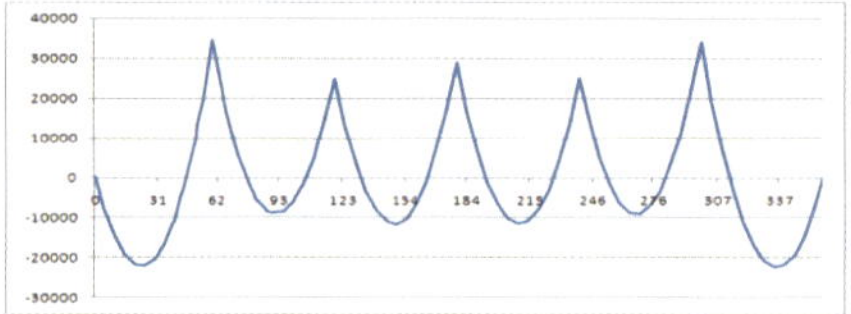	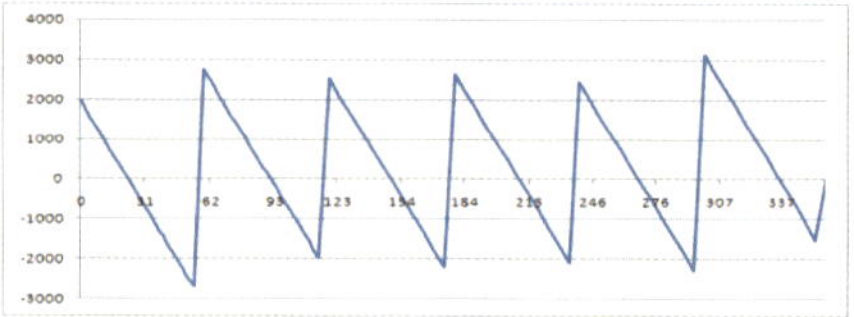
철거시	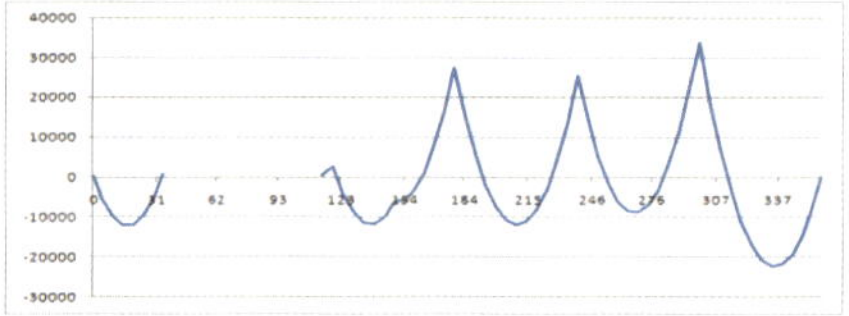	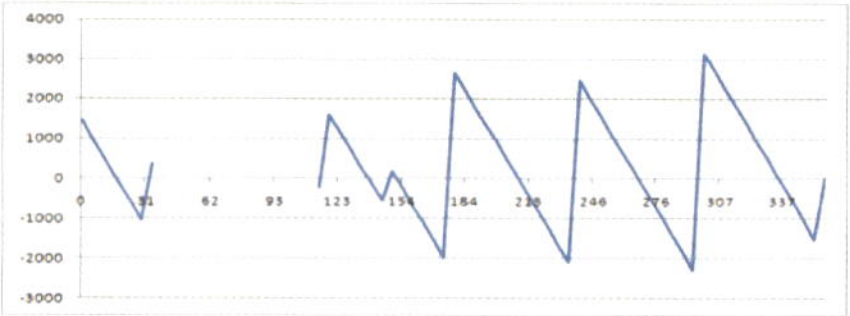
거 더 가설시	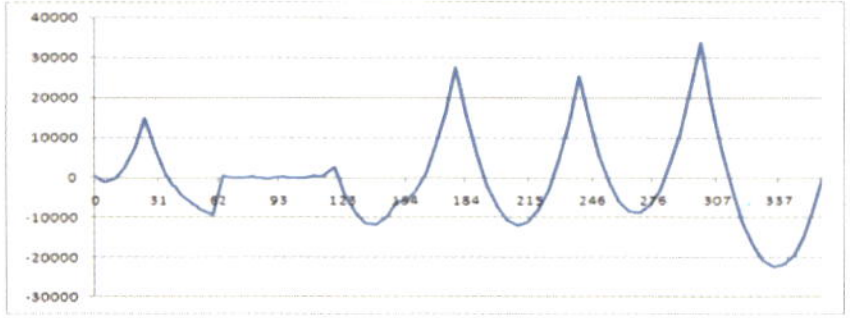	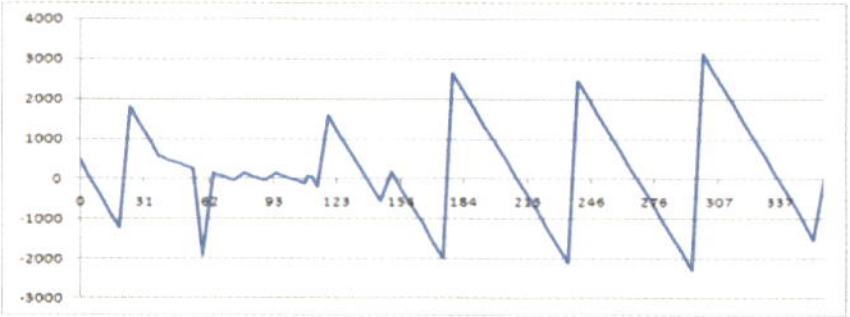
슬래브 가설시	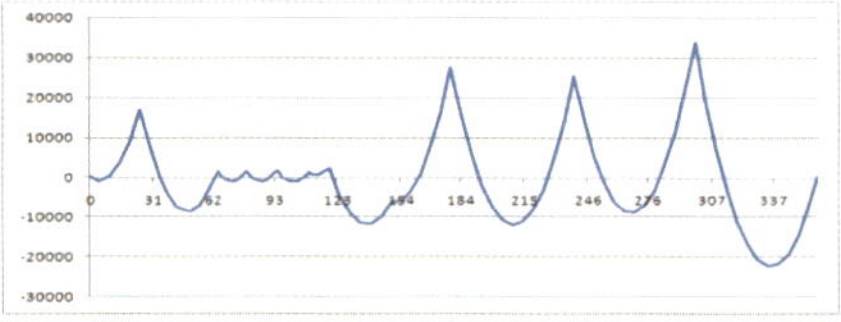	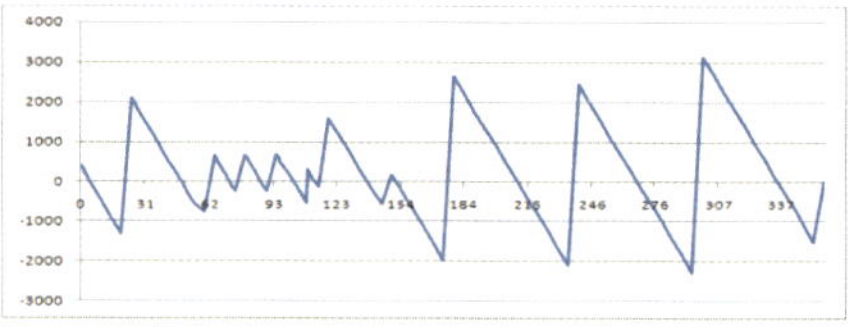
복 구 완 료	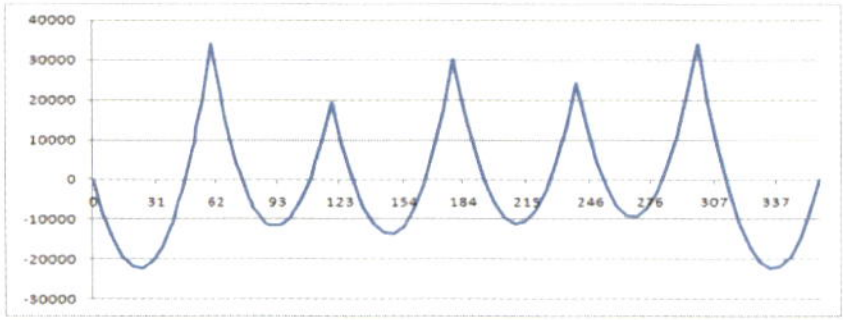	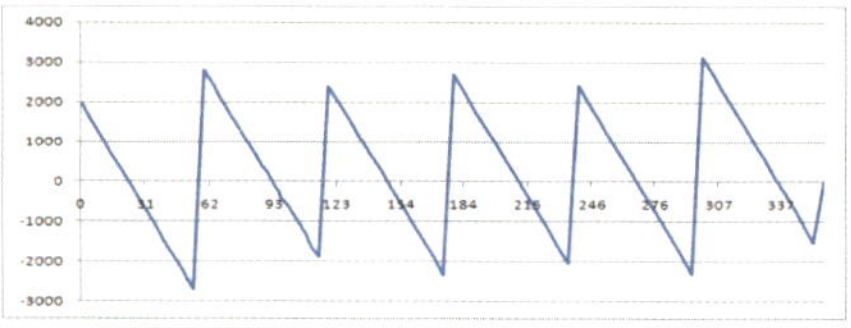

다. 주형의 단면력 변화 요약

구 분		제1경간		제2경간		제3경간		제4경간		제5경간		제6경간
		중앙	지점 (P72)	중앙	지점 (P73)	중앙	지점 (P74)	중앙	지점 (P75)	중앙	지점 (P76)	중앙
기 존 구조계	모멘트 (kN · m)	22,079	-34,423	8,809	-24,597	11,775	-28,669	11,629	-24,881	9,027	-33,852	22,325
	전단력 (kN)	142	3,129	153	2,517	58	2,653	53	2,521	139	3,122	110
복구후 구조계	모멘트 (kN · m)	22,152	-34,073	11,497	-19,434	13,553	-30,194	11,081	-24,454	9,172	-33,990	22,269
	전단력 (kN)	114	3,125	165	2,401	168	2,763	86	2,489	149	3,124	112

라. 주형의 휨응력 검토

▼ 기존 구조계 단면응력

구 분	휨응력 검토 (MPa)						전단응력 검토 (MPa)			합성응력 검토			
	상부 플랜지			하부 플랜지			복 부 판						
	작용	허용	판정	작용	허용	판정	작용	허용	판정	상연	하연	S.F	판정
1경간중앙	141.2	218.5	O.K	-123.5	190.0	O.K	9.5	110.0	O.K	0.43	0.43	1.2	O.K
P72	-168.6	190.0	O.K	181.5	190.0	O.K	57.9	110.0	O.K	1.06	1.19	1.2	O.K
2경간중앙	147.1	192.6	O.K	-145.6	190.0	O.K	41.7	110.0	O.K	0.73	0.73	1.2	O.K
P73	-154.6	190.0	O.K	169.7	190.0	O.K	63.6	110.0	O.K	1.00	1.13	1.2	O.K
3경간중앙	114.5	192.6	O.K	-107.8	190.0	O.K	10.0	110.0	O.K	0.36	0.33	1..2	O.K

▼ 복구후 구조계 단면응력

구 분	휨응력 검토 (MPa)						전단응력 검토 (MPa)			합성응력 검토			
	상부 플랜지			하부 플랜지			복 부 판						
	작용	허용	판정	작용	허용	판정	작용	허용	판정	상연	하연	S.F	판정
1경간중앙	141.4	218.5	O.K	-123.8	190.0	O.K	9.5	110.0	O.K	0.43	0.43	1.2	O.K
P72	-146.8	190.0	O.K	164.8	190.0	O.K	56.9	110.0	O.K	0.86	1.02	1.2	O.K
2경간중앙	73.8	170.4	O.K	-113.7	190.0	O.K	41.7	110.0	O.K	0.37	0.50	1.2	O.K
3경간중앙	119.4	192.6	O.K	-117.2	190.0	O.K	11.8	110.0	O.K	0.40	0.39	1..2	O.K

5.3.3 시공단계별 받침부 최대반력 산정

구 분	P71	P72	P73	P74	P75	P76	P77
최대반력 (kN)	2062	4194	3793	4167	3848	4444	2102
교량받침 (kN)	2500	5000	5000	5000	5000	5000	2500
판 정	O.K	O.K	O.K	O.K	O.K	O.K	O.K

부분철거 및 재가설 완료 후 반력 변화를 검토한 결과 모든 지점부 교량받침은 안전성을 확보하고 있었으며, 따라서 받침교체부인 P72의 교량받침도 기존과 동일한 용량의 받침을 사용하였다.

5.3.4 구조안전성 검토

가. 검토 결과

① 철거 및 재가설의 복구 과정을 통해 상부 단면력은 제2경간 신설부 정모멘트의 경우 30% 증가, P73번 기존 지점부 부모멘트는 20% 감소하는 것으로 검토되었다.

② 단면력 증가 및 가설중 단면력 교번발생에 대한 거더 응력 검토결과 기존의 단면으로 모두 안전한 것으로 검토되었다.
(휨응력안전율 최소 1.15 확보, 합성응력안전율 최소 1.18 확보)

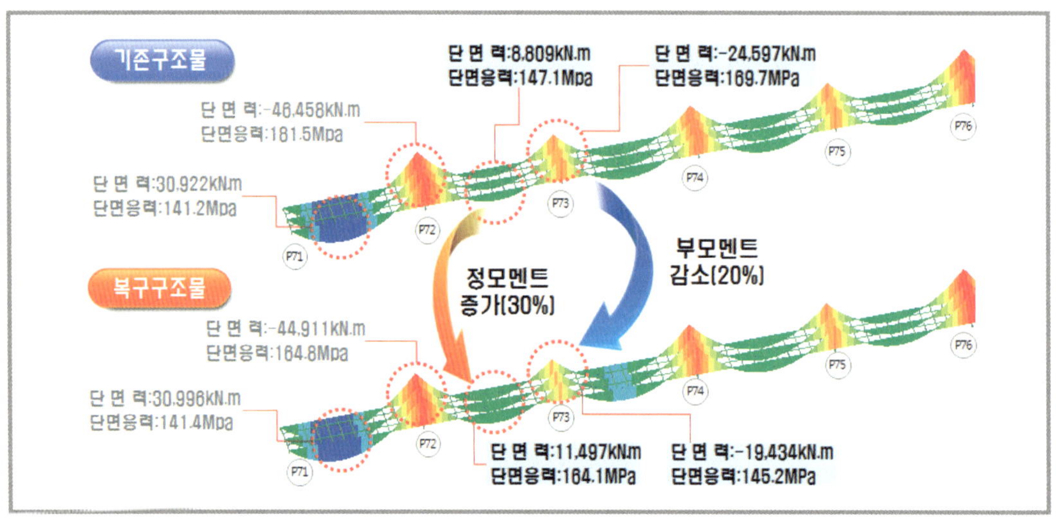

5.4 부분 재시공에 따른 형상 관리

5.4.1 화재영향으로 인한 기존구조물의 처짐량 검토

철거직후 측량결과 P71~P72내 기존존치구간의 계획고가 최대 95mm 하향으로 되어있어 신구의 원활한 접합을 위해 기존선형으로 1차잭업 실시하는 것으로 계획하였다.

P71~P72구간은 철거 후 캔틸레버 구간으로 잭업이 용이하여 1차잭업을 실시하였으나, 이후 구간은 처짐량이 미미하고 연속교구간이므로 잭업 용이성 등을 고려하여 별도의 잭업을 계획하지 않았다.

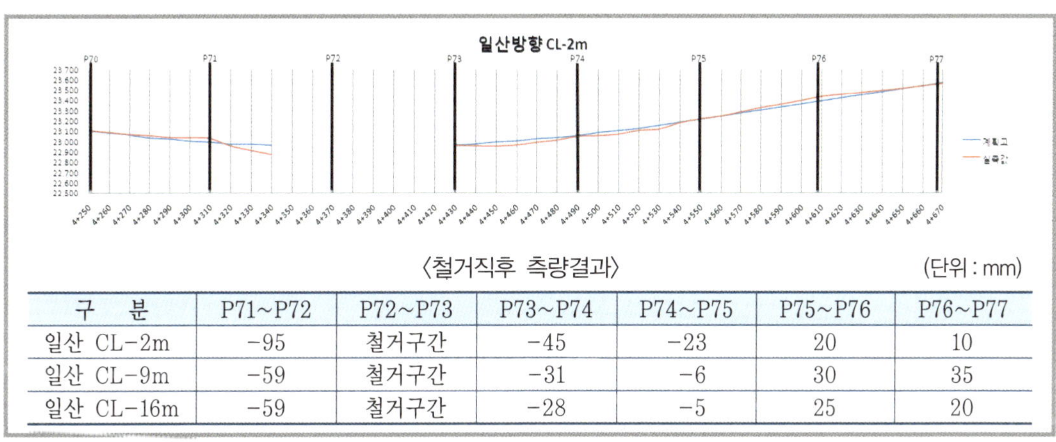

〈철거직후 측량결과〉 (단위 : mm)

구 분	P71~P72	P72~P73	P73~P74	P74~P75	P75~P76	P76~P77
일산 CL-2m	-95	철거구간	-45	-23	20	10
일산 CL-9m	-59	철거구간	-31	-6	30	35
일산 CL-16m	-59	철거구간	-28	-5	25	20

5.4.2 신설교량 가설에 따른 처짐량 산정

기존교량구간(P71~P72구간)이 캔틸레버상태로 존치되어 있어 신설교량 가설 후 측경간(P71~P72구간)에서의 처짐량(-65mm)이 크게 발생예상됨에 따라 기존구간의 처짐제어가 필요하였다.

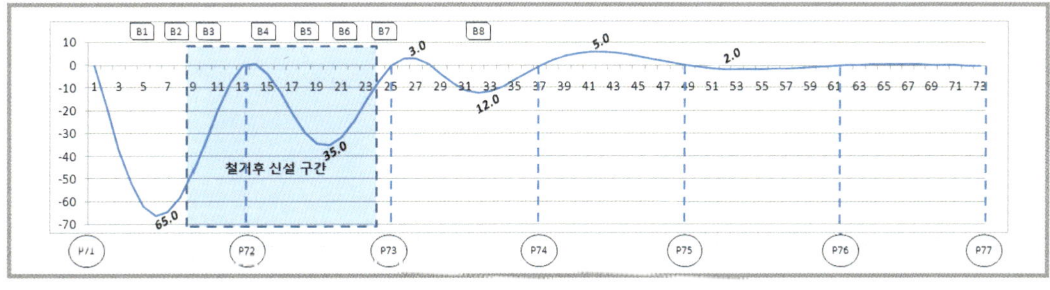

▲ 잭업전 처짐형상

5.4.3 기존교량 처짐량 제어방안

기존교량의 처짐 제어는 신설강교 강결전 기존교량부에 미리 상향 변위를 도입하여 발생 처짐을 제어하는 방안을 채택하였다. 특히, 본 복구 교량의 경우 철거 및 가설시 설치된 가설벤트를 이용하여 적절한 부위에 잭업을 이용한 상향변위 도입으로 기존교량의 처짐을 제어할 수 있었다.

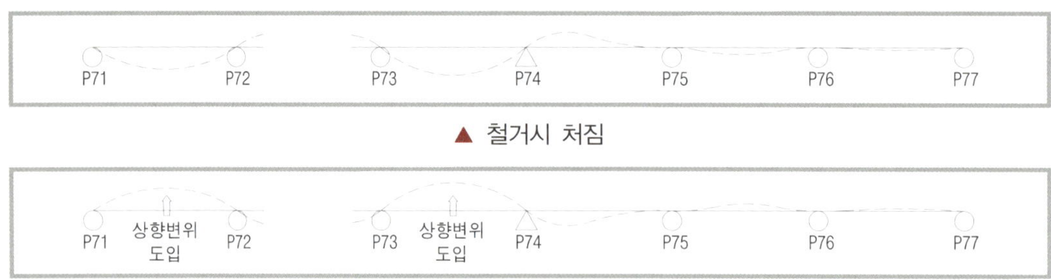

▲ 철거시 처짐

▲ 상향변위 도입에 의한 발생처짐 상쇄

신설구간 설계시 신설강교로 인한 기존구간의 처짐 영향을 최소화하기 위해 다음 그림과 같이 신구접합 후 가체결된 상태에서 기존교량을 55mm 상향잭업하여 최대한 기존선형으로 복원될 수 있도록 계획하였다.

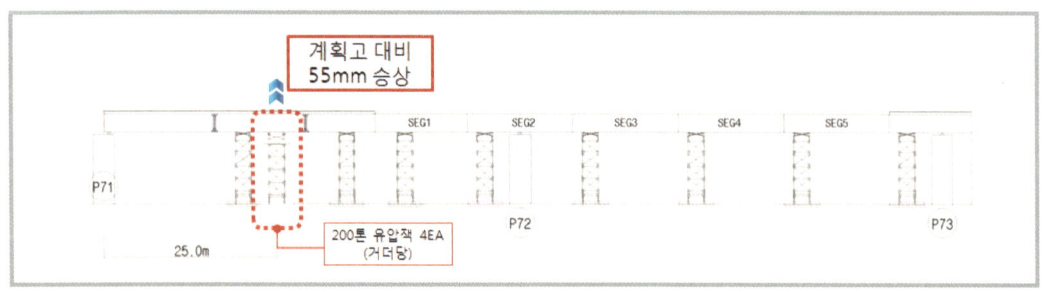

5.4.4 캠버량 산정 및 최종형상

1, 2차 상향잭업 및 캠버도입으로 제1경간 구간(P71~P72) (−)8.0mm, 제3경간 구간(P73~P74) (−)12.0mm의 처짐이 발생하여 최대한 기존선형으로 복구되도록 계획하였다.

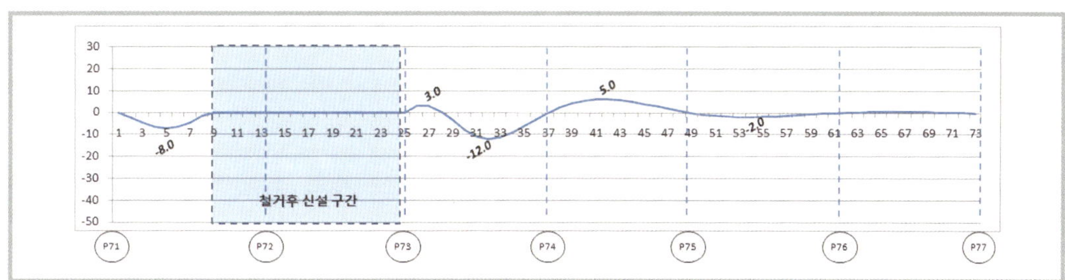

▲ 복구 완료후 교량의 최종 처짐도

5.5 강거더 신 · 구 접합 방안

5.5.1 강거더 신 · 구 접합시 문제점 분석

가. P71번부 기존교량 슬라이딩 발생

강교 가설전 현장측량 결과 P71번부 기존교량의 슬라이딩 발생이 확인되었다. 슬라이딩량은 약 33mm로 신축이음부의 벌어짐 등의 현상이 발생하여 강교 가설전 P71번부 기존교량의 원상태로 복구를 위한 수평이동이 필요하였다.

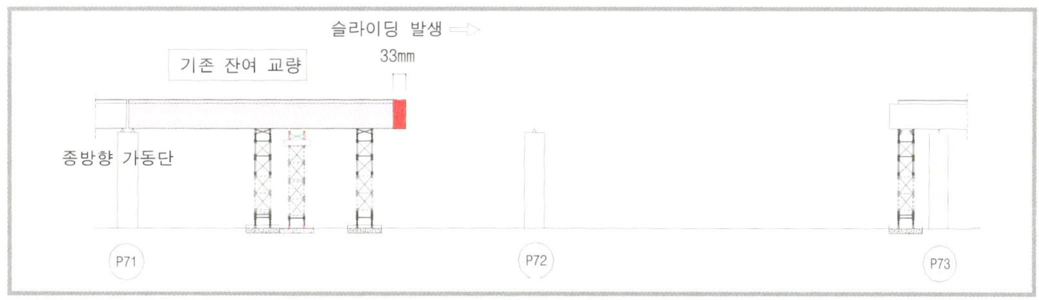

▲ 기존 상부 구조물 슬라이딩 발생

▲ 신축이음부 벌어짐

▲ P71 교량받침 이동

나. 신설강교의 제작오차 및 시공오차 보정

강교 가설시 기존 강박스와 신설 강박스가 연결되는 마지막Seg의 작업 공간 확보, 강교제작시의 온도와 가설시의 온도차로 인한 강재의 신축변위오차, 그리고 순차적 강교가설에 따른 수평방향 누적오차 등의 보정을 위한 기존 강박스(P71~P72, L=39.2m)의 수평이동을 위한 방안이 필요하였다.

또한 화재영향으로 거더의 처짐이 발생하여 P71번부 기존교량에 140mm의 수직변위가 발생하여 수직오차의 보정 또한 필요하였다.

5.5.2 수평 및 수직오차 보정방안

가. 수평오차 보정을 위한 SET-BACK/FORWARD 시스템 도입

1) 공법 개요

본 공법은 컴퓨터 분산제어 인상시스템을 이용하여 교량을 전방 및 후방으로 위치이동시키는 공법으로서 전방 및 후방의 이동시 좌우 선형까지 조정하여 보다 정밀하게 수평위치이동을 시킬 수 있는 공법이다.

이 공법은 강교가설시 최종 연결부 시공을 위하여 적용하였다.

▲ SET-BACK/FORWARD 시스템 운용 순서도

▲ SET-BACK/FORWARD 시스템을 이용한 기존교량의 수평위치 이동

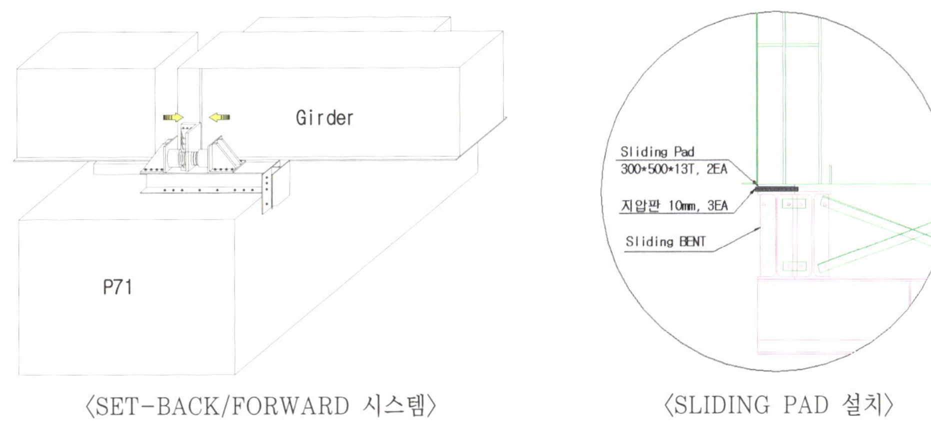

〈SET-BACK/FORWARD 시스템〉 〈SLIDING PAD 설치〉

▲ SET-BACK/FORWARD 시스템 설치 개요도

나. 수직오차 보정을 위한 Jack Up 시스템 도입

인상용 BENT에 유압잭(200TON)을 설치하여 아래로 처져 있는 기존교량을 150~165mm 1차 인상하였다.

1) 컴퓨터 교량 동시인상 공법 개요

교량 인상높이 · 인상속도 등을 컴퓨터제어장치에 입력하고, 유압나사잭을 자동계측 · 작동 · 제어하여 안전하게 정밀 인상하는 컴퓨터 인상 시스템이다.

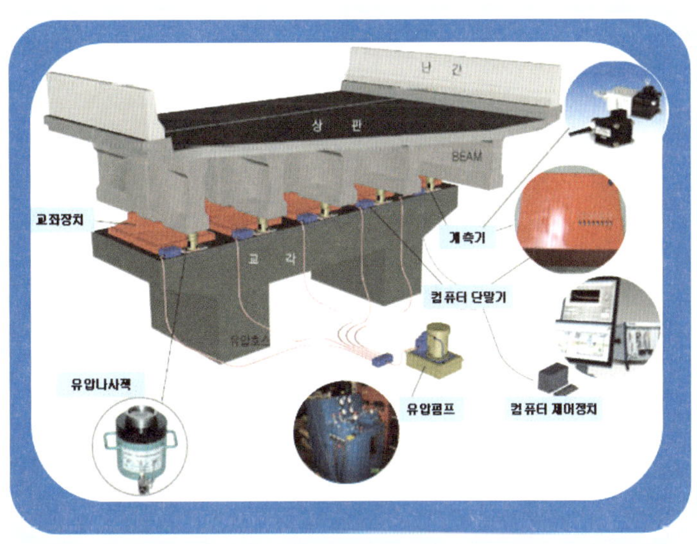

Computer 고정밀 분산제어 시스템을 통한 자동제어로 정밀한 교량 인상 수행 (±1.0mm)

교량 인상높이·속도 등을 컴퓨터에 입력하여 유압나사 JACK을 자동 계측·제어하여 인상

계측장치와 분산제어장치간 실시간 정보교환(0.001초)

인상중 오차를 실시간 전자동 보정인상 사후 보정인상 필요 없음

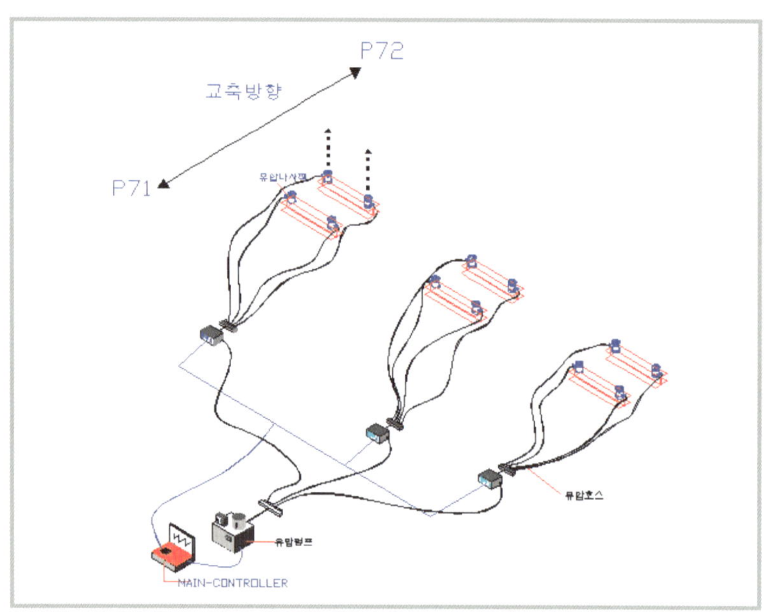

▲ 교량인상 기본도(일산방향, 판교방향)

2) 수직보강재 설치

교량인상부분에 강재거더의 변형을 방지하기 위하여 수직보강재 설치하였다.

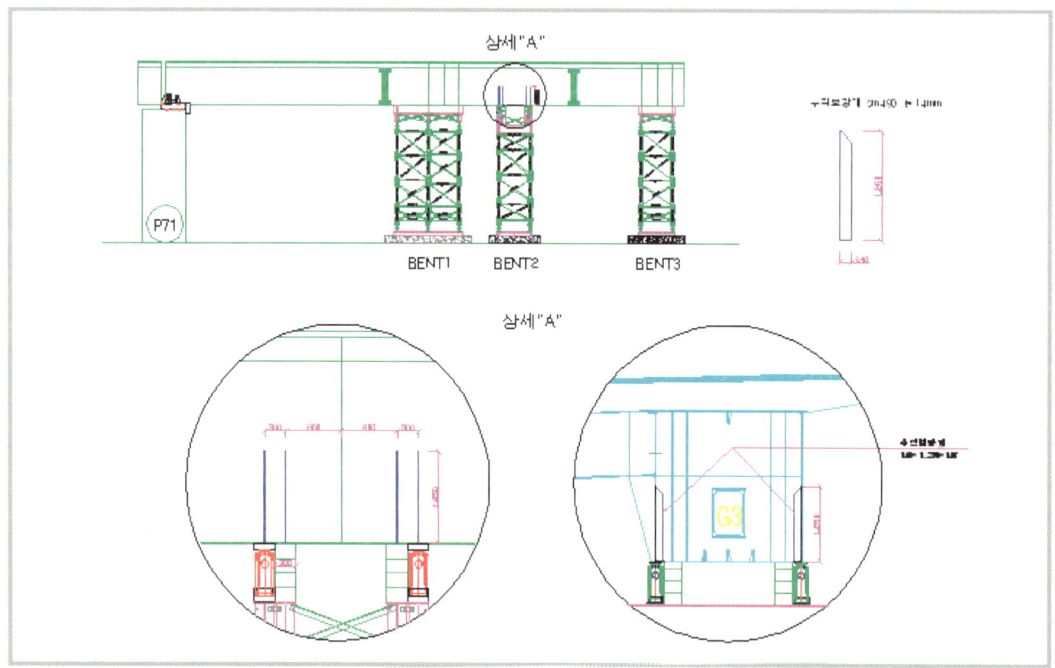

다. SET-BACK/FORWARD 시스템을 이용한 가설오차 보정

강교 가설 전 기존 강박스(P71~P72, L=39.2m)의 수평변위를 보정하기 위해 P71에는 Set-Back 장치를 설치했고, 가설벤트(B1, B3)에는 슬라이딩패드(300×500mm)를 설치해 기존 강박스를 P71측 수평방향으로 80mm 이동시켰다. 또한 수직오차를 보정하기위해 (가설벤트B2) 상부에 유압잭(벤트별 200톤 유압잭 4기, 총4기)을 설치해 신설 강박스를 거치하기 전 기존 강박스를 수직 방향으로 잭업시켰다.

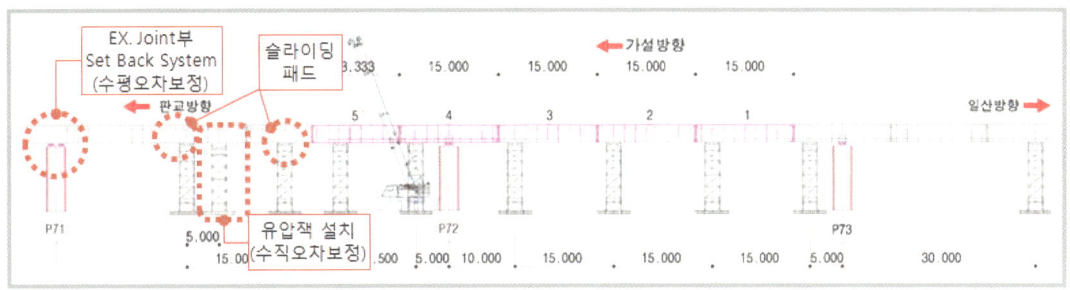

▲ 부천고가교 변위보정을 위한 장비설치 시스템도

SET-BACK/FORWARD 설치상세

▲ 반력대 브라켓 및 유압잭 설치

▲ 유압잭 설치 및 인상시스템 구축

▲ 지압판 및 슬라이딩 패드 설치

▲ 컴퓨터 제어를 통한 SET BACK 실시

▼ 변위보정을 통한 강교접합 순서 개요도

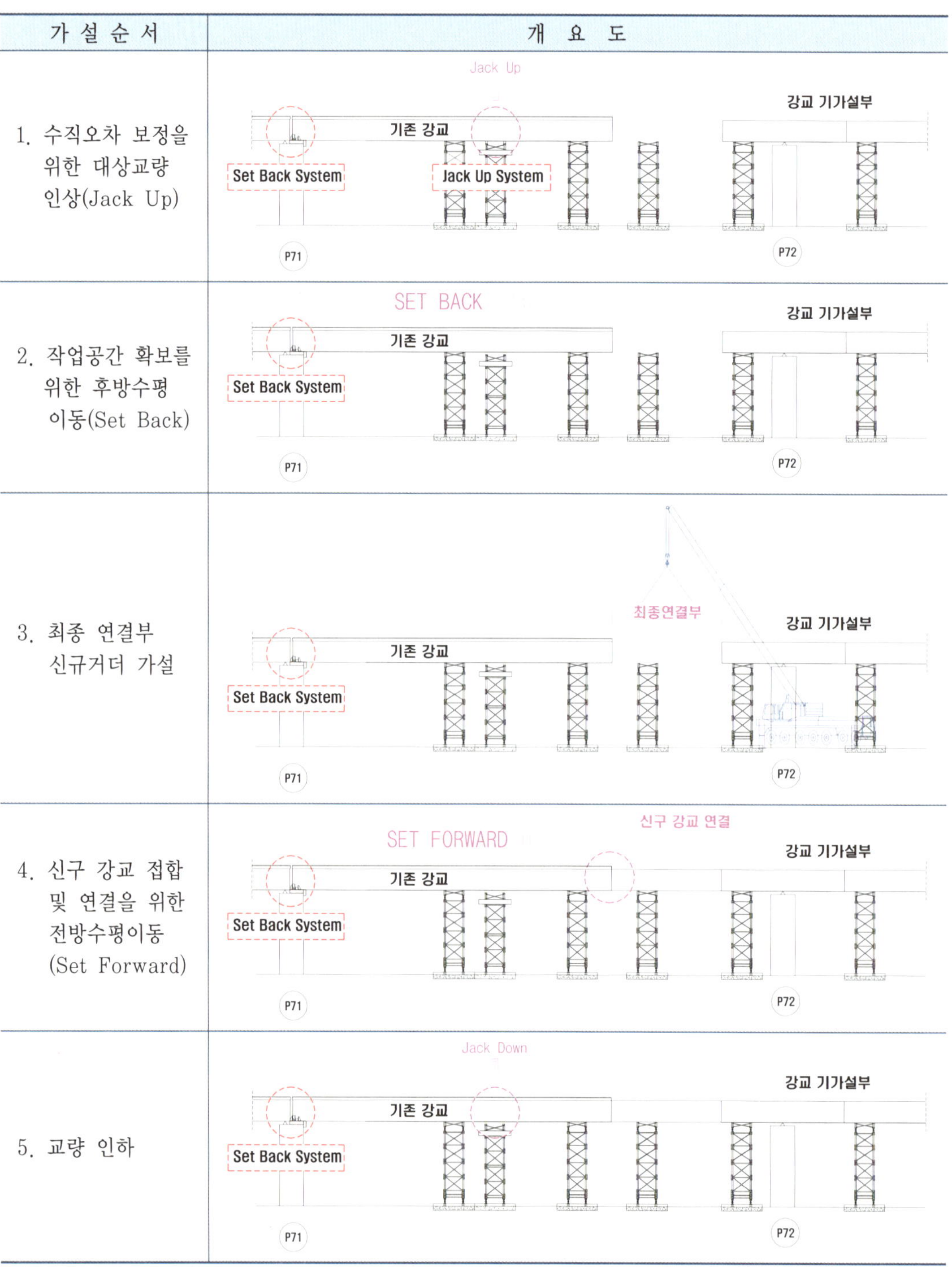

가 설 순 서	개 요 도
1. 수직오차 보정을 위한 대상교량 인상(Jack Up)	
2. 작업공간 확보를 위한 후방수평 이동(Set Back)	
3. 최종 연결부 신규거더 가설	
4. 신구 강교 접합 및 연결을 위한 전방수평이동 (Set Forward)	
5. 교량 인하	

5.5.3 변형된 기존 강박스 복원

철거작업 후 기존 강박스에 대한 외관조사 결과 대부분의 강박스에서 안쪽으로 오목하게 변형된 형상이 발견되었다. 이에 따라 유압잭을 강박스 내부에 설치한 후 외측으로 힘을 가해 변형된 복부판을 펴고 보강재를 덧대어 신설 강박스를 연결할 수 있도록 조치하였다. 또한 복부판과 하부플랜지에서 심한 변형이 발생된 일부강박스는 외부에 강판을 덧대어 보강하거나 수직보강재를 추가 설치하여 교량안전성을 확보하였다.

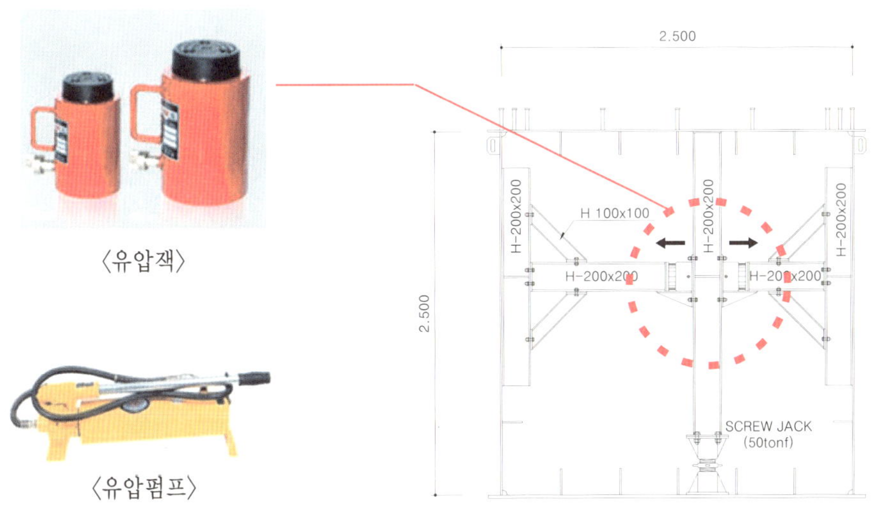

▲ 강박스 내부 잭업 장비 설치 개요도

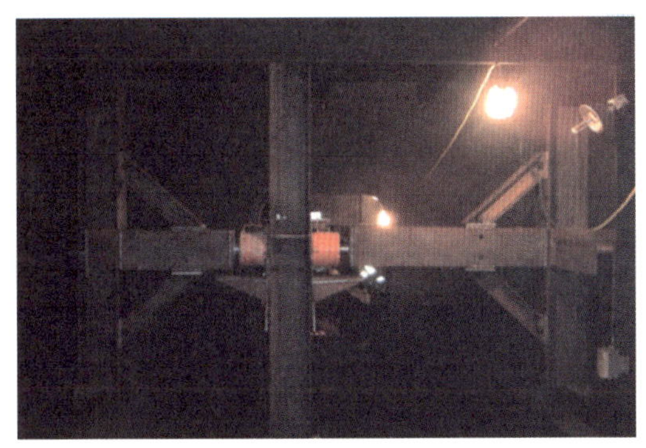

▲ 강박스 내부 잭킹 시설 설치

▲ 변형부 복원 후 보강재 설치

5.6 강교의 제작 및 설치

강교 제작 및 가설은 복구공사 공기에 가장 큰 영향을 미치는 공종으로서 신설 강교 제작 및 설치를 조속히 완료하기 위해 원자재 생산업체인 포스코와 자재수급에 대한 신속한 협의를 시행했으며, 강교 제작 공장을 실사하여 강교 제작을 방향별로 2개 공장에서 분리 생산하도록 변경하여 2011년 1월28일 총 874톤의 강교를 제작 완료할 수 있었다.

2011년 1월 28일 일산 방향 길이 15.0m, 무게 35톤의 첫 번째 강박스를 설치하는 것을 시작으로 총 30개의 강박스 설치를 2011년 2월 14일 완료하였다.

▼ 강교제작 및 가설 추진경과

일 자	내 용
〈2010년〉	
12월 27일	강판재 입고 개시
12월 30일	일산 방향 강교 제작 착수(대우에스티)
12월 31일	판교 방향 강교 제작 착수(두산메카텍)
〈2011년〉	
1월 3일	강판재 입고 완료
1월 5일	판교 방향 자재 마킹 및 절단 완료
1월 5일	일산 방향 자재 마킹 및 절단 완료
1월 13일	양방향 판넬 및 박스 제작 완료
1월 19일	일산 방향 가조립 완료
1월 21일	판교 방향 가조립 완료
1월 26일	일산 방향 도장 완료
1월 28일	판교 방향 도장 완료 및 일산 방향 강교 설치 시작
2월 2일	판교 방향 강교 설치 시작
2월 7일	일산 방향 강교 설치 완료
2월 14일	판교 방향 강교 설치 완료
2월 15일	교량받침 세팅 완료
3월 15일	현장 도장 완료

5.6.1 강교의 제작

가. 원자재 입고

긴급복구 공사의 특성상 강박스 가설에 필요한 원자재의 확보가 무엇보다 중요한 문제로 대두되었다. 원자재 제작사인 포스코와의 협의를 시작함과 동시에 강교 제작 및 설치 업무를 수행할 인력을 강교 제작공장으로 즉시 배치해 원자재가 도착하면 바로 작업을 시작할 수 있도록 조치하였다. 또한, 강교 제작공장의 제작라인 확인 등 사전 점검을 통해 1개 공장(두산메카텍)에서 전체 강교를 제작하려던 기존계획을 변경하여 기존에 부천고가교를 제작했었던 공장(대우에스티)을 추가함으로써 복구공사 기간 단축에 크게 기여하였다.

포스코에서 생산된 강판재는 육상(330톤) 및 해상(487톤)으로 두산메카텍으로 전량 입고되었다. 두산메카텍(창원)에서 선별작업을 거쳐 대우에스티(진천)로 강판재를 육상으로 운반하였다. 두산메카텍에서는 입고 검사 완료 즉시 제작공정에 투입 또는 대우에스티로 운반을 했으나 일부 강판재는 대우에스티로의 입고가 늦어져 가로보 등 부부재는 자체 보유하고 있던 강판재를 활용해 제작하였다.

■ 강재의 선별과 검사

▲ 자재 선별

▲ 원자재 입고 검사

나. 강박스 제작

강박스의 제작 절차는 다음과 같다.

제작 절차	작 업 내 용
① 전처리 작업	• 강재의 불순물 제거
② 마킹 및 절단	• 판재의 마킹 및 플라즈마 절단
③ 판넬 및 소부재 제작	• 종리브, 수직 및 수평보강재 등 소부재 제작 및 용접
④ 대조립	• 상하 플랜지, 좌우 복부판, 격벽 및 크로스빔 브라켓 등 대부재 조립
⑤ 박스 용접	• 외부 : 오토 캐리지를 이용한 자동용접 • 내부 : 반자동 용접 • 용접 완료 후 용접 검사 실시
⑥ 가조립	• 박스 간 조립 정밀도와 치수 확인 및 교정
⑦ 강교도장	• 내후성 중방식 도장
⑧ 상차 및 출차	• 강박스 SEG별 상차 및 출차

5.6.2 강교의 운반

강교의 운반은 운반거리, 교통상태, 제한차량 허가기준상 총중량 등 여러 가지 사항들을 종합적으로 고려해 사전에 운송경로 점검과 운반계획을 수립하여 부재별 설치공정에 영향이 미치지 않도록 운송에 만전을 기하였다.

▼ 대우 에스티 운반 경로

이용 도로	이동 구간	이동거리(km)	소요시간(분)
고속도로	대우ST (진천) ~ 현장 (중동IC)	116.4	130
국 도	대우ST (진천) ~ 현장 (중동IC)	122.5	205

▼ 두산메카텍 운반 경로

이용 도로	이동 구간	이동거리(km)	소요시간(분)
고속도로	두산메카텍(창원) ~ 현장(중동IC)	378.4	384
국 도	두산메카텍(창원) ~ 현장(중동IC)	469.6	710

5.6.3 강교의 가설

2011년 1월28일 오전9시 첫 번째 강박스(L=15.0m, 35톤)를 일산방향 갓길측 부터 설치하기 시작해 총 30개의 강박스를 순차적으로 설치하였다. 강박스 설치작업은 300톤 크레인을 교량하부로 투입해 28개의 강박스를 순차적으로 설치하고, 최종 2개의 강박스는 중동나들목 연결로 하부도로에 700톤 크레인을 투입해 마무리하는 방식으로 진행하였다. 이 작업에는 2월14일까지 총 18일이 소요되었다.

가. 부분 재가설을 고려한 강교 가설순서 결정

일반적인 강교의 가설은 순차적으로 가설 후 신축이음부에서 마무리하므로 오차보정이 용이하였다.

그러나 부천고가교의 경우 슬래브와 일체화되어 있는 P71번 측 기존 강교와 P73번 측 기존강교 사이에 신설강교를 끼워넣기 식으로 가설하여야 하므로 Key-Seg 접합시 수평 및 수직단차가 발생할 경우 상대적으로 하중이 큰 기존강교의 조정이 용이하지 않을 것으로 판단되었다. 따라서 이러한 시공특성을 고려하여 강교의 가설순서 및 가설방향을 결정하였다.

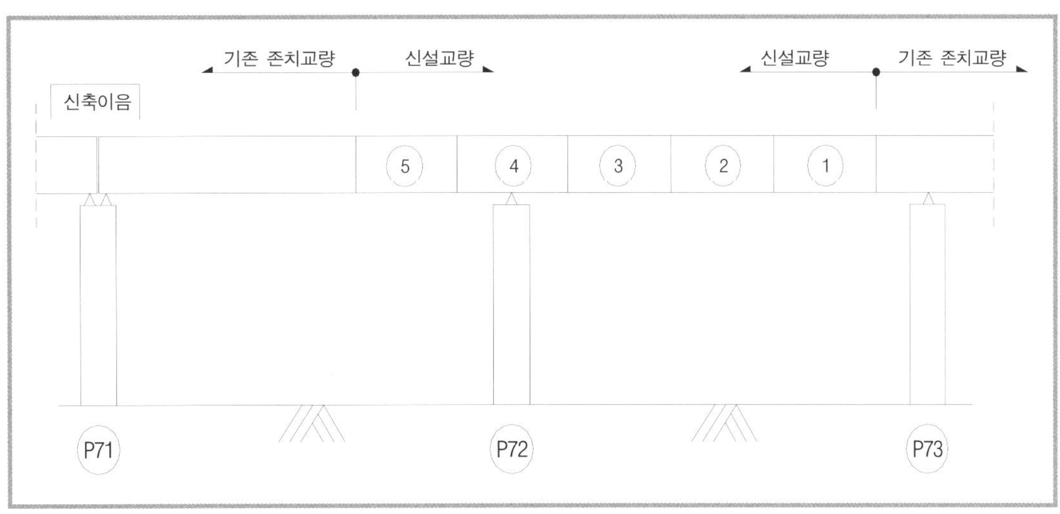

▲ 부분 재가설 특성을 고려한 부천고가교의 가설순서

나. 강교 가설용 가설벤트 설치

화재로 손상된 기존교량을 철거할 당시에는 철거시에 시공된 가설벤트기초를 활용하기위해 일부 강박스(일산방향G1~3, 판교방향G1)를 P71에서 P73 방향으로 가설하려고 계획하였다. 그러나 기존강박스와 신규로 설치되는 강박스의 접합이 용이하도록(신축이음부 위치감안 최종가설) 전체강박스 가설방향을 P73에서 P71 방향으로 변경함에 따라 일부 가설벤트 기초 42개소를 추가 시공하였다.

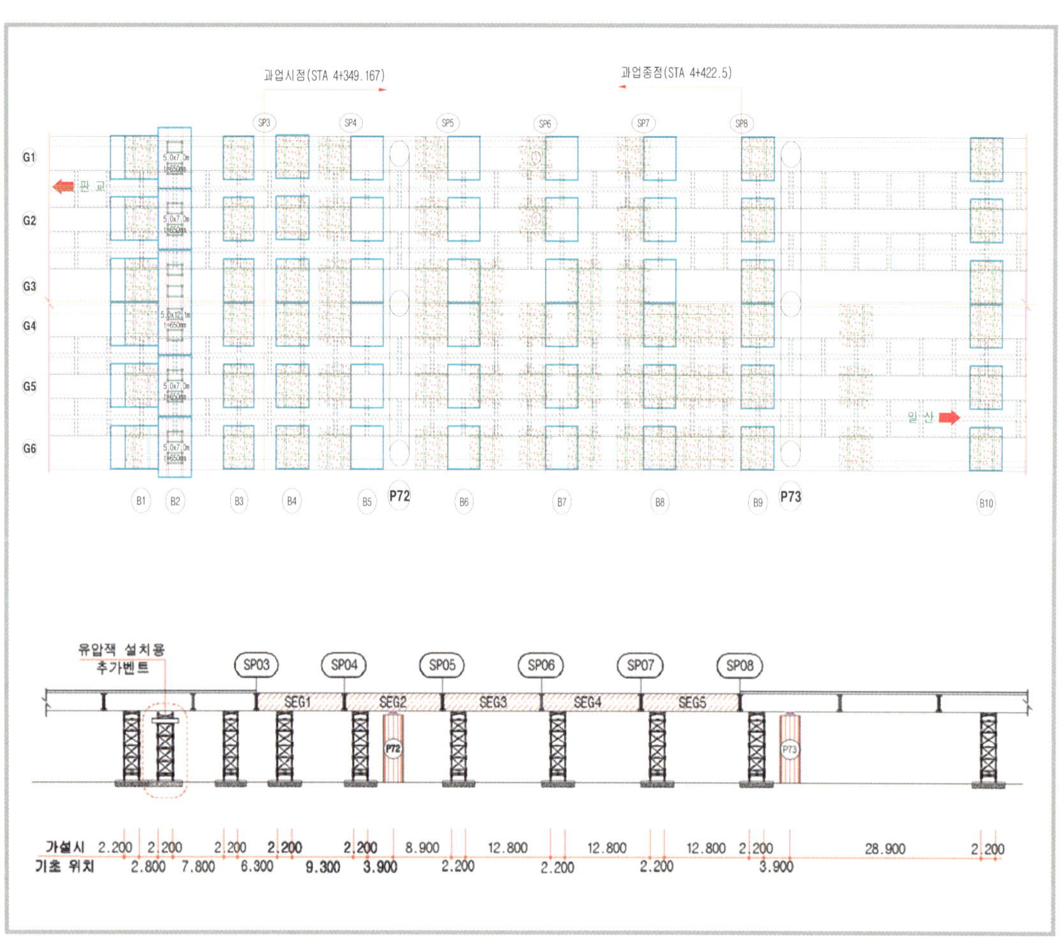

▲ 가설용 벤트 추가설치 위치도

다. 강교의 가설

1) 상부거더 가설 계획

협소한 작업공간내에서 가설해야 하는 현장여건을 고려하여 제작 · 운반된 단위SEG (L=15m)를 300톤 크레인을 이용해 가설벤트상에 바로 거치하는 것으로 계획하였다.

가설순서는 초기검토시 철거방향의 역방향(P71→P73)으로 계획하여 철거시 가설벤트 기초위치를 최대한 활용하고자 하였으나 기존교량과 신설교량의 접합 용이성 등을 고려하여 P73→P71방향으로 가설순서를 변경 계획하였다.

판교방향 최종 2SEG의 가설은 RAMP교량의 차량통행 안전성 확보를 위해 RAMP 외측에서 700톤 대형크레인을 이용하여 거치하는 것으로 계획하였다.

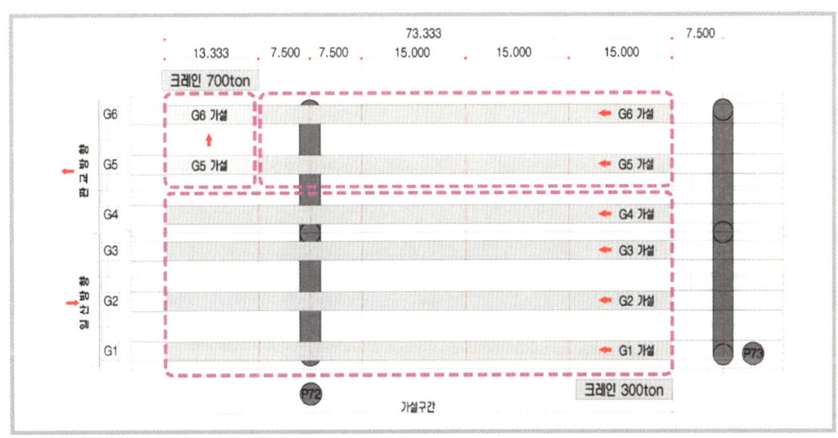

▲ 상부거더 가설 개요도

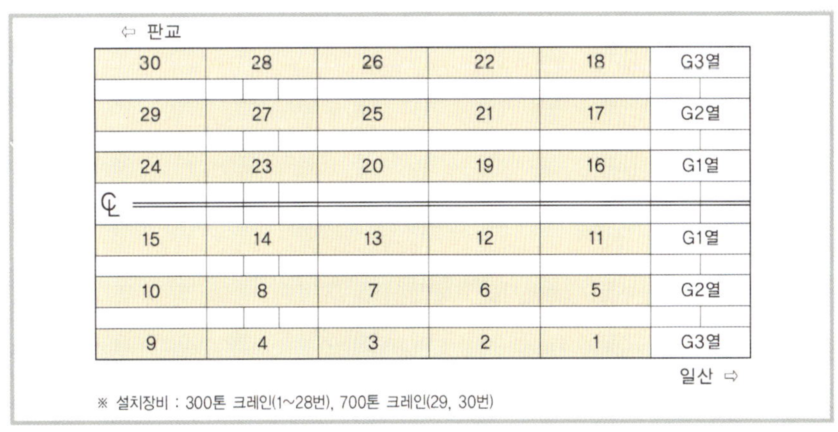

⇦ 판교

30	28	26	22	18	G3열
29	27	25	21	17	G2열
24	23	20	19	16	G1열
℄					
15	14	13	12	11	G1열
10	8	7	6	5	G2열
9	4	3	2	1	G3열

일산 ⇨

※ 설치장비 : 300톤 크레인(1~28번), 700톤 크레인(29, 30번)

▲ 상부거더 가설 순서도

2) 강박스 거치

300톤 크레인을 교량 하부로 투입해 일산 방향 G3열부터 P73에서 P71 방향으로 강박스를 거치하기 시작하였다. 고장력 볼트의 현장체결은 Splice Plate와 강박스 접합 후 연결부의 구멍이 먼저 일치하는 곳으로부터 Draft Pin으로 구멍을 고정시키고, 너트(Nut) 및 와셔(Washer)를 순차적으로 넣어 체결하였다.

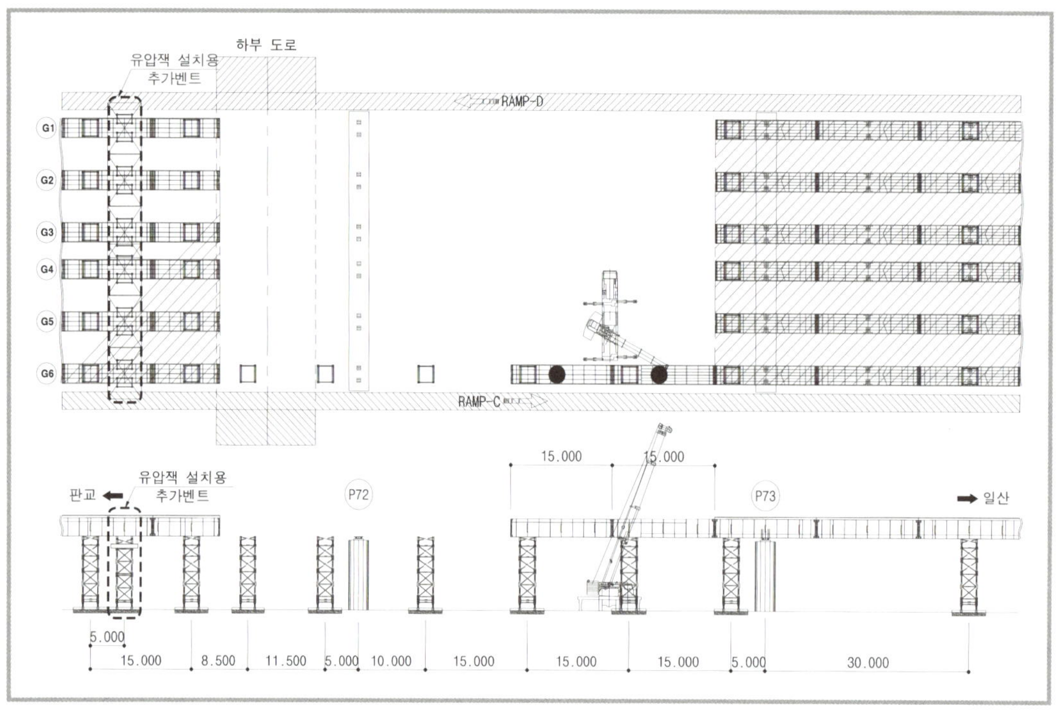

▲ 강박스 거치 1단계

▲ 강박스 거치(1단계)

▲ 현장이음부 가조립

일산 방향 마지막 Seg의 강박스를 거치 완료한 후, Set Forward를 시행해 기존 강박스와 신설 강박스를 연결하였다.

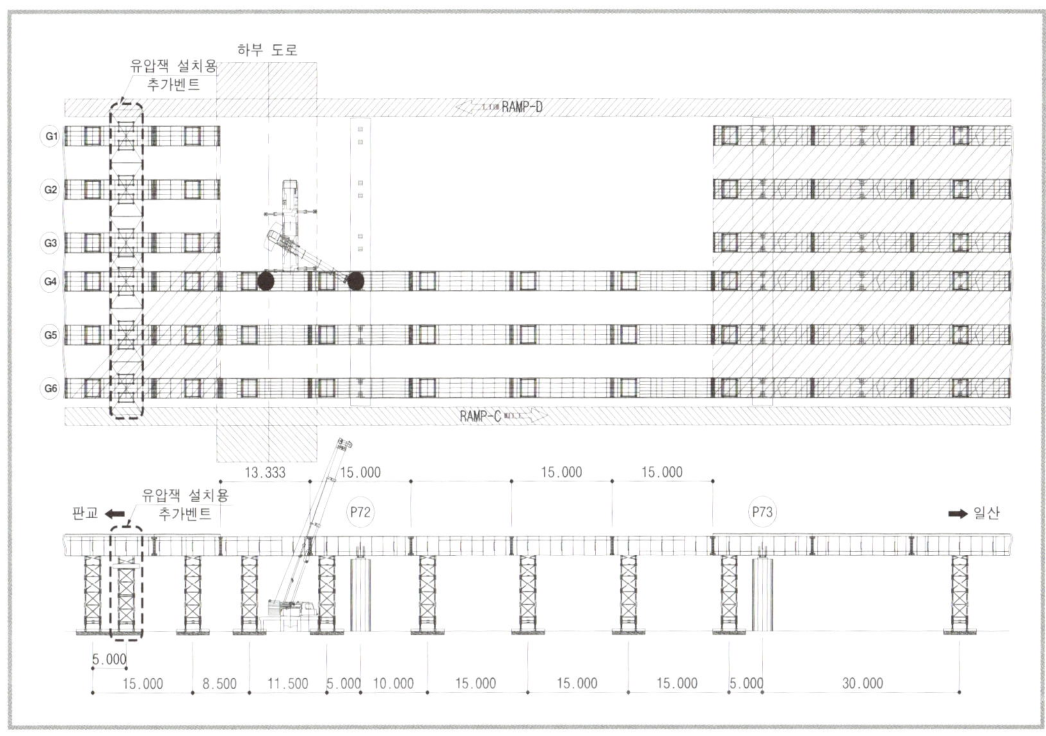

▲ 강박스 거치 2단계

▲ 강박스 거치(2단계)

▲ 교량받침 세팅

판교 방향 G4열까지 거치를 완료한 이후 강박스 거치를 위한 300톤 크레인의 작업 공간 확보가 어려워 판교 방향 G5열과 G6열의 강박스는 크레인을 P73에서 P71 방향으로 이동해가며 하나씩 설치하였다.

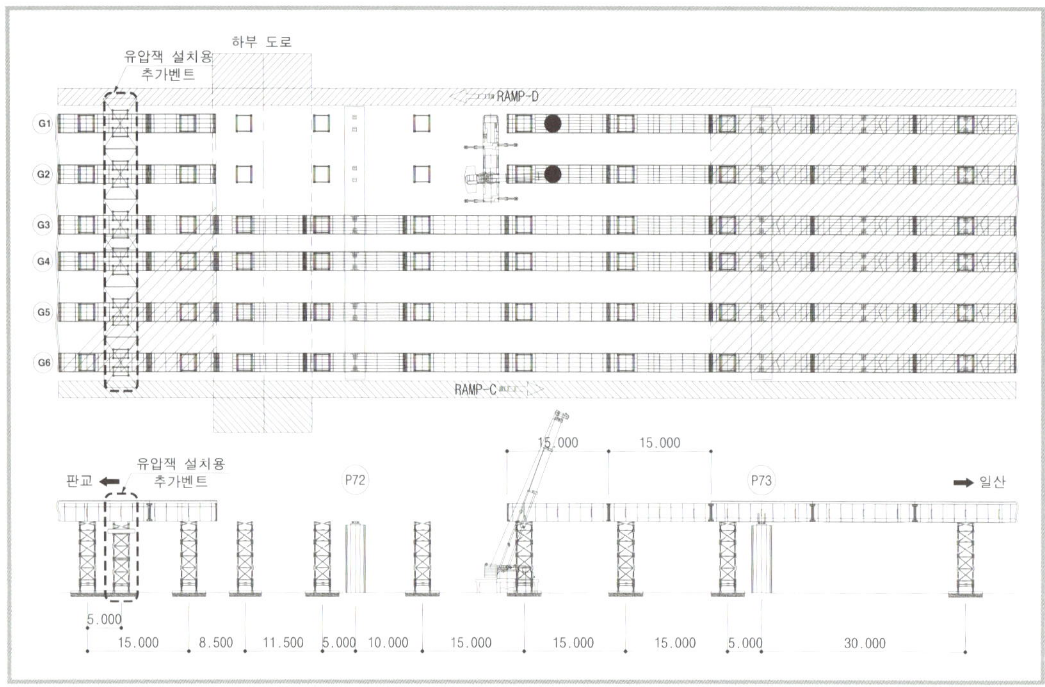

▲ 강박스 거치 3단계

▲ 강박스 거치(3단계)

▲ 스트링거 및 크로스빔 설치

판교 방향 G5열과 G6열의 마지막 Seg 강박스는 300톤 크레인의 작업공간이 없고 부천고가교의 측면에 고속도로 연결로가 위치하고 있어 연결로 하부도로에서 작업을 시행할 수밖에 없었다. 이 경우 300톤 크레인의 작업반경을 초과하는 관계로 700톤 크레인을 투입해 강박스 거치를 마무리하고 Set Forward를 시행하였다.

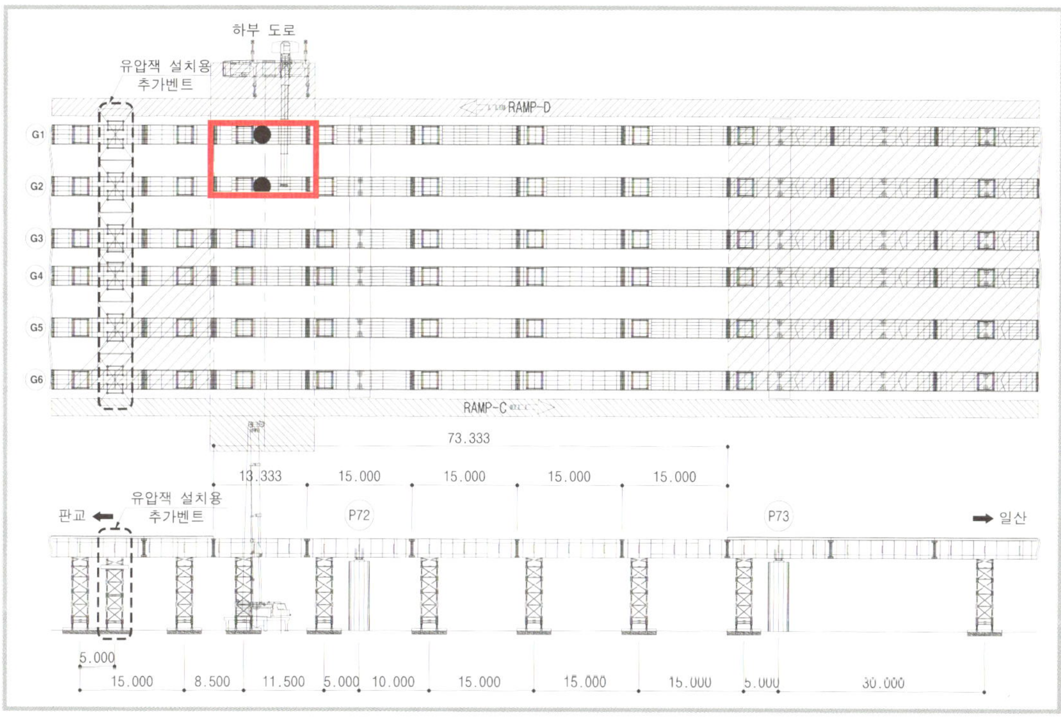

▲ 강박스 거치 4단계

▲ 700톤 크레인 배치

▲ 강박스 거치 및 조립 완료

3) 고장력 볼트 조임 및 토크시험

기 체결한 고장력 볼트를 토크렌치와 임팩트렌치를 사용해 설계축력의 60~80% 정도로 1차 조임을 완료한 후 마킹을 하여 조임에 이상이 없는지 확인하였다. 마지막으로 전동렌치를 사용해 설계축력이 확보될 때까지 2차 조임(본조임)을 실시한 후 토크시험을 실시해 체결된 볼트의 축력이 표준값(설계축력의 10%를 증가시킨 값)을 만족하는지 확인하였다. 특히 고장력 볼트 조임시 균등한 축력을 얻을 수 있도록 중앙 볼트 쪽에서 끝부분 볼트 쪽으로 이동하면서 조임을 함으로써 양질의 품질이 확보될 수 있도록 하였다.

▲ 고장력 볼트조임(2차)

▲ 토크시험

4) 현장연결부(스플라이스부) 도장

강교 제작공장에서 하도만 실시한 상태로 현장으로 반입된 스플라이스부와 도장이 되지 않은 볼트부를 강교의 캠버조정이 완료된 이후 현장에서 도장하였다. 도장재료는 강교 제작시에 사용된 우레탄계를 사용했으며, 외부는 하도부터 상도까지 그리고 내부는 하도와 중도를 실시했는데 기온 저하, 강우 등으로 도장작업을 위한 여건이 좋지 않아 많은 시간이 소요되었다.

▲ 강박스 스플라이스부 도장

▲ 가로보 스플라이스부 도장

라. 강교 가설 완료

강교의 가설은 2011년 2월 14일에 완료하였다. 사전 가조립 및 현장측량 데이터와의 비교 분석 등을 통해 정밀한 시공이 이루어 졌으며, 실제 가설시 발생한 수평, 수직 오차는 SET-BACK 시스템과 JACK-UP 시스템을 적절히 활용하여 무리 없이 보정할 수 있었다. 다만, 기존교량의 캠버조정을 위한 가조립 상태에서의 55mm 인상계획은 해석시 적용하였던 가조립부의 힌지가 원활히 적용되지 않아 지점부의 들림 현상 등의 발생을 이유로 25mm를 인상한 후 중단되었다. 이러한 시공오차는 슬래브 시공 완료 후 계획고의 정밀 측량을 통해 포장층의 덧씌우기 등을 이용하여 보정 하였으며, 덧씌우기에 따른 추가하중에 대한 구조안전성 검토를 실시하여 상부의 안전성 여부를 확인하였다.

▲ 상부거더 가설완료 전경

Chapter 6.

바닥판의 재가설

6.1 개요

6.2 기존 바닥판 분석

6.3 바닥판 형식 선정

6.4 프리캐스트 바닥판 개요

6.5 프리캐스트 바닥판 설계 및 시공

6.1 개요

바닥판의 재시공 구간은 부천고가교 6경간 연속부 총 360m(6@60m) 중 화재 직접 피해 구간인 제1경간(P71~P72)과 제2경간(P72~P73)의 76.0m에 대하여 실시하였다.

바닥판 공법은 복구공사를 단기간에 완료하는 것이 급선무였으며, 바닥판의 가설시기가 동절기임을 감안 할 때 콘크리트의 품질관리가 요구되었다.

부천고가교의 바닥판은 이러한 제반여건 및 현장여건을 종합적으로 고려하여 공기단축효과와 품질확보가 용이한 공법, 그리고 인근 도심지역의 영향을 최소화 할 수 있는 프리캐스트 바닥판을 적용하였다.

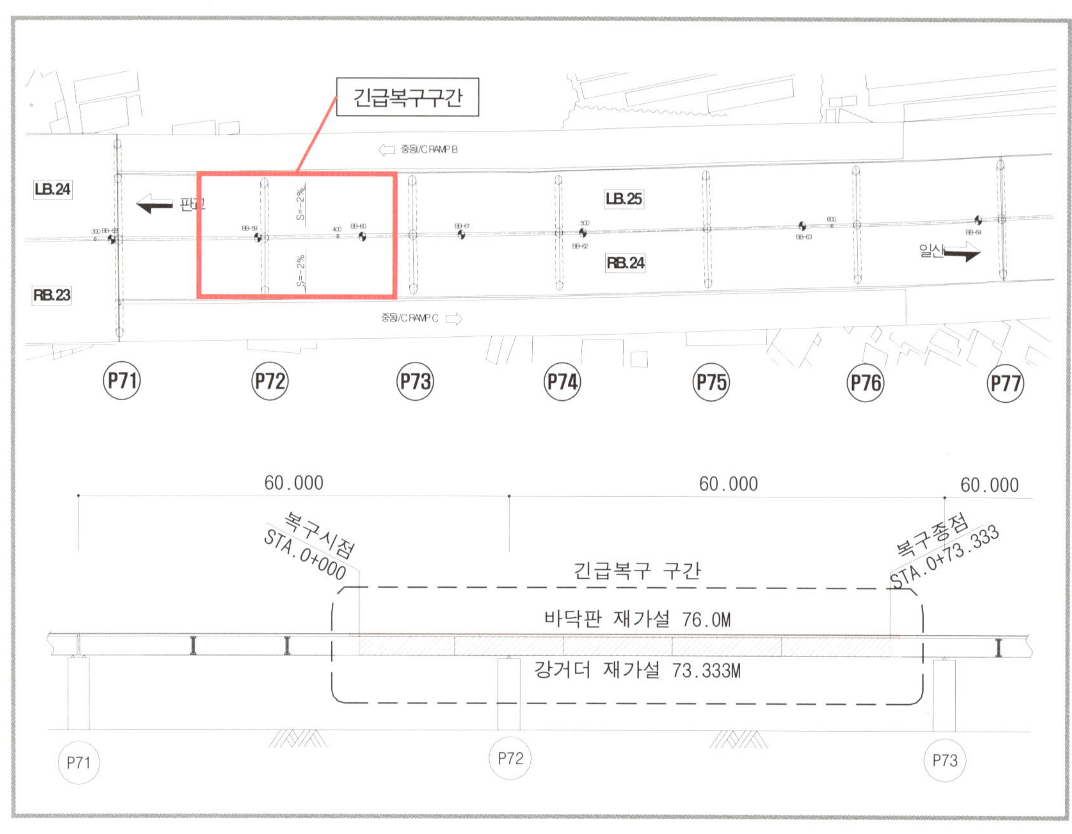

▲ 바닥판 재가설 구간

6.2 기존 바닥판 분석

본 구간의 가존 바닥판 형식은 현장타설 콘크리트 바닥판으로 주요 제원은 다음과 같다.

■ 기존 바닥판의 주요 제원

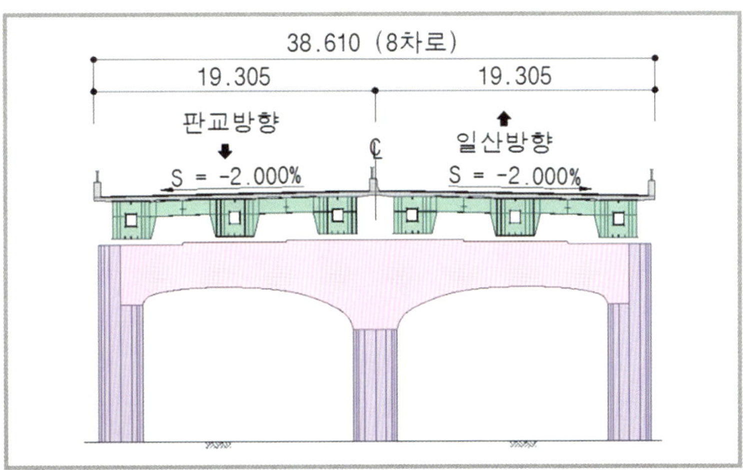

구 분	내 용	비 고
구 조 형 식	현장타설 콘크리트 바닥판	
바닥판 폭원	19.305m(판교방향)+19.305m(일산방향)=38.610m(8차로)	
바닥판 두께	일반부 : 250mm , 거더부 : 300~350mm	
콘크리트 강도	f_{ck}=27MPa	
주철근 배치	슬래브 상면 (f_y=400MPa) : H16@125(M/M) 슬래브 하면 (f_y=400MPa) : H16@125(M/M)	
교 면 포 장	아스팔트 포장 (T=80M/M)	
교 면 방 수	침투식 방수	
방호벽 및 방음벽	판교방향 외측 : 방음벽 (H=3.0m) 판교방향 내측 : 방음벽 (H=4.5m) 일산방향 외측 : 방음벽 (H=6.0m) 일산방향 내측 : 분리형 중앙분리대 (H=0.89m)	

6.3 바닥판 형식 선정

바닥판 가설공법 분석

부천고가교 기존 교량의 바닥판은 현장타설 콘크리트 바닥판 형식으로 시공되어져 있다. 지금까지 국내에서는 건설된 대다수의 합성형 거더형식(강합성교, PSC거더교 등) 교량의 바닥판은 현장에서 직접 거푸집과 철근을 배근한 뒤 타설하는 현장타설 콘크리트 바닥판이 주를 이루었다. 이 방식은 시공실적이 풍부하다는 장점을 가지고 있는 반면 기후의 영향을 많이 받고 콘크리트 타설을 위한 거푸집 제작과 오랜 양생기간 등을 필요로 하기 때문에 시공기간이 길다는 단점을 가지고 있다.

▲ 현장타설 콘크리트 바닥판의 사공

본 복구공사를 수행함에 있어서 가장 중점적으로 고려되어진 사항은 공사의 시급성이었다. 신속한 복구공사를 통해 서울외곽순환도로 이용자의 불편을 해소하며 사회적 간접손실의 최소화를 통해 사회적 기대에 부응하는 것이 당면 과제였던 것이다.

바닥판의 형식 및 가설 공법 선정시 이러한 경제적, 사회적 요구에 적합한 신기술의 적용이 검토되었다.

프리캐스트 콘크리트 바닥판 공법은 공장에서 제작된 콘크리트 바닥판간 이음부에 종방향 긴장재를 이용해 최적의 압축력을 도입해 연결하고, 바닥판과 강거더는 전단연결재와 전단포켓을 채움재로 충전해 합성시키는 공법이다. 본 공법의 특징은 공장에서 제작하고 현장에서 조립 · 설치하므로 고강도 및 고내구성 프리캐스트 콘크리트 바닥판시공이 가능해 현장 공사기간을 현저히 단축할 수 있을 뿐만 아니라 도심지의 기존 교량 바닥판 교체공사에 더욱 유리하다. 또한 동절기나 우기 등 현장의 기후에 영향을 받지 않으므로 재료의 품질관리가 우수하고 고내구성의 특성으로 인해 생애주기 동안 유지관리를 최소화 할 수 있다.

부천고가교의 바닥판 형식 선정

부천고가교의 바닥판 형식은 현장여건 및 동절기 가설여건, 그리고 공기단축 효과와 품질확보 측면에서 최적의 공법인 프리캐스트 바닥판공법(신기술 제 405호)이 선정되었다. 또한 프리캐스트 바닥판 공법은 도심지 주거지역과 교통밀집지역 이라는 현장여건상 현장타설 콘크리트 바닥판 공법에 비해 시공에 따른 안전사고를 미연에 방지하고 민원발생을 최소화 할 수 있다는 장점을 가지고 있다.

▼ 프리캐스트 바닥판과 현장타설 콘크리트 바닥판의 공법 비교

구 분	프리캐스트 바닥판	현장타설 콘크리트 바닥판
개 요	프리캐스트 바닥판+교면포장	현장타설 콘크리트+교면포장
시 공 사 진		
장 · 단점	· 공장 제작으로 품질관리 우수 · 공정의 단순화로 급속시공 가능	· 동절기 현장타설로 품질관리 및 양생 불리 · 복잡한 공정으로 시공성 불리
소요일수	행선별 8일	행선별 14일
공사비	11.6억원 (26만원m^2)	8.1억원 (18만원m^2)

6.4 프리캐스트 바닥판 개요

6.4.1 공법 개요

프리캐스트 콘크리트 교량 바닥판은 프리캐스트 콘크리트 바닥판간 이음부에 긴장재를 이용하여 압축력을 도입하고, 일체화된 바닥판을 전단연결재에 의해 거더와 완전 합성을 이루는 교량 바닥판 설치기술이다.

■ 프리캐스트바닥판 개요도

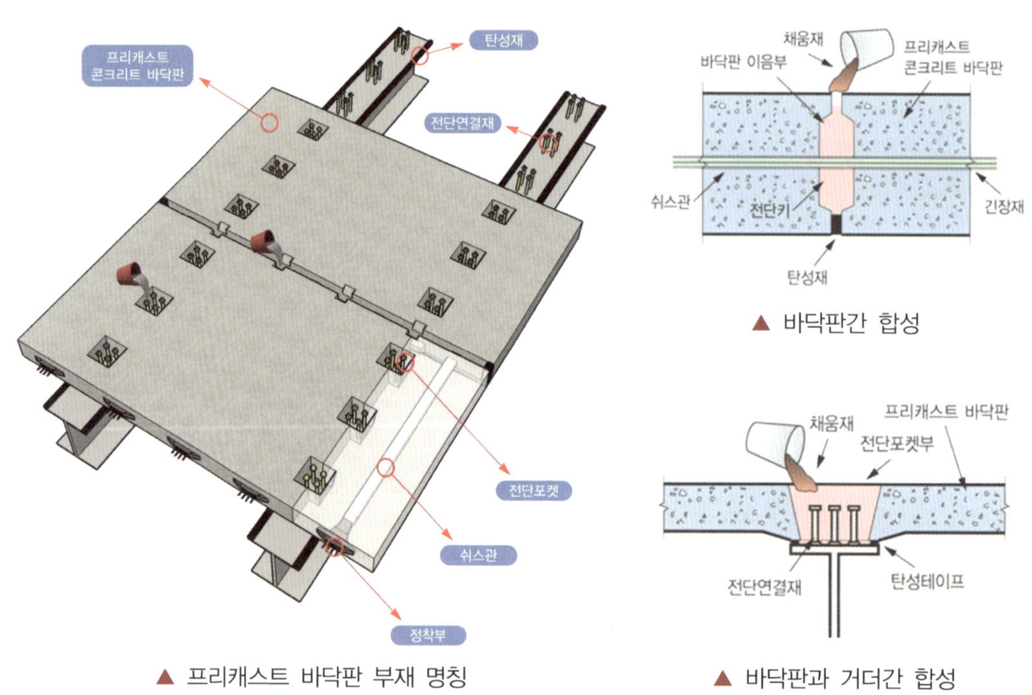

▲ 프리캐스트 바닥판 부재 명칭

▲ 바닥판간 합성

▲ 바닥판과 거더간 합성

6.4.2 공법 특징

내구성의 증대, 시공의 간편성과 공사기간의 단축 및 교통흐름의 방해 없이 교통을 유지할 수 있다는 점 등이 프리캐스트 콘크리트 바닥판을 이용하는 일반적인 장점이다.

가. 품질 및 공기단축

프리캐스트 콘크리트 바닥판은 공장제작 제품으로 고강도화 및 현장작업의 최소화를 통한 고내구성 바닥판의 시공이 가능하며, 기존의 철근콘크리트 바닥판에서 초기에 발생하는 건조수축량을 대폭 감소시킬 수 있어 교량 바닥판의 초기 균열을 방지할 수 있으며 현장의 여건에 따라 발생 할 수 있는 재료적, 구조적 초기 결함을 대폭 줄일 수 있다. 또한 프리캐스트 바닥판의 시공은 기후의 영향을 많이 받지 않고 동바리 설치와 거푸집 제작, 장기간의 양생 기간을 필요로 하지 않기 때문에 시공기간을 현저히 단축시킬 수 있을 뿐만 아니라 산악지형과 같은 고공의 교량 건설시 또는 노후된 교량의 바닥판 교체시에 더욱 유리하다. 프리캐스트 콘크리트 바닥판은 현장타설 바닥판과 비교시 공사기간 단축효과가 크다.

나. 시공

현장에서 콘크리트를 타설 하는 대신 미리 제작한 규격화된 프리캐스트 바닥판을 현장에서 크레인 등의 가설장비를 이용하여 가설함으로써 기계화 시공을 달성할 수 있고 인력절감이 가능하며, 교량제원에 따라 바닥판의 제원을 변동하여 제작할 수 있으므로 적응성이 뛰어나다. 현장타설 바닥판의 경우 작업이 기후조건에도 많은 영향을 받게 되는데 프리캐스트 바닥판을 사용하게 되면 전천후시공이 가능하여 공기지연도 방지할 수 있을 것으로 기대된다.

▲ 프리캐스트 콘크리트 바닥판의 제작 및 시공

6.5 프리캐스트 바닥판 설계 및 시공

6.5.1 개요

프리캐스트 바닥판의 시공은 2011년 2월8일~2월21일까지 14일 동안 공장 제작된 148개의 프리캐스트 바닥판을 순차적으로 운반, 크레인으로 거치하는 방법으로 진행하였다.

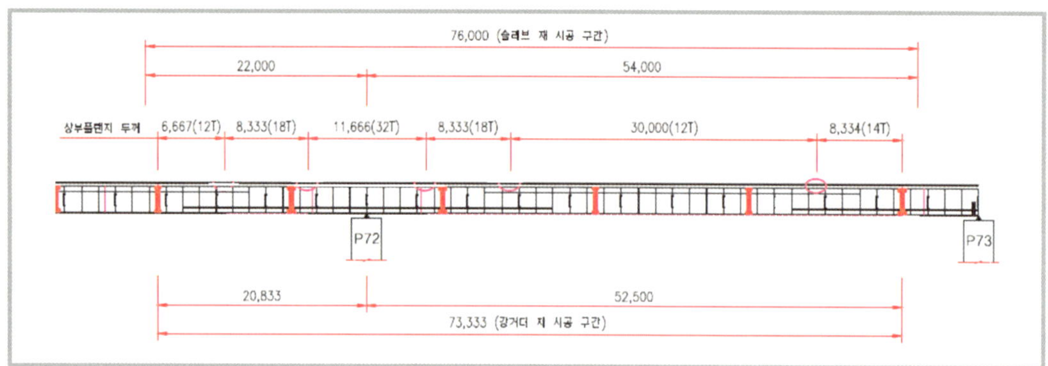

▲ 프리캐스트 바닥판 설치 종단면도

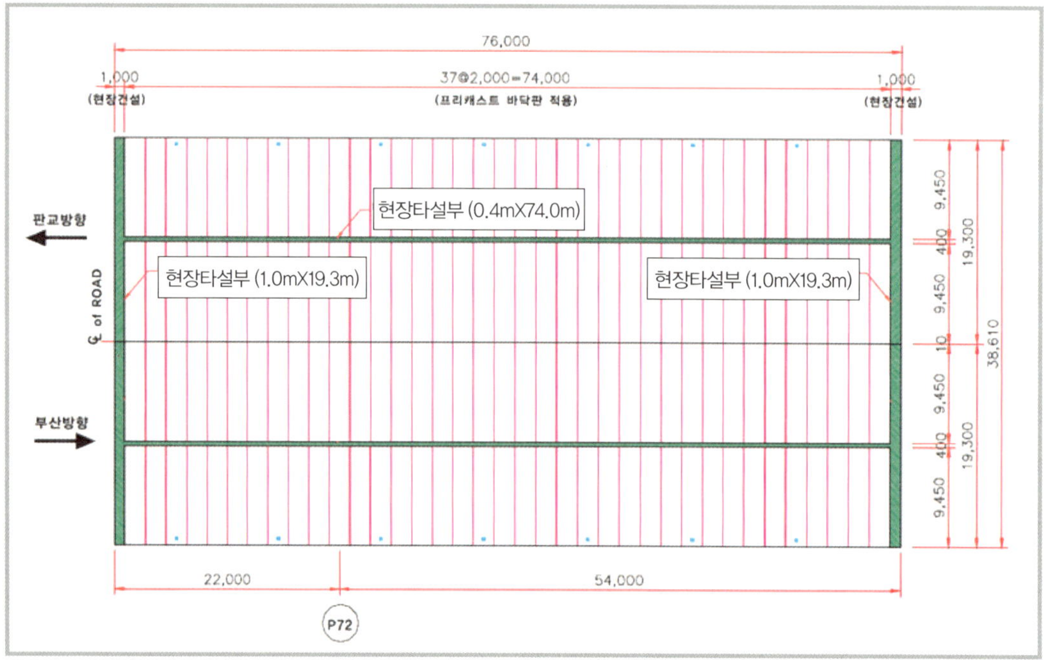

▲ 프리캐스트 바닥판 설치 평면도

6.5.2 프리캐스트 바닥판의 설계

가. 상부 바닥판 설계

프리캐스트 바닥판은 콘크리트 설계기준강도 35MPa을 적용한 강도 설계법을 기준으로 주철근량을 산정하였다. 적용하중은 기존교량과 동일한 하중조건을 갖도록 방호벽, 방음벽, 중분대등의 2차고정하중과 DB24의 활하중을 적용하였으며, 바닥판 연결을 위한 프리스트레싱 도입후 바닥판 및 연결부의 발생응력을 검토하여 구조적 안전성을 확보하였다.

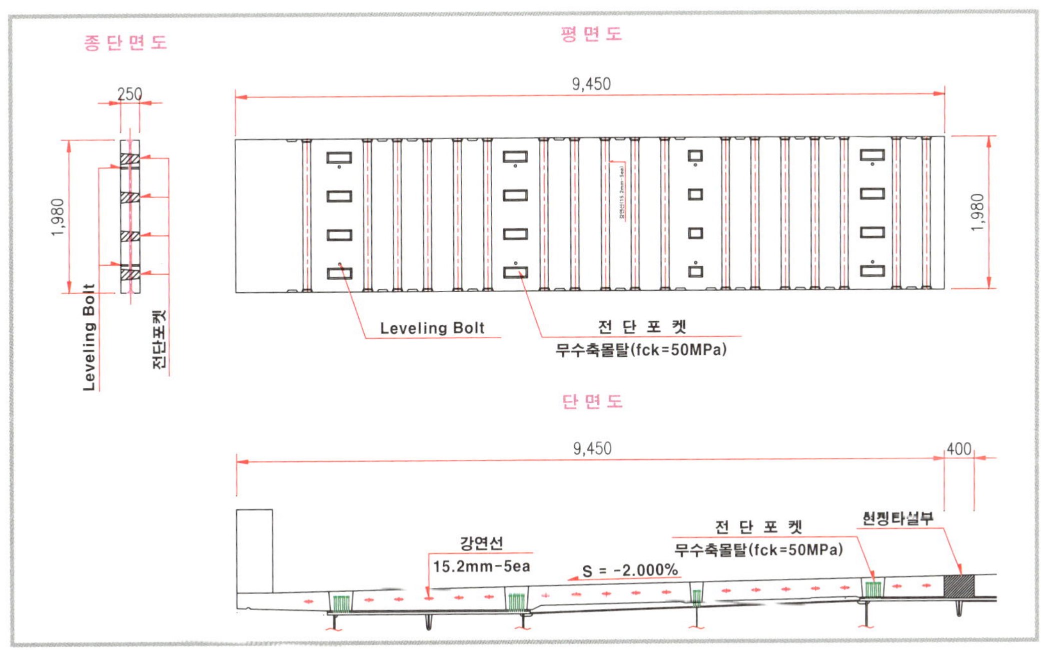

▲ 프리캐스트 바닥판 대표단면 일반도

1) 설계조건

구 분	내 용	비 고
교 량 등 급	· 1등교[DB24, DL24]	
콘크리트 강도	· fck = 35MPa	
철근 강도	· fy = 400MPa	
강 연 선	· KS D 7002 SWPC7B, Low Relaxation (Φ15.2mm-5ea)	
설 계 법	· 바닥판 설계 : 강도설계법 · 응력검토 : 허용응력 설계법	

2) 바닥판 주철근량 산정요약

구 분		Mu (kN · m)	사용 철근	ΦMn (kN · m)	비 고
판교 방향	좌측 캔틸레버부	126.9	H19@8ea	149.3	
	우측 캔틸레버부	131.3	H19@8ea	191.4	
	중 앙 부	75.9	H16@8ea	107.7	
일산 방향	좌측 캔틸레버부	130.3	H16@8ea	135.4	
	우측 캔틸레버부	164.3	H22@8ea	195.7	
	중 앙 부	75.9	H16@8ea	107.7	

3) 바닥판 배근도

– 판교방향 (TYPE A, A–1, B)

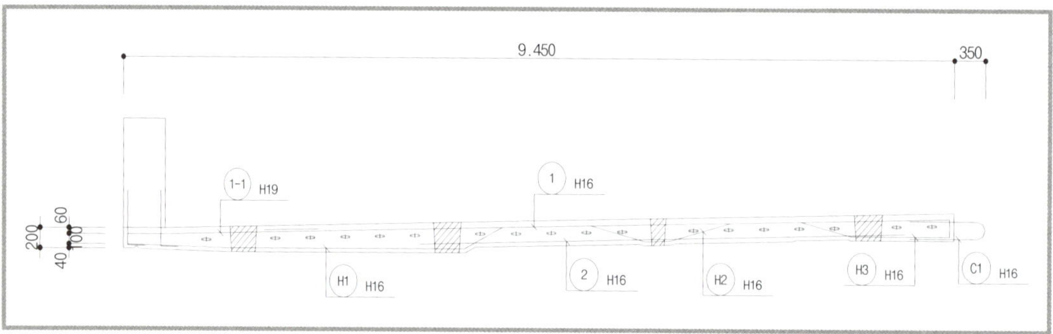

– 판교방향 (TYPE C, C–1, D)

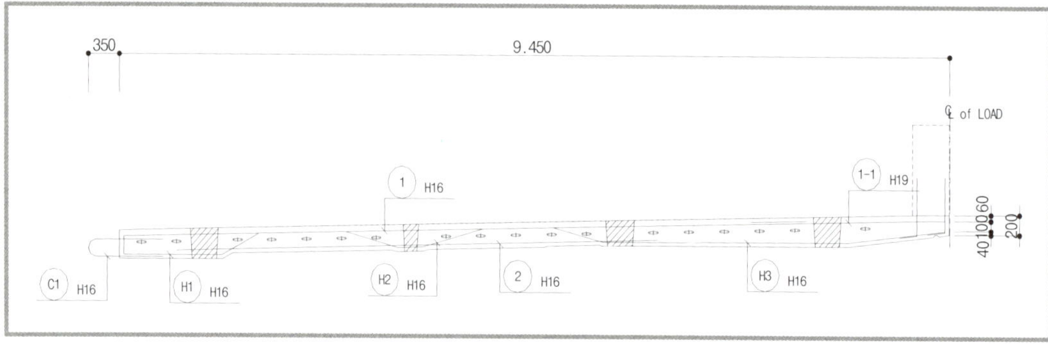

- 일산방향(TYPE E, E-1, F)

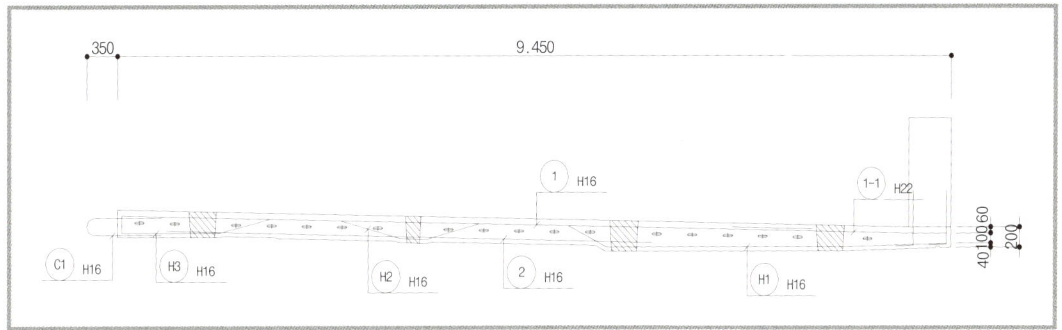

- 일산방향(TYPE G, G-1, H)

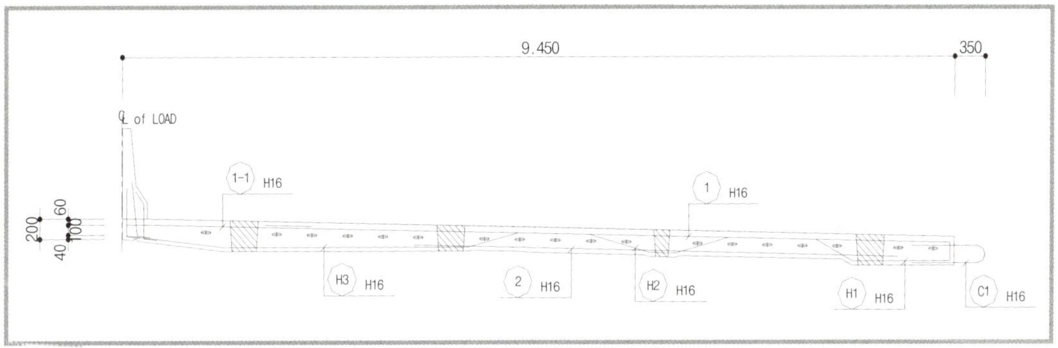

4) 바닥판 응력검토 요약

구 분	외부하중 (MPa)	P.S (MPa)	최종압축 (MPa)	즉시손실 발생후		사용하중 작용시		판 정
				작 용	허 용	작 용	허 용	
지점부 최대	-7.98	7.61	6.01	6.95	17.5	-1.97	-2.85	O.K
연결부 최대	-6.91	7.61	6.01	6.95	17.5	-0.90	-2.82	O.K
중앙부 최대	1.54	7.61	6.01	6.95	17.5	7.56	14.0	O.K

나. 가설중 구조안전성 검토

1) 50톤 크레인 이동시 상부구조 안전성 검토

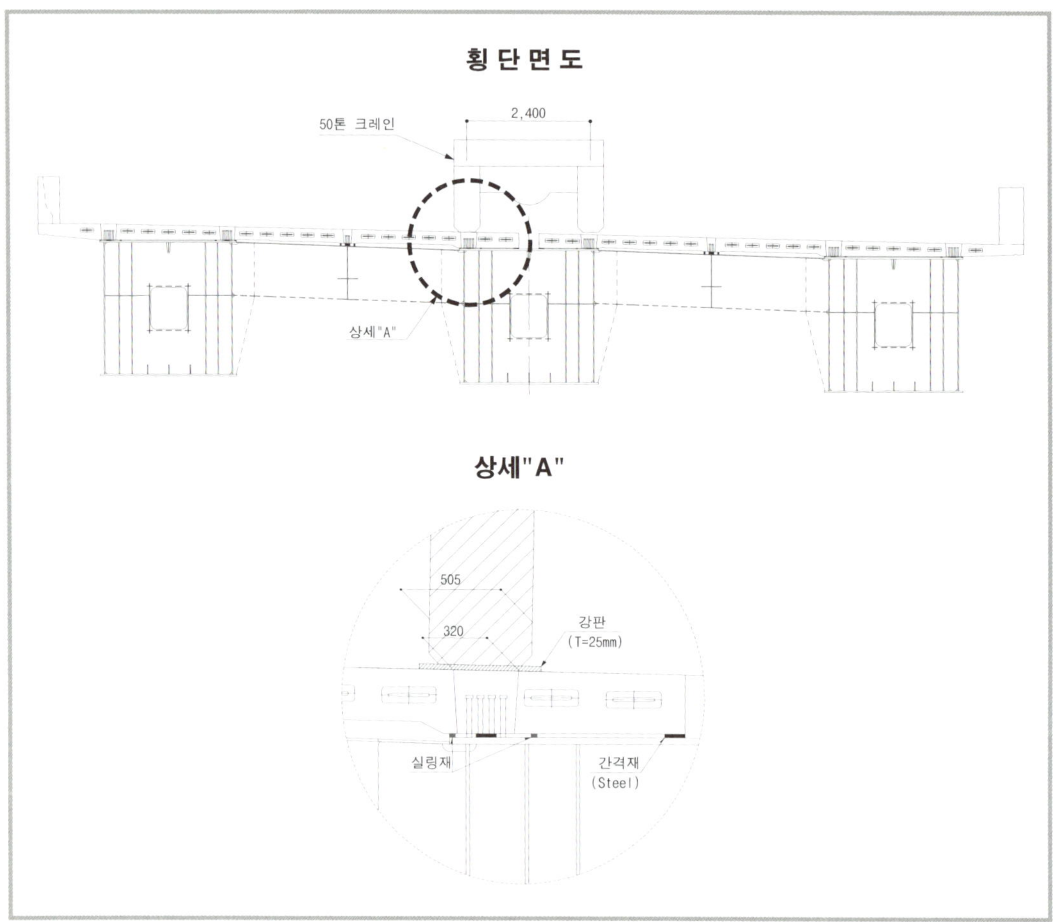

▲ 이동시 검토조건

▼ 바닥판 지압응력 검토

구 분	지압응력	허용응력	판 정
바 닥 판	9.7 MPa	17.5 MPa	O.K

▼ 강거더 휨응력 검토

구 분	휨 응 력	허용응력	판 정
강거더 주형	11.8 MPa	237.5 MPa	O.K

2) 50톤 크레인 가설시 상부구조 안전성 검토

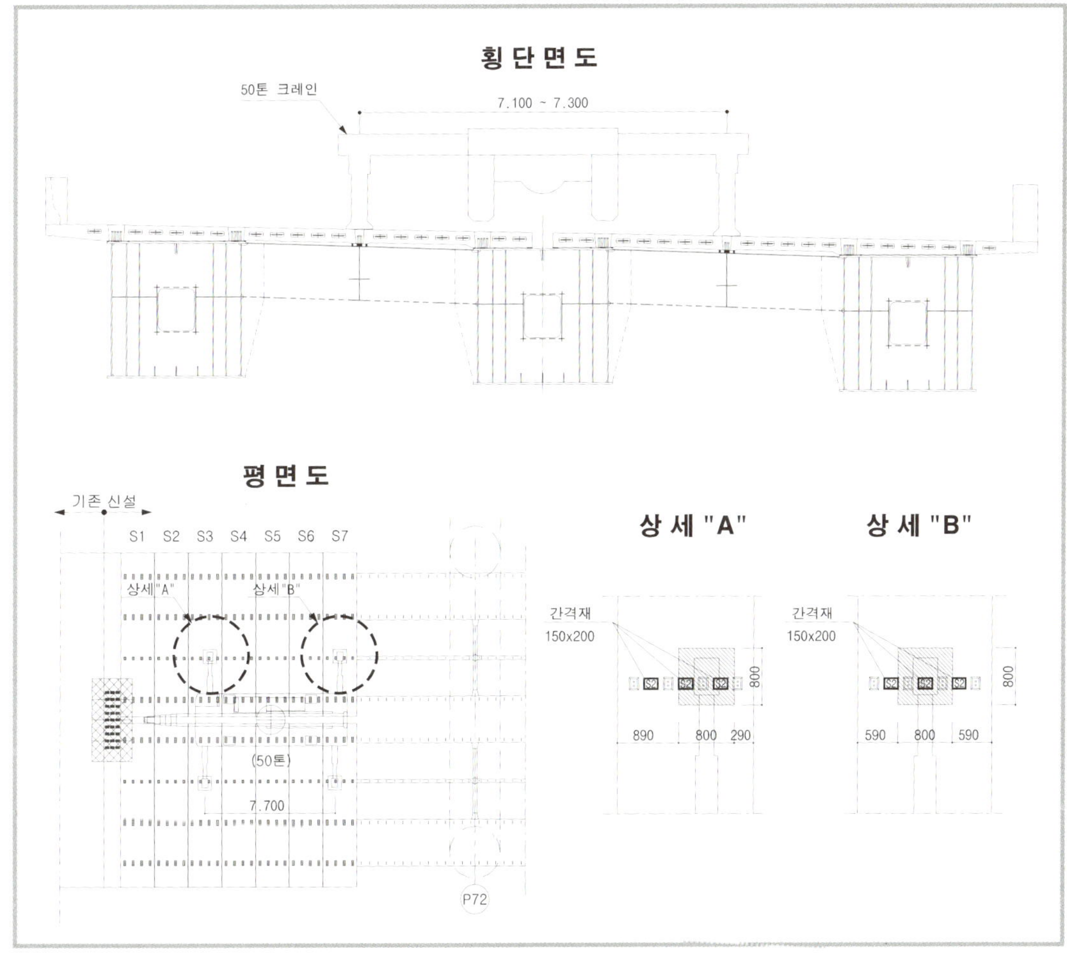

▲ 가설시 검토조건

▼ 바닥판 지압응력 검토

구 분	지압응력	허용응력	판 정
바 닥 판	6.9 MPa	17.5 MPa	O.K

▼ 강거더 휨응력 검토

구 분	휨 응 력	허용응력	판 정
강거더 세로보	104.3 MPa	175.0 MPa	O.K

3) 150톤 크레인 가설시 상부구조 안전성 검토

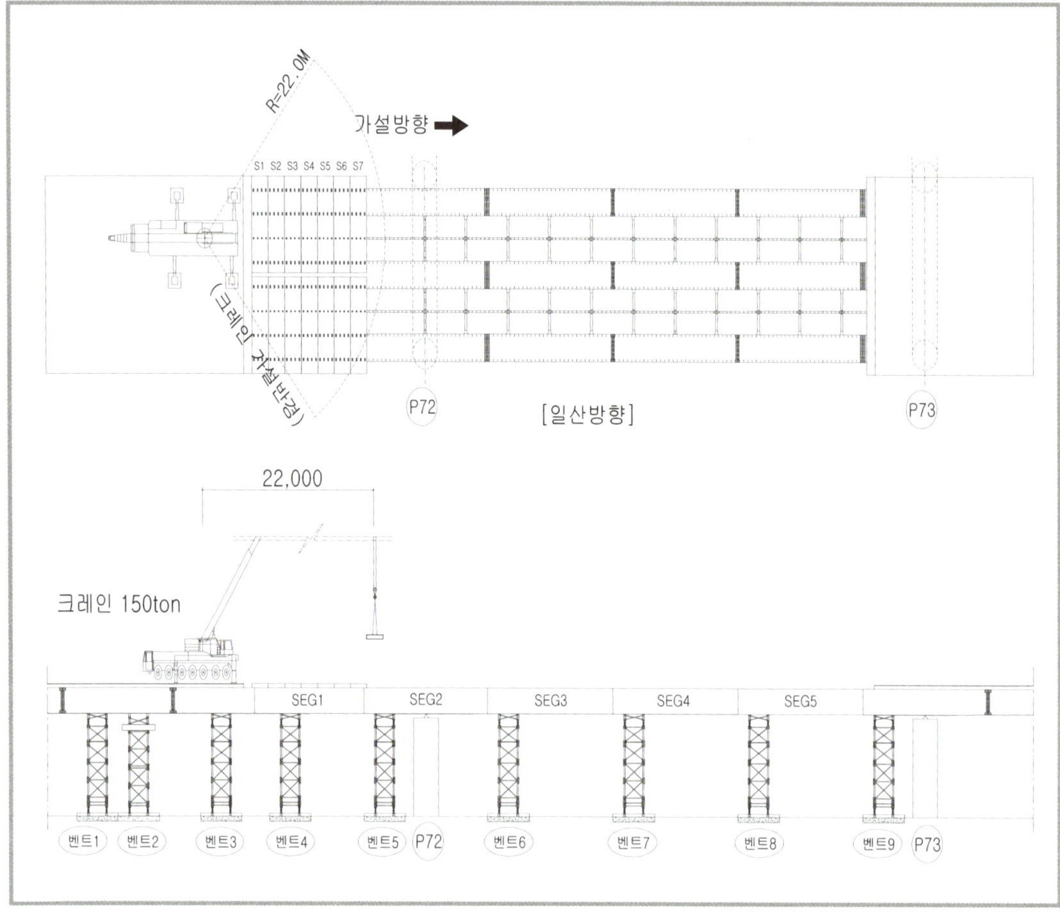

▲ 가설시 검토조건

▼ 바닥판 지압응력 검토

구 분	지압응력	허용응력	판 정
바 닥 판	3.11 MPa	12.0 MPa	O.K

▼ 강거더 휨응력 검토

구 분	휨 응 력	허용응력	판 정
강거더 주형	39.4 MPa	237.5 MPa	O.K

4) 크레인 이동시 슬래브 신구 접합부 통과 방법

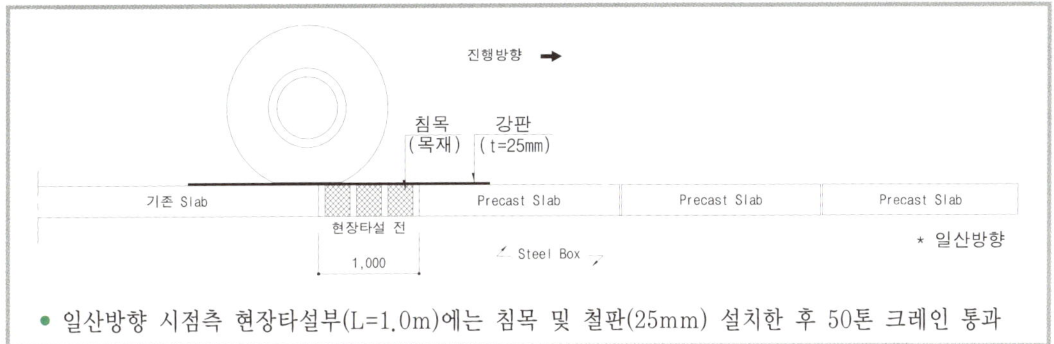

● 일산방향 시점측 현장타설부(L=1.0m)에는 침목 및 철판(25mm) 설치한 후 50톤 크레인 통과

▲ 50톤 크레인 이동시

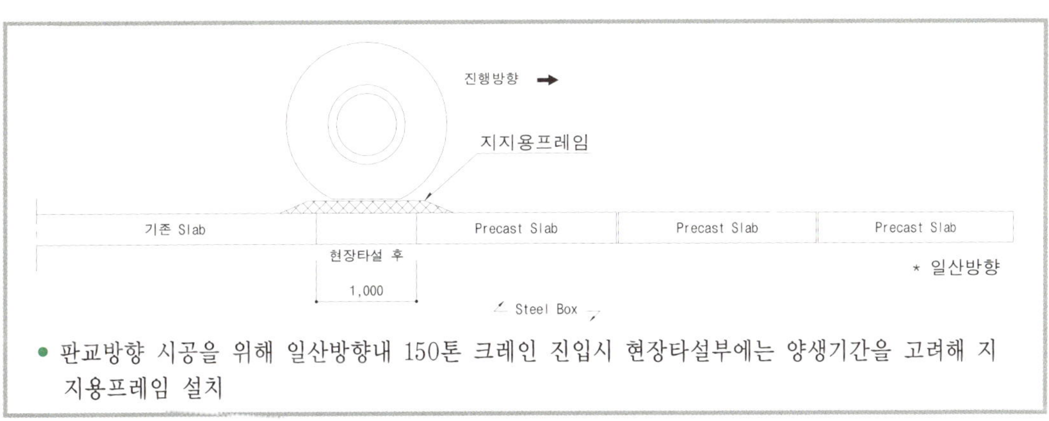

● 판교방향 시공을 위해 일산방향내 150톤 크레인 진입시 현장타설부에는 양생기간을 고려해 지지용프레임 설치

▲ 150톤 크레인 이동시

6.5.3 프리캐스트 바닥판의 제작

본 복구공사에 사용된 프리캐스트 바닥판은 총 148개 블록으로 구성되어 있으며, 6조의 강재거푸집을 이용하여 총 29일에 걸쳐 제작되었다.

가. 강재 거푸집 제작

거푸집은 소정의 강도와 강성을 보유함과 동시에 조립 및 해체가 용이하여야 하며, 완성된 프리캐스트 바닥판의 형상 및 치수가 정확히 확보되어 만족스러운 콘크리트가 얻어지도록 한다.

거푸집의 사용재료는 제품의 정밀도 및 바닥판 하면의 수평도 등을 고려해 강재거푸집으로 제작하였다.

▲ 강재 거푸집 제작

나. 철근 가공 및 조립

철근 가공장에서 가공한 철근을 도면에 따라 조립한다. 콘크리트의 피복과 쉬스관의 간섭을 피하여 철근을 조립한다.

▲ 철근 조립

▲ 철근 조립 완료

다. 인양장치

인양장치는 프리캐스트 콘크리트 바닥판의 중량(14.5톤)을 충분히 견딜 수 있어야 한다. 또한 인양장치는 콘크리트에 충분히 삽입하여 프리캐스트 바닥판 인양시에 분리되지 않도록 주의해야 한다. 인양장치는 아래 그림과 같이 I-BOLT를 미리 삽입한 후 인양프레임에 연결된 인양용 부재를 체결하여 인양한다.

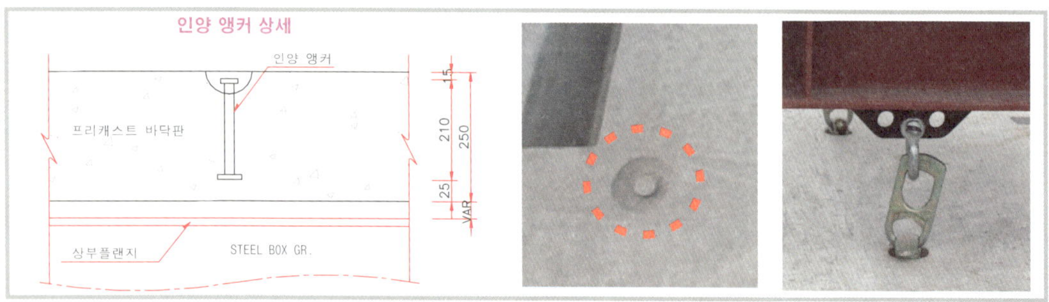

라. 타설

콘크리트 타설 시에는 소정의 품질을 갖는 프리캐스트 바닥판이 얻어지도록 진동기를 이용한 다짐을 실시한다.

▲ 콘크리트 타설

▲ 타설 완료

마. 양생

콘크리트의 경화를 촉진시키기 위하여 상압증기양생을 이용하였다. 증기양생을 하는 경우에는 성형 후 즉시 증기를 보내거나 온도를 급속히 상승시키거나 매우 높은 온도에서 양생하면 프리캐스트 제품의 콘크리트에 나쁜 영향을 미친다. 따라서 증기양생을 실시하는 경우에는 콘크리트 반죽 후, 2～3시간 이상 경과한 후 실시하여야 하며, 양생온도의 상승속도는 1시간당 20℃이하로 하며, 최고 온도는 60℃로 한다. 또한, 양생이 종료된 후 급랭은 피해야 한다.

프리캐스트 바닥판의 운반시기는 인양 전 콘크리트 몰드 강도를 시험하여 콘크리트 규격의 50%이상의 압축강도(17MPa) 확인 후 인양하도록 하였다.

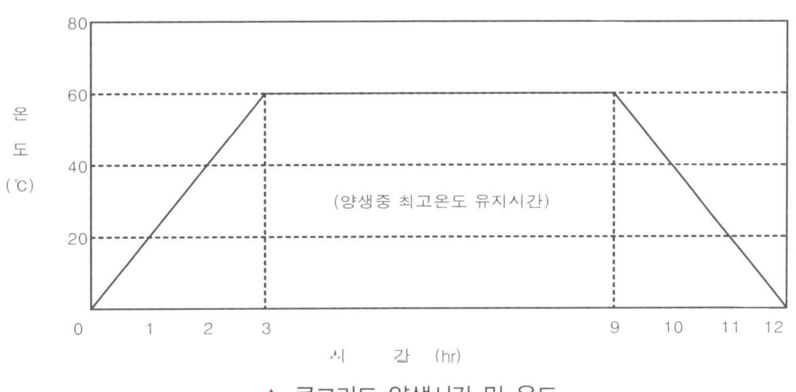

▲ 콘크리트 양생시간 및 온도

6.5.4 프리캐스트 바닥판 시공

가. 가설공법 검토

일반적인 경우 공사구간 주변에 대형크레인이 배치돼 바닥판 가설이 이뤄진다. 교량 하부공간에 크레인을 설치하여 가설하는 경우 대용량 크레인을 사용한 일괄가설이 가능하다는 장점이 있지만 크레인 배치를 위한 하부공간의 확보가 어려울 경우에는 적용하기 어려운 공법이다. 부천고가교의 경우 작업공간이 협소하고 공사구간 주변으로 차량통행이 이뤄지고 있기 때문에 대형장비를 설치할 공간 확보가 불가능하였다. 또한 공사구간 앞뒤의 기존 슬래브 상면에서 거치할 경우 기존구조물에 손상이 예상되어 150톤을 초과하는 크레인 설치가 어려웠다. 따라서 소형 크레인과 대차를 이용한 전진가설공법을 채택하게 되었다.

▲ 일반적인 프리캐스트 바닥판의 가설

전진가설공법(FMC공법, Forward Movement Construction)

전진가설공법은 크레인과 대차를 이용해 합성전 프리캐스트 바닥판 위로 전진하면서 바닥판을 가설하는 공법이다. 존치구간의 크레인이 대차에 바닥판을 공급해주면 전동식 대차가 소형크레인의 작업 반경 구간까지 바닥판을 운반하고 소형크레인은 대차에 의해서 좌우측으로 번갈아 공급되는 바닥판을 전진하면서 가설하게 된다.

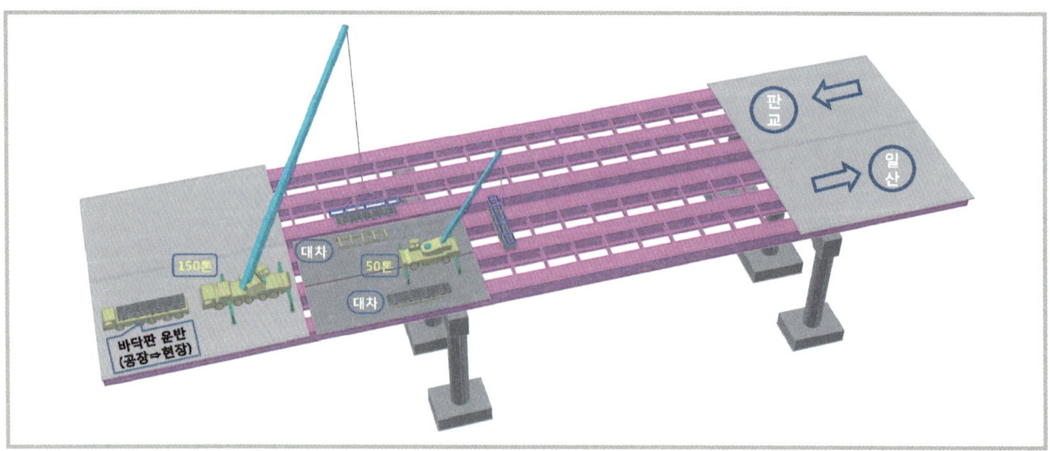

▲ 전진가설(FMC)공법 개념도

▲ 전진가설(FMC)공법을 이용한 부천고가교 바닥판의 가설

나. 현장 가설 계획

1) 프리캐스트 바닥판 가설공정 개요

프리캐스트 바닥판 운반(공장→현장) ⇒ 바닥판 가설(전진가설공법) ⇒ 강선 삽입 ⇒ 바닥판 이음부 무수축 몰탈 채움 및 양생 ⇒ 강선 긴장 ⇒ 전단 포켓부 무수축 몰탈 채움+현장 타설부 콘크리트 타설 및 양생 ⇒ 그라우팅 및 양생 ⇒ 프리캐스트 바닥판 공사 완료

2) 가설 장비

· 가실장비 : 150ton 크레인 2대, 50ton 크레인 2대

장비명	작업반경(M)	BOOM 길이(M)	크레인 인양능력(TON)	SEG. 중량(TON)	비고
150 ton	24.00	30.4	15.4	14.5	O.K
50 ton	8.00	16.00	17.8	14.5	O.K

3) 가설 작업시 주의사항

· 크레인의 케이블 조작시 진동이 발생하지 않게 작업한다.
· 바닥판의 기울기와 편심에 주의하여 천천히 인양한다.
· 인양하는 바닥판은 기존 구조물과의 충돌에 주의하여 서서히 작업한다.
· 상부 작업자는 낙하물에 의한 사고 예방을 위해 사용 도구 및 전도 방지 시설물의 추락에 주의하면서 작업한다.

4) 가설 방법

· 크레인을 가설 위치에 배치하고 아웃트리거를 설치 후 트레일러는 후진으로 진입한다.

· 바닥판에 인양빔을 올려놓고 인양빔과 바닥판의 인양볼트와 체결한다.

· 인양빔과 체결된 바닥판에 크레인 와이어를 체결하고 인양을 실시한다.

5) 상부가설 크레인 위치 및 개요도

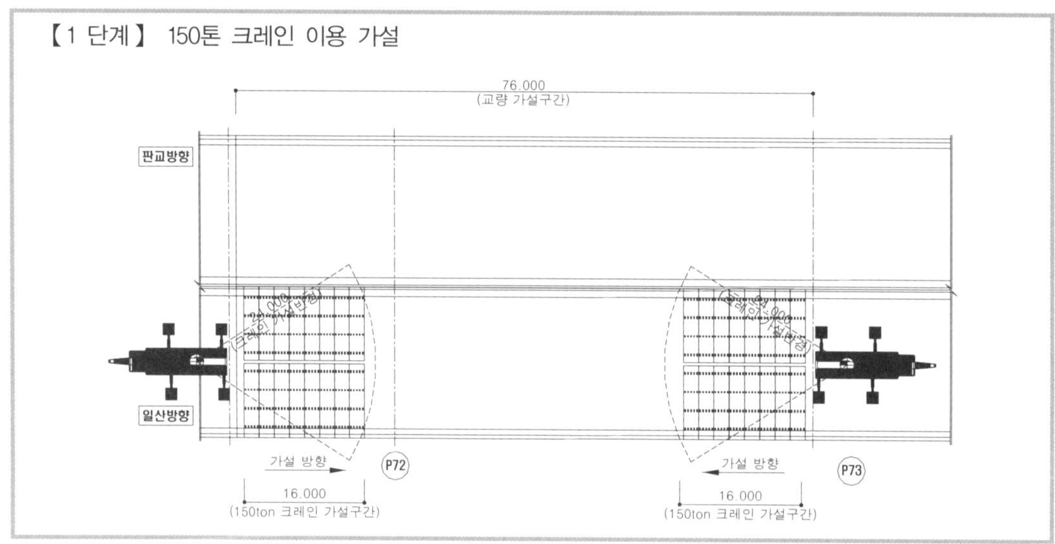

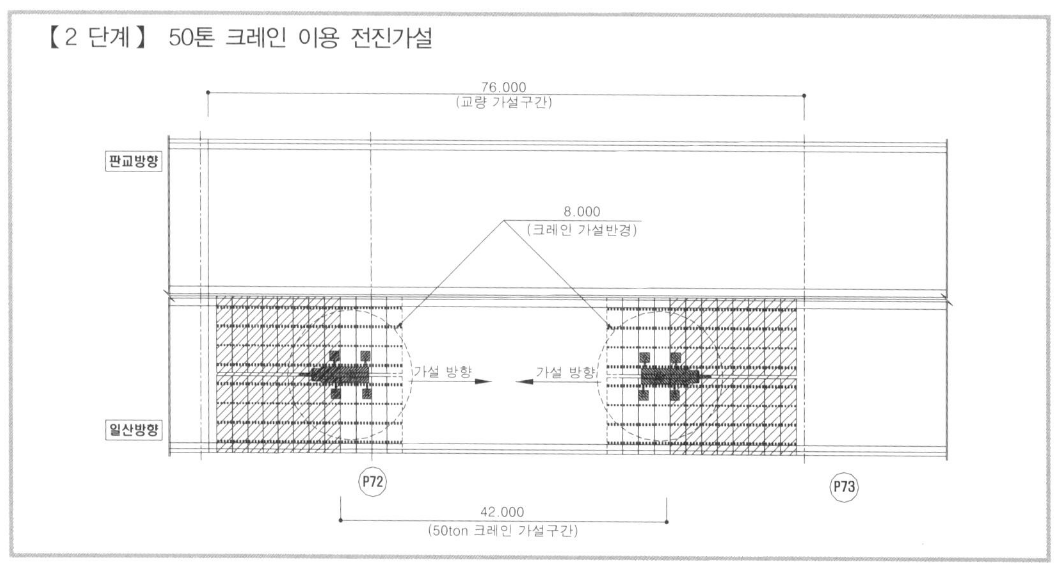

다. 프리캐스트 바닥판의 시공

1) 1단계 : 기존 상판 연결부 바닥판 콘크리트 깨기

프리캐스트 바닥판 거치 작업 전 철거 후 재설치하는 구간과 기존 콘크리트 바닥판 구간을 연결하기 위해 기존 콘크리트 바닥판 제거 작업을 시행하였다. 이는 프리캐스트 콘크리트 바닥판의 종방향으로 배치된 긴장재에 압축력을 도입하기 위한 최소한의 작업공간을 확보하기 위한 것이었다.

▲ 기존 상판 연결부 깨기

▲ 기존 상판 연결부 철근 노출

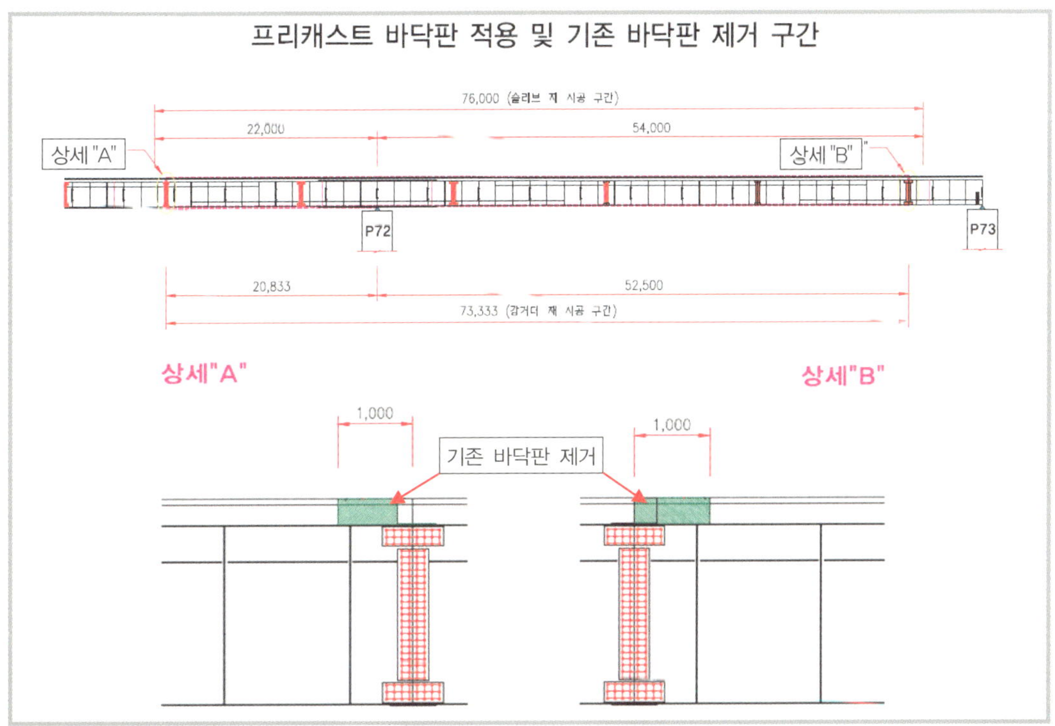

2) 2단계 : 씰링 테이프 간격재 및 부상 방지장치 설치

전단연결재가 위치한 전단 포켓에 무수축 몰탈 타설시 몰탈의 누수를 방지하기위한 씰링 테이프를 우선 설치하였다. 또한 몰탈 타설시 부력에 의한 바닥판의 부상과 바닥판 전진가설시의 바닥판 들림현상을 방지하기위해 강박스와 바닥판 사이에 간격재 (100 ×100mm) 및 부상 방지 앵커를 설치하였다.

▲ 씰링테이프 및 간격재 설치

▲ 부상 방지 앵커 설치

〈프리캐스트 바닥판 부재상세도〉

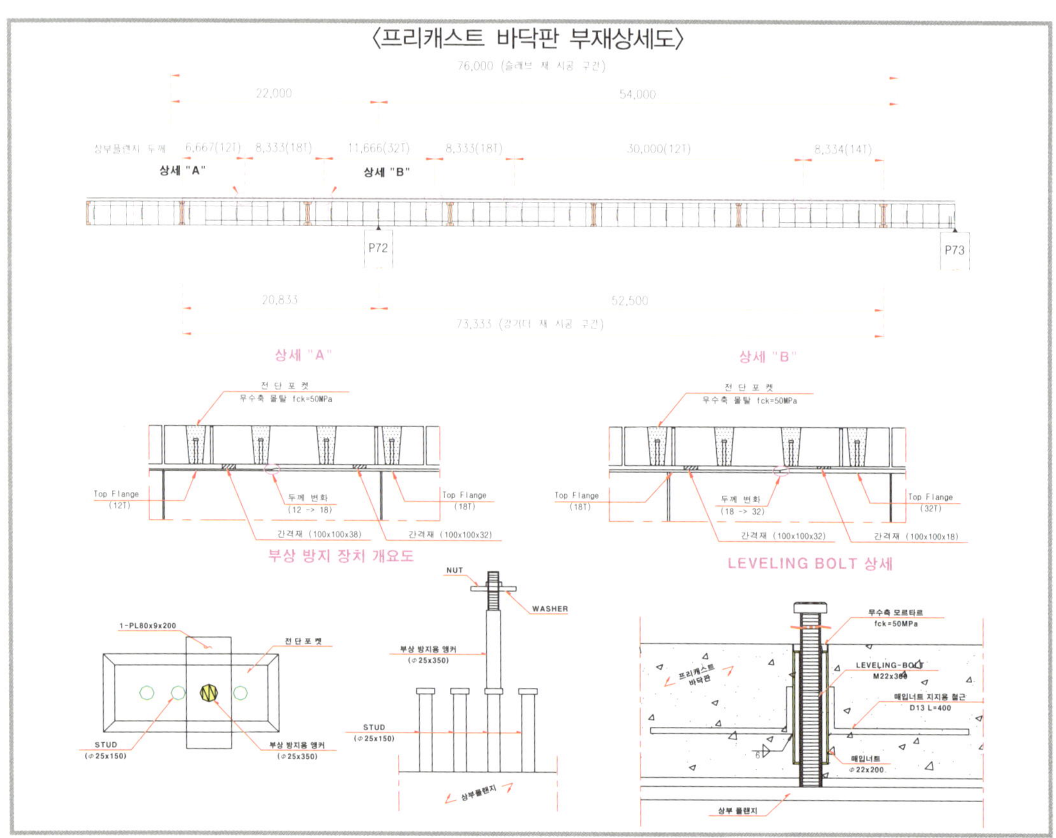

3) 3단계 : 시작지점 프리캐스트 바닥판 가설

일반적으로 프리캐스트 바닥판 거치시 공사구간 주변에 대형 크레인을 배치하여 바닥판을 가설한다. 하지만 부천고가교 현장의 경우 대형 장비를 설치할 공간 확보가 불가능해 150톤 크레인 1대를 시점부 P72측 기존 교량 상부로 투입해 150톤 크레인으로 작업이 가능한 18m(바닥판9개)를 우선 가설하였다.

▲ 프리캐스트 바닥판 인양

▲ 프리캐스트 바닥판 가설

4) 4단계 : 바닥판 운반용 레일 및 대차 설치

150톤 크레인을 이용해 전진가설을 할 경우 구조물에 손상을 발생시킬 수 있으며, 바닥판 들림 현상으로 인해 작업자의 안전에 영향을 미칠 수 있다고 판단되어 50톤 크레인을 이용하였다. 이때 50톤 크레인이 중앙부에서 프리캐스드 바닥판 전진 가설 작업을 효율적으로 수행할 수 있도록 적재장에서 50톤 크레인의 작업 반경까지 바닥판을 운반해 주는 레일 및 대차를 중앙분리대 측과 갓길 측에 각각 설치하였다.

▲ 레일 설치

▲ 대차 설치

5) 5단계 : 중앙부 프리캐스트 바닥판 가설

150톤 크레인으로 기 거치한 바닥판 상부로 50톤 크레인을 투입해 중앙부 프리캐스트 바닥판을 전진 가설하였으며, 50톤 크레인의 작업 반경까지 바닥판을 운반하는 대차에 바닥판을 적재시키기 위해 시점(P72) 기존슬래브 상면에 150톤 크레인을 설치하였다.

▲ 바닥판 운반

▲ 바닥판 설치

6) 6단계 : 프리캐스트 바닥판 쉬스관 내부 강선 삽입

바닥판 거치를 완료한 후 압축력 도입을 위한 강선을 프리캐스트 바닥판의 종방향으로 배치된 쉬스관 2×8개소 내부로 삽입하였다.

▲ 종방향 강선 삽입

▲ 종방향 강선 삽입(야간작업)

7) 7단계 : 프리캐스트 바닥판 횡방향 이음부 무수축몰탈 타설 및 양생

프리스트레스 도입전에 기 거치된 바닥판을 일체화시키기 위해 바닥판과 바닥판 사이의 횡방향 이음부(폭20mm)에 무수축몰탈(fck=50MPa)을 타설하였으며, 몰탈 타설 시기가 동절기인 점을 고려해 품질확보를 위해 증기양생을 실시하였다.

▲ 무수축몰탈 타설

▲ 몰탈 타설부 양생

8) 8단계 : 종방향 강선 프리스트레스 도입

프리스트레스 도입전 강선의 배치 상태, 웨지(Wedge) 손상유무 및 인장 장비의 작동 이상 유무 등을 확인한 후 인장시의 편심을 최소화 하기위해 중앙에서 외측으로 좌우가 대칭될 수 있도록 작업을 수행하였다.

▼ 긴장력 및 신장량

강선길이	탄성계수	파상마찰계수	긴장력	신장량
74.0m	200,000MPa	0.0015/m	199.7kN (1,440MPa)	505.8mm

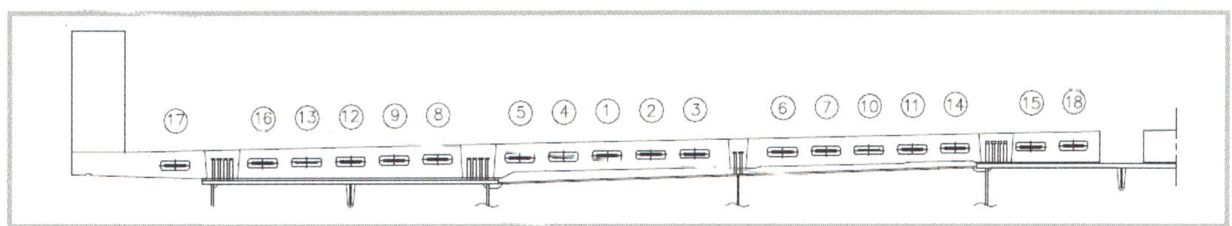

▲ 강선의 긴장 순서(갓길 측)

▲ 강선 긴장

▲ 긴장작업 완료

9) 9단계 : 전단포켓 무수축몰탈 타설

프리캐스트 바닥판과 강박스의 합성을 위해 전단포켓 Seg별 16개소에 무수축 몰탈(f_{ck} = 50MPa)을 타설하였으며, 동절기 품질확보를 위한 증기양생을 실시하였다.

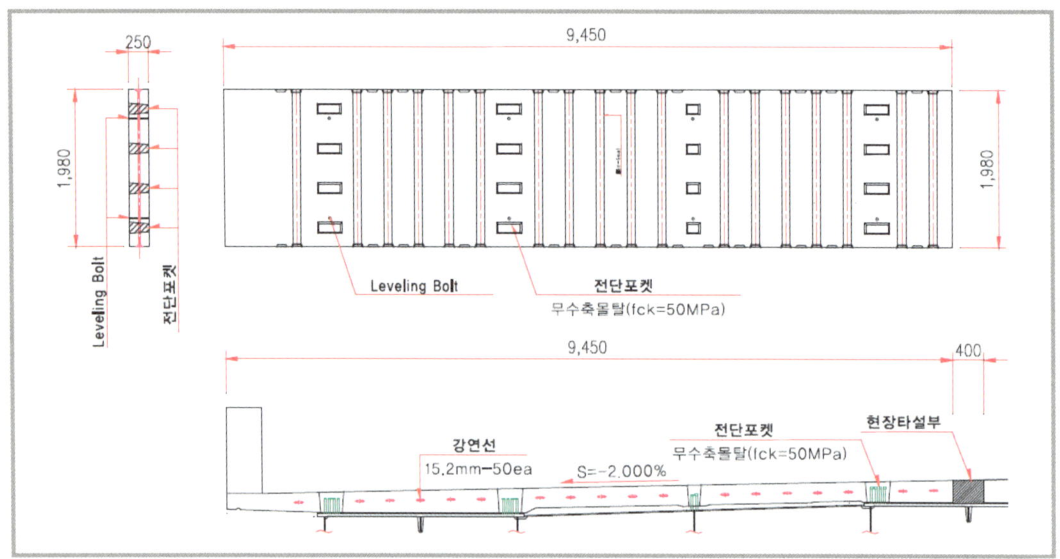

▲ 프리캐스트 바닥판 평면도 및 단면도

▲ 무수축몰탈 타설

▲ 무수축몰탈 타설 완료

10) 10단계 : 종방향 및 기존 상판 연결부 콘크리트 타설

부천고가교의 행선별 폭원은 19.3m로 하나의 프리캐스트 바닥판으로 제작해 운반하는 것이 불가능하였다. 따라서 제작시에는 9.45m×1.98m의 크기로 생산한 후 현장에서 2열로 설치하도록 함에 따라 바닥판 사이에서 발생된 이음부(40cm)에 철근을 루프 이음한 후 콘크리트(f_{ck} = 35MPa)를 타설하였다. 프리캐스트 콘크리트 바닥판 공법의 특성

상 기존 바닥판과 신설 바닥판을 연결하기위해 발생되는 현장이음부(1.0m)도 철근을 겹이음(시점부 460mm, 종점부 860mm)한 후 콘크리트(f_{ck} = 35MPa)를 타설하였다.

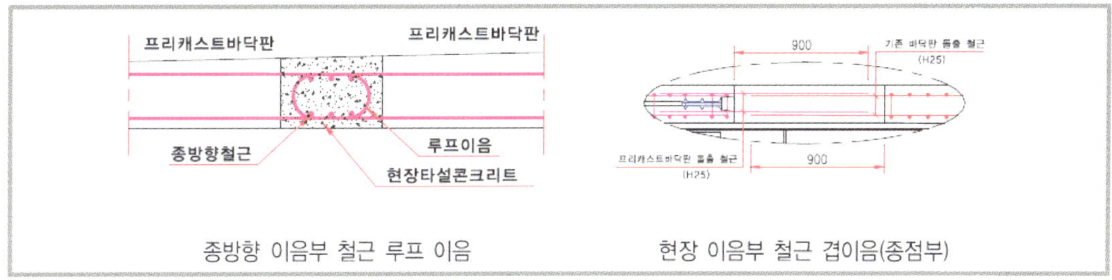

▲ 종방향 이음부 및 현장 이음부 상세도

▲ 철근 조립

▲ 콘크리트 타설

11) 11단계 : 종방향 강선 긴장부 그라우팅 및 양생

쉬스관 내에 기 설치된 그라우팅 주입용 호스를 통해 팽창성 그라우팅제(f_{ck} = 35 MPa)를 쉬스관 내부로 주입(압력 약 3MPa)하여 강선 보호 및 바닥판과 강선을 일체화시키는 작업을 수행하였다.

▲ 그라우팅용 몰탈 주입

▲ 양생

라. 기타 시공상세 검토

1) 상부플랜지 볼트이음부 체결방안

볼트 이음부의 경우 돌출길이가 약 35mm(와셔 6mm, 너트 22mm, 추가 나사선 7.5mm)로 프리캐스트 바닥판을 일반구간과 동일하게 제작시 간섭이 발생되므로 공장 제작시 별도의 블록 아웃을 시행하였다.

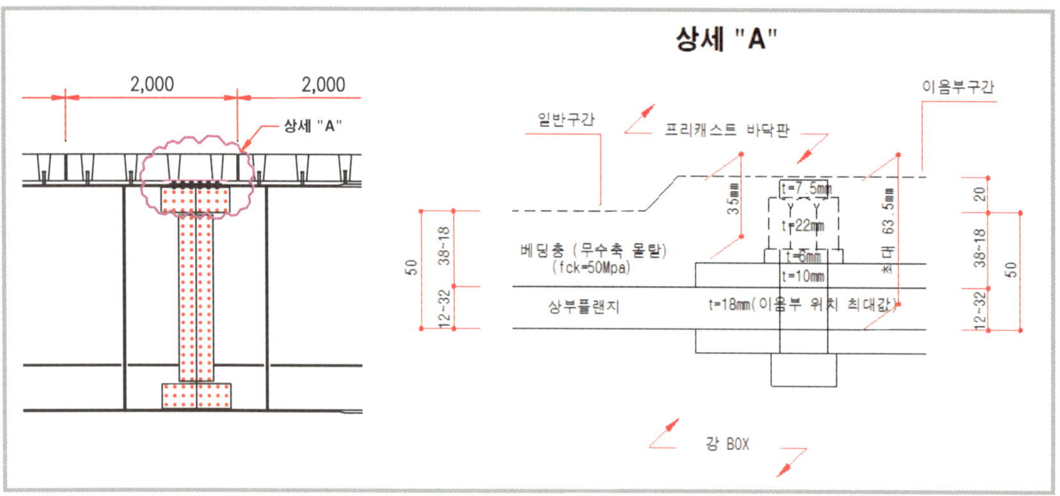

2) 레벨링 작업

프리캐스트 블록 거치시 바닥판 설치 높이 보정을 위해 레벨링 볼트를 설치하여 시공오차를 4cm 이내로 조정 가능하도록 하였다.

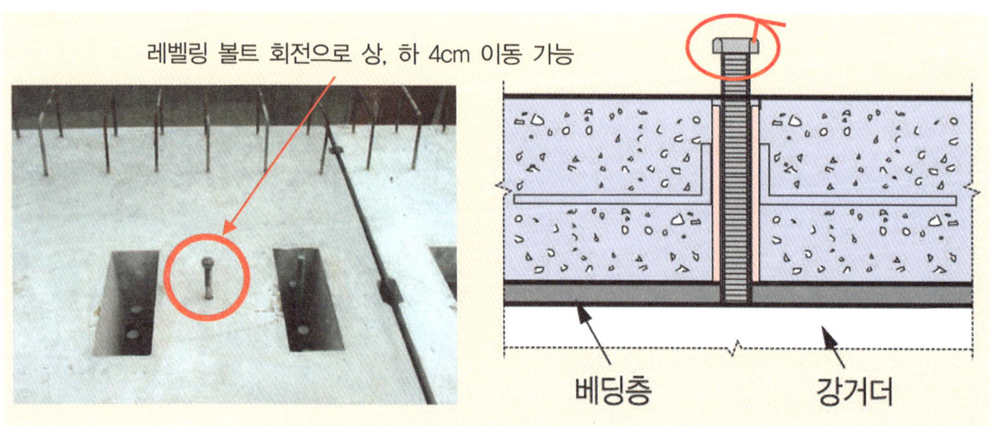

▲ 바닥판 조절 레벨링 볼트 개요도

3) 스터드 배치

- Box Gider 단면당 스터드 D25-L150-8ea를 CTC 500으로 적용
- 계산 최소 소요 CTC : 697mm/최대 허용 CTC 600
- 프리캐스트 바닥판은 공장제작을 고려하여 스터드의 등간격 배치 적용

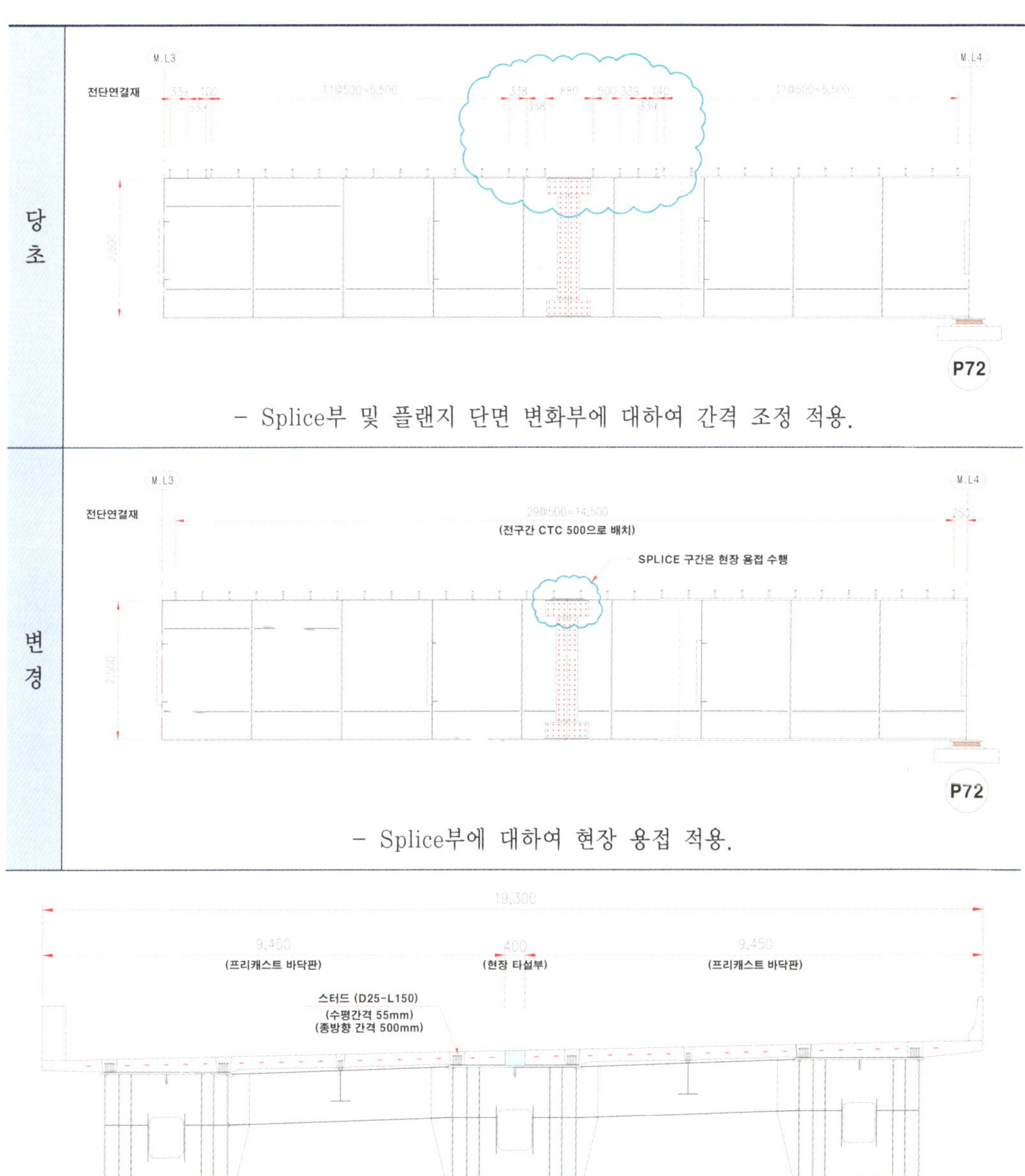

4) 프리캐스트 바닥판 이음부 처리방안

프리캐스트 바닥판의 특성상 횡방향 및 종방향의 가설이음부가 발생하게 된다. 즉 횡방향 교량 폭원 19.305m에 대하여 두개의 블록으로 분할하여 시공토록 계획하였으므로 횡방향 이음부가 발생하게 되며, 종방향 가설길이 76m에 대하여 총 37개의 블록(개당 길이 2m)으로 분할 가설토록 계획하여 종방향 이음부가 발생하게 된다.

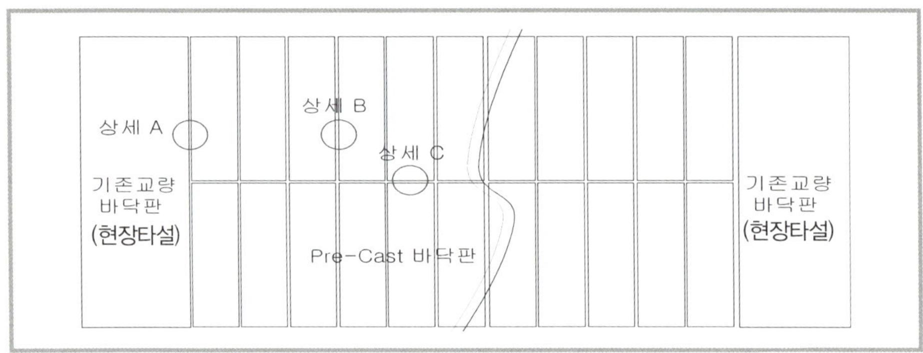

▲ 프리캐스트 바닥판의 가설이음부 개요도

① 횡방향 이음부 처리방안

횡방향 이음부는 현장타설 콘크리트 시공에 의한 기존교량 바닥판과의 이음(상세 A) 및 무수축 몰탈 타설에 의한 프리캐스트 바닥판간의 이음(상세 B)으로 구분하여 시공하였다.

- 횡방향 단부 처리(상세 A)

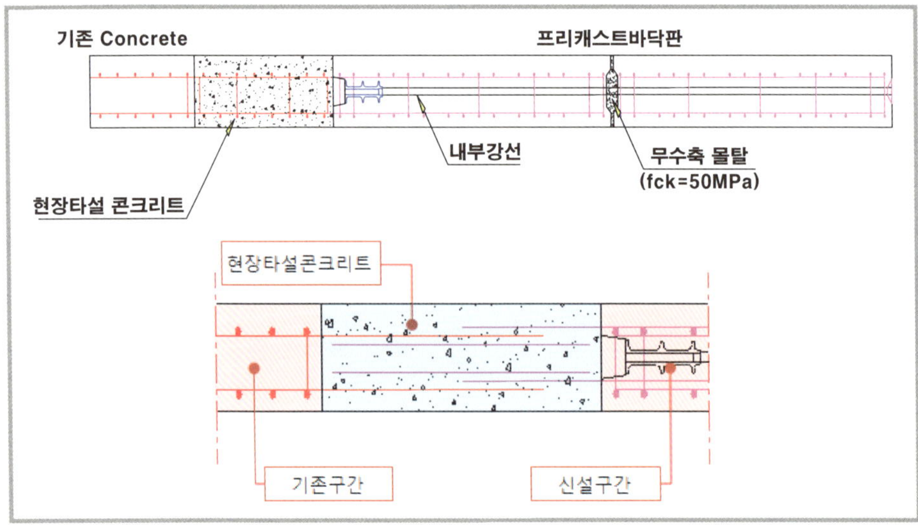

- 횡방향 단부 처리(상세 B)
  - 프리캐스트 바닥판 설치시 이음부(2cm)를 고려하여 몰탈로 공극을 채움으로 이음부 시공

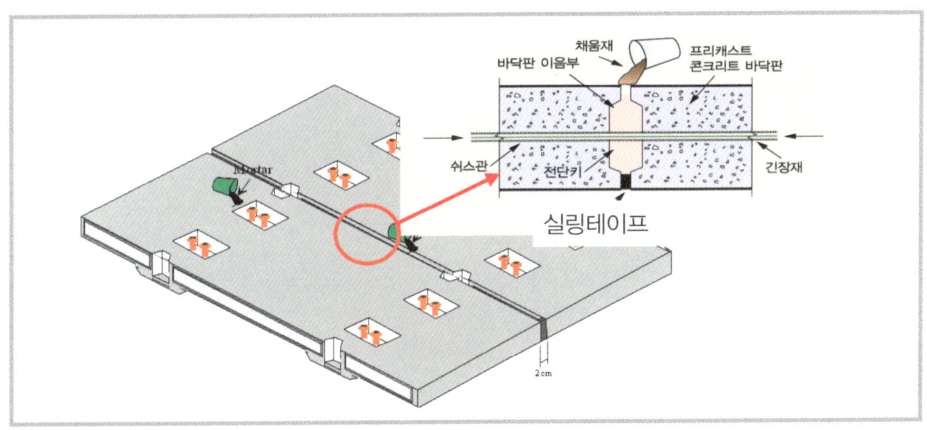

② 종방향 이음부 처리방안(상세 C)

- 교량 폭원이 19.3m로 운반 여건상 분할시공 불가피
- 연결부는 루프이음에 의한 철근 결속 후 콘크리트 채움으로 이음부 시공

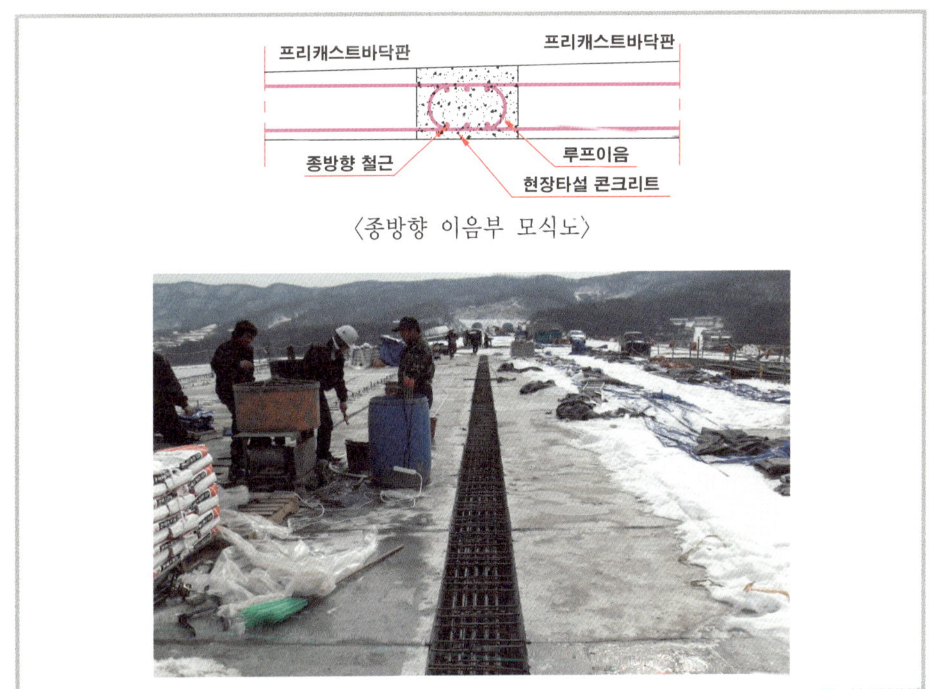

〈종방향 이음부 모식도〉

5) 난간부 처리방안

교량 방호벽 시공을 위하여 필요한 철근을 겹이음 필요길이 이상으로 바닥판제작시 고려하여 설치하였다.

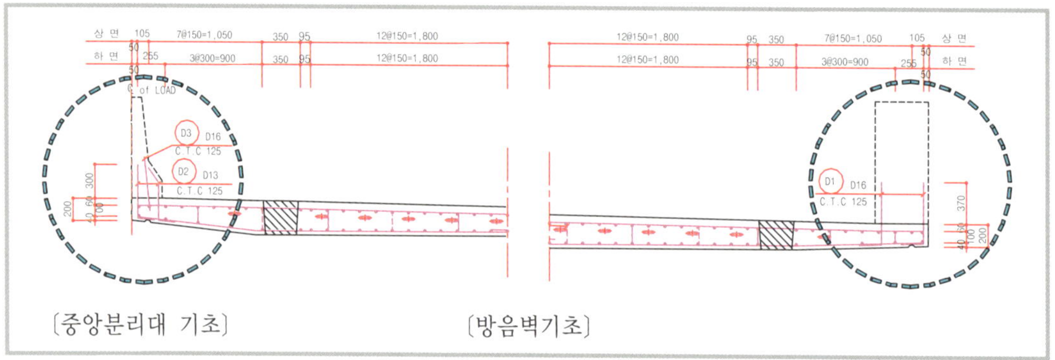

〔중앙분리대 기초〕 〔방음벽기초〕

6.5.4 프리캐스트 바닥판 적용결과

부천고가교의 바닥판 재가설 공사는 작업 기간이 겨울인 점과 시민들의 불편 최소화를 위한 공사기간 단축을 위해 프리캐스트 바닥판 공법을 도입하였다.

교량과 작업 현장의 안전성 때문에 바닥판 거치에 사용되는 크레인 용량의 제한이 있었으며, 이를 해결하기 위해 소형 크레인과 대차를 조합하여 바닥판을 설치하였다. 모든 가설작업을 주야간으로 시행하여 행선별 15~19시간 만에 설치를 완료하여 가설시간을 단축할 수 있었다.

▲ 프리캐스트 바닥판 시공완료

Chapter 7.
부대공사

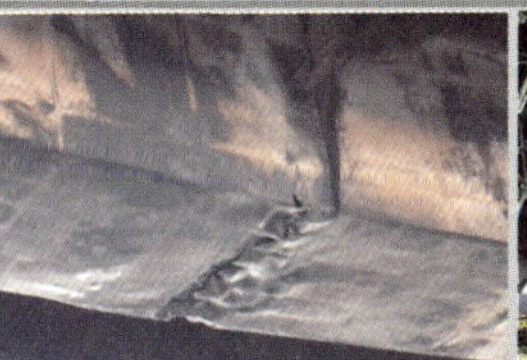

7.1 개요

본 교량은 기존구간 내에 일부구간을 철거한 후 교량을 가설하는 공사로 부대시설 설계시 기존구간의 적용현황을 파악하여 가급적 기존구간과의 연속성을 고려하여 부대시설의 형식 및 공법을 선정하였다. 그러나 현장여건 및 공법의 특성 등을 종합적으로 고려하여 기존구간의 부대시설을 적용하기 어려운 경우 기능성, 시공성 등을 충분히 검토하여 보다 효율적인 공법을 선정하였다.

7.2 추진내용

일 자	내 용
2011년	
2월23일	일산방향갓길방음판기초타설
2월24일	판교방향갓길방음판기초타설
2월25일	중분대난간및방음판기초타설
3월1일	양방향가로등설치
3월3일	일산방향방음판지주설치
3월4일	일산방향방음판지주고정 교면배수를위한유공관매립홈설치
3월5일	판교방향방음판지주설치
3월6일	중분대방음판지주설치

일 자	내 용
2011년	
3월6일	일산방향방음판설치 각종요철부정리및잔존이물질제거
3월7일	양방향교면배수시설설치 바닥면정리및교면포장
3월8일	일산방향아스콘포장
3월9일	판교방향아스콘포장 중분대방음판지주설치
3월10일	양방향차선도색실시
3월13일	판교방향방음판설치
3월14일	일산방향및중분대소음감쇠기설치

7.3 부대 공사

7.3.1 교면 방수공

가. 교면 방수 형식 선정

기존교량 준공당시 적용한 교면방수은 침투식방수였으나 본 과업에는 프리캐스트바닥판을 적용한 점을 고려하여 복합식방수로 계획하였다.

▼ 교면방수 공법 비교표

구분	복 합 식 (코나접착)	도 막 식(CR계)	침 투 식	시 트 식
시공도	아스팔트 코나 포장섬유 코나 접착제(2mm 이상) 교량상판	아스팔트 택코팅 도막방수재(1mm이상) 고무계 접착제 교량상판	아스팔트 택코팅 침투방수재(4mm) 교량상판	아스팔트 택코팅 시트방수재(4mm) 고무계 접착제 교량상판
특성	• 콘크리트 및 아스콘과의 접착력이 우수하여 포장의 수명을 늘려주는 경제성이 우수한 공법 • 간접가열 용융장비를 이용하여 방수재 품질 확보 • 아스콘 포장 시 택코팅을 하지 않아도 됨 • 도포 후 양생기간이 필요 없어 공기 절약 • 연성재료로 진동 및 균열에 대한 내구성이 큼 • 코나 포장섬유 사용으로 방수층을 보호함으로써 교량의 내구성을 확보	• 콘크리트 슬래브와는 충분한 양생 후 접착성 양호 • 내한, 내산, 내열성 우수 • 진동 및 균열에 대한 추종성 양호	• 동결융해에 대한 내구성이 양호 • 가격이 저렴 • 시공이 간단하다	• 시트 자체의 방수성능은 우수 • 비교적 내열성은 양호 • 일반적으로 두께가 두껍고 부직포가 있어 아스콘 포설 온도 및 다짐 시 골재에 의한 방수층의 안전성이 양호 • 연성으로 균열, 진동에 추종성 양호 • 화학적으로 안정
공정	청소 → 코나 접착제 → 코나 포장섬유	청소 → 1차 접착제 → 2차 접착제 → 도막방수재 (클로로프렌계)	레이턴스 제거 후 → Spray	청소 → 접착제 → sheet부착
주요문제점	• 방수후 장기간 미 포장 시 품질저하우려.	• 저온에서 시공이 어려운 • 여러 번 도포하고 양생 기간(3일이상)이 길어 공기 지연 • 휘발성 용제를 사용으로 양생시 다량의 기포 발생 및 화재위험 내포 • 방수재가 경성으로 포장층과 접착력이 떨어져 아스콘 포장층의 박리 및 탈락 등의 하자발생 우려 • 고형분이 낮아 용제 증발 후 실제 건조두께는 0.6~0.8 mm성형	• 침투깊이 확인 곤란(특히, 350kgf/cm² 이상) • 재살포시 추가 침투 불능 • 콘크리트타설 후 30일 이후 시공 시 침투 불가 • 방수 후 장기간 방치 시 침투방수성능 상실 • 균열에 대한 추종성이 없다.	• 곡선 또는 거친 바닥판에서 시공이 어려움 • 겹치 부분, 경계석, 조인트 및 배수부위의 임계단면의 누수 우려 • 극한 기온 시 수축부분박리 • 동계 시공 곤란 • 도치에 의한 가열접착으로 작업자의 숙련도에 따라 접착성이 균질하지 않음 • 과다융착으로 인한 전단력, 접착력 저하 및 물성변화 우려
주요 실적	서울~춘천, 영덕~오산, 인천대교, 제3경인외 다수	김포대교, 동호대교, 올림픽대로 외	고속도로 및 국도의 전구간	청계고가, 성수대교 외
검토 의견	• 교량 상판의 손상 원인의 대부분은 균열 누수에 의한 열화 및 철근 부식의 촉진이므로, 교면방수 공법 선정에 주의가 요함. • 합성형 연속교의 상부 슬래브는 상판면 요철에 대한 적응성이 양호하고 균열 추종성과 접착성이 우수하며 시공 실적이 많은 복합식공법(코나 접착공법)을 적용하는 것이 효과적이라고 사료됨			

복합식 방수공법은 코나 접착제와 코나 포장섬유를 이용한 공법으로 신규도로 또는 교면의 재포장 및 보수구간 방수에도 적용 가능하다. 본 공법은 간접가열 용융시스템을 이용하여 160~210℃의 온도범위에서 코나접착제(방수성 접착제)를 균질하게 용융시킴으로써 안정된 품질을 확보하여 콘크리트 바닥판에 도포한 후 곧바로 코나포장섬유(Glass Tissue : 유리섬유 부직포)를 코나접착제 위에 부설하는 복합식 접착공법이다.

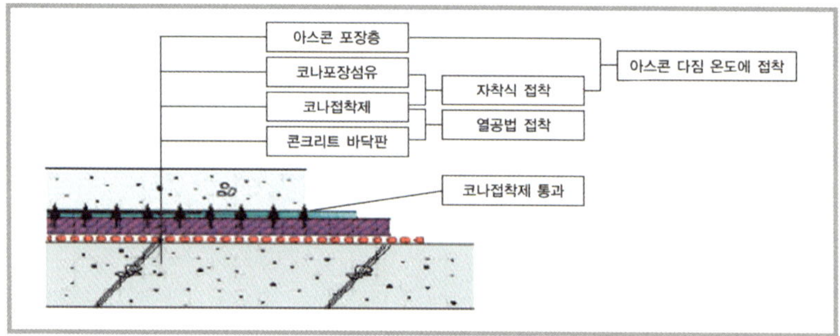

나. 교면방수 시공

1) 면처리 및 블라스팅

▲ E-ABC 머신을 이용한 면처리

▲ 블라스트 작업

2) 코나 방수섬유 시공

▲ 접착제 도포

▲ 방수섬유 부설

7.3.2 교면 포장공

가. 교면 포장 형식 선정

기존교량 준공당시 적용한 교면포장은 일반아스팔트 포장이었으나 유지보수과정에서 PSMA포장이 적용되어 있으므로 신설구간에도 PSMA포장을 적용하였다.

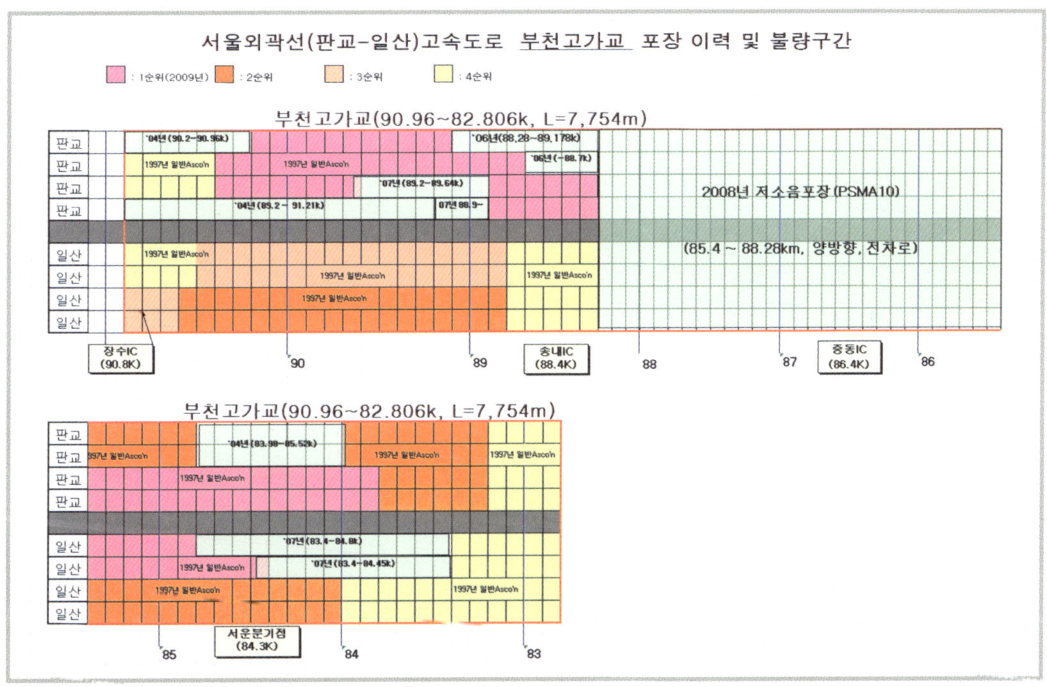

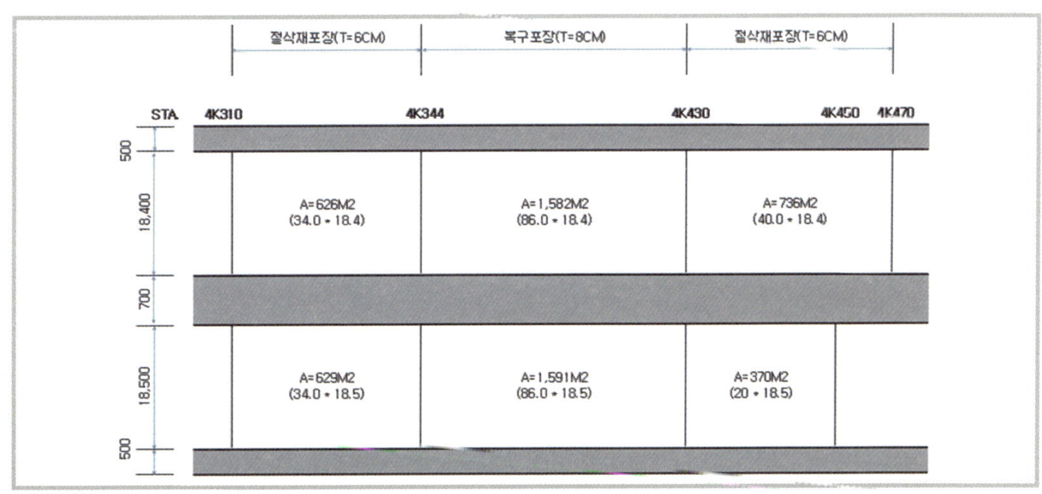

▲ 아스콘 포장 평면도

나. 교면포장 시공

하부 강박스의 안전성 확보를 위해 중장비의 출입을 제한하고 소형 장비를 이용하여 양 끝단으로 자재들을 옮겨 야적 및 시공하였다.

1) 택코팅 및 아스콘 포장

▲ 택코팅 시공

▲ 아스콘 포장 전경

2) 다짐작업 및 포장 완료

▲ 다짐작업 전경

▲ 아스콘 포장 완료

기존교량과 레벨을 일치시키기 위해 기존교량 아스콘포장을 4cm~6cm 정도 절삭하고 신규교량 아스콘 포설은 8cm~10cm 정도 시공하였다. 따라서 신규교량의 하부를 먼저 포장하고 기존교량과 함께 상부포장을 실시하였다. 또한 중장비들의 이동으로 절단면 조인트부 아스콘포장파손의 염려가 있어 폐아스콘으로 임시 방지턱을 설치하여 차량을 통제하였다. 절단면 관리가 우수해 시공시 문제가 되지 않았으며, 기온은 7~0℃를 유지하여 피니셔로 포설후 다짐을 실시하였다.

7.3.3 난간 및 방호벽 설치

가. 기존 난간형식 분석

현장조사 결과 교량 난간은 방음벽설치를 위해 직사각형형태로 시공되어 있었으며, 중분대측은 판교방향에 방음벽설치를 위해 단면보강이 되어있었다.

구 분	횡 단 면 도	현 장 조 사	재설치 수량	
방호벽 (판교방향)			76m	152m
방호벽 (일산방향)			76m	
중앙분리대			140m	140m

나. 난간 및 방호벽 시공

당초 현장타설로 계획하였지만 공기단축을 위하여 기계타설 방식으로 변경하여 몰드 제작후 시공하였으며, 기존교량 접합부에서는 기계타설이 불가하여 현장타설을 실시하였다.

1) 방음판 기초 기계타설

▲ 기계타설 몰드 정면

▲ 방음벽 기초타설 진경

7.3.4 교량 배수시설

가. 배수 설계

집수구 설치간격은 현행 강우강도를 기준으로 재산정 하였으며, 프리캐스트 바닥판 SEG접합부에 집수구가 설치되지 않도록 6m 간격으로 적용하였다.

종배수관 규격은 현행설치기준에 의해 종단경사 6%를 적용할 경우 거더높이를 벗어나므로 배제하고, 기 설치된 종배수관과의 연계성을 고려하여 종단경사 3%(종배수관 Ø250)를 적용하였다.

▼ 집수구 설치간격

구 분		집 수 구 설 치 간 격
집수구 규 격 및 설 치 간 격	현장 조사	• 집수구 규격 : 250×250 • 집수구 간격 : C.T.C 10m
	적용	• 집수구 규격 : 250×250 • 집수구 간격 : C.T.C 10m 적용시 용량 부족 ⇒ 현재 강우강도(124.8mm/hr)를 기준으로 설치간격 재산정 (C.T.C 6.0m)

▼ 종배수관 규격 및 재질

종배수관 설치규격	현장 조사	• 종배수관 직경 : Ø150 • 종배수관 재질 : 아연도강관
	적용	• 종배수관 경사 6% 적용시 거더높이를 벗어남 • 종배수관 경사는 설치현황과 동일하게 3% 적용 • 종배수관 경사 3% 적용시 종배수관 규격 증대(Ø150→Ø250)

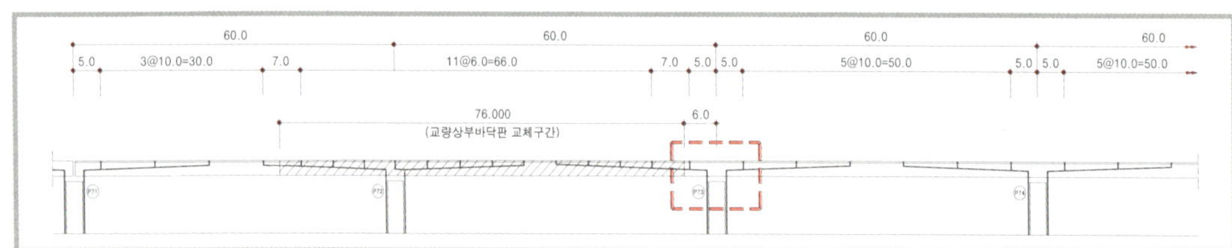

▲ 종배수관 종단경사(3%)에 따른 측면도

나. 교량 배수시설의 시공

포장절삭부의 기존집수구 불량구간과 신규 설치되는 집수구를 교체 및 신규설치 하였으며 배수용 유공관을 기존 교량부까지 연결 시공하였다.

〈기존교량 배수시설〉

〈기존교량 배수시설〉

〈배수용 유공관홈 시공〉

〈교면방수 후 유공관 삽입〉

〈유공관 삽입 후 방수제 도포〉

〈배수시설 설치 완료 전경〉

▲ 배수시설 공사

7.3.5 방음 시설

가. 방음시설 교체범위 결정

현장조사 결과 화재로 인해 손상된 교량방음벽은 총 448m이며, 일부는 방음판 외에 지주까지도 손상된 것으로 조사되었다. 특히, 플라스틱 재질의 방음판이 열에 의한 직·간접적 영향으로 손상이 발생하였으며, 손상정도가 양호한 방음판 및 지주에 대해서는 그을음제거 등 보수후 재사용하도록 하였다.

나. 방음판 교체 및 보수시공

▲ 방음판 지주설치 앵커시공

▲ 중분대 방음판 지주설치

▲ 방음판의 시공

▲ 방음판 설치 완료

▲ 방음터널부 지주 그을음 제거

▲ 방음터널부 지주 재도장

7.3.6 교량 받침 교체

현장조사 결과 1998년 준공된 부천고가교 교각 P72는 500ton 포트받침(총12개소)으로 시공되어 있고, 2008년 내진보강공사를 통해 기존받침을 유지하고 전단키(총8개소)를 추가하였다. 따라서 교량받침 재설치시 내진보강공사와 동일하게 교각 P72상에 500ton 포트받침 및 전단키를 설치하였다.

교량받침 배치도(서울외곽선 부천교가교 내진보강공사, 2008)

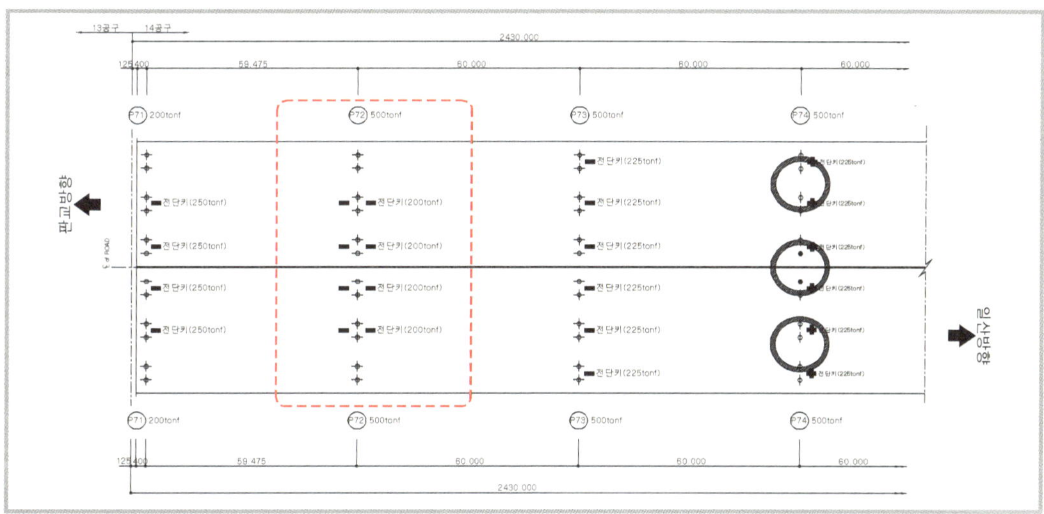

7.3.7 차선 도색

가. 시공과정

기존교량부를 포함한 P69~P74까지 양방향 차선도색을 실시하였다.

〈노면표지 도색〉

〈일산방향 차선도색 전경〉

▲ 차선도색 및 노면표지 작업

부록 1.

구조물 화재의 기본 이해

1.1 R.C 구조물의 내화 성능

1.2 고온에 노출된 강재의 특성

1.3 화재에 노출된 강박스거더 복부판의 좌굴

1.1 R.C 구조물의 내화 성능

1.1.1 서론

콘크리트 및 철근은 화재의 영향으로 그 성질이 변하여 RC 구조물의 저항능력을 일부 상실시키므로 구조물의 설계 및 시공단계에서 일정수준 이상의 내화성능을 확보할 수 있는 방안의 필요성도 제기되고 있다. 화재 후에 RC 구조물의 단면내력의 급격한 감소되는 경우에는 재시공이 불가피하기 때문에 많은 사회적 문제를 야기시킨다. 이를 해결하기 위한 방안으로 RC 구조물의 설계 및 시공단계에서 일정한 수준의 내화성능을 확보하도록 하는 것도 하나의 방안이다. 화재로 인해 온도가 증가하면 콘크리트와 강재의 강도 및 탄성계수는 감소하지만 모든 구조 부재는 사용하중에 대해서 붕괴가 발생하지 않도록 잔존강도를 유지하여야 한다. 화재에 의한 손상을 정량적으로 평가하기 위해서는 화재온도 뿐만 아니라 화재지속시간에 대한 고려가 반드시 필요하다. 따라서 내화설계에 대한 각 국의 주요 규정에서는 표준적인 화재로 인한 온도-시간 곡선을 규정하고 있다. ISO 834 화재곡선(ISO, 1975; Yang 등, 2008)은 주로 건축구조를 대상으로 규정되었지만, 구조물의 내화설계시 온도조건으로 광범위하게 적용되고 있다. 국내에서 규정하고 있는 내화구조기준(KS F 2257-1)에서의 화재곡선도 ISO 834 화재곡선을 준용하여 적용하고 있는데, ISO 화재곡선은 화재온도의 상승부와 하강부 각각에 대해서 규정하고 있다.

화재로 인해 발생되는 폭렬은 화재시 콘크리트 피복의 빠른 손실을 일으켜 내부콘크리트와 철근으로의 열전달률을 높여서 철근과 콘크리트의 온도를 상승시킨다. 이는 사용하중상태에 있는 구조물 부재의 하중저항능력을 감소시켜 구조물의 붕괴 또는 심각한 손상을 초래하게 된다(Ali 등, 2002; 염광수 등, 2009). 화재시 폭렬 및 내부콘크리트와 철근의 온도상승을 억제하기 위하여 다양한 연구가 진행되고 있으며, 폴리프로필렌(polypropylene)섬유(Nishida 등, 1995; Atkinson 등, 2004; 정철헌 등, 2010) 또는 강섬유(Purkiss, 1984; Lie 등, 1996; Suhaendi 등, 2006)를 사용한 많은 연구가 수행되어 폭렬제어성능을 입증하였다. 김흥열 등(2007)은 폭렬억제와 철근의 온도상승을 막기 위하여 폴리프로필렌섬유와 강섬유를 동시에 사용하는 섬유혼입공법을 적용하여 콘크리트의 압축강도, 탄성계수 및 비열 등의 열적특성을 평가하였다. Poon

등(2004)과 염광수 등(2009)은 섬유혼입공법을 적용한 고강도콘크리트 기둥에 대한 비재하 내화실험을 실시하여 콘크리트 내 온도구배와 온도분포, 철근에서의 발생온도 및 폭렬 등의 내화성능을 평가하였다.

구조재료 중에서 콘크리트는 화재에 대한 저항능력이 우수한 재료특성을 갖고 있지만, 고온 환경 하에서의 거동은 보통의 온도조건하에서의 거동과는 큰 차이가 있다. 철근콘크리트 구조물은 피복두께가 철근의 온도상승을 억제시키기 때문에 일반적으로 내화구조로서 인정받고 있지만, 화재 발생으로 인해 콘크리트가 고온의 환경에 노출되면 화재에 노출된 콘크리트의 표면부가 떨어져 나가는 폭렬이 발생하는데, 이로 인해서 철근의 온도가 급격히 상승하게 된다. 철근의 온도상승은 항복강도와 탄성계수를 감소시켜, 단면내력이 급격하게 저하하게 된다. 폭렬은 화재로 인해 콘크리트 내에서 온도가 증가하여 콘크리트 내 수증기 및 수분의 압력이 증가하여 발생하는 현상이다. 폭렬의 원인으로는 그림 1.1의 (a)와 같이 화재로 인해 콘크리트 내에서 온도가 증가하여 투수성이 낮은 콘크리트 내 수증기 및 수분의 내부압력이 증가하여 폭렬이 발생한다는 이론과 그림 1.1의 (b)와 같이 온도가 증가하여 구속되어 있는 콘크리트에 열팽창이 발생하여 폭렬이 발생한다는 이론 두 가지로 나뉜다(Franz-Josef Ulm 등, 1997).

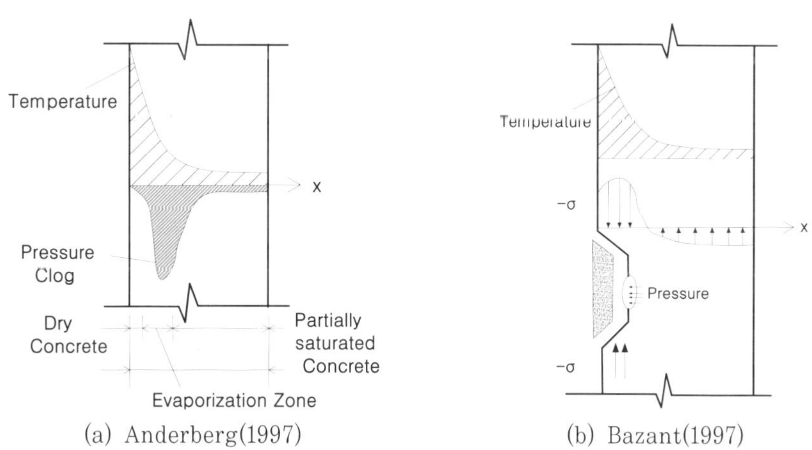

(a) Anderberg(1997) (b) Bazant(1997)

그림 1.1 폭렬발생의 원인

그림 1.2는 국내에서 발생된 지하 공동구의 화재사례로서 폭렬에 의한 콘크리트 덮개부의 탈락, 철근 및 단면형 온도변형 등을 확인할 수 있다. 지하 공동구에서 화재가 발생한 이후에 단면의 잔존 저항능력을 정확히 평가하는 것은 매우 어렵기 때문에 설

계 및 시공단계에서 내화성능을 확보하는 것이 보다 합리적인 방안 중 하나이다. 그림 1.3은 화재에 의해 기둥부에서 발생된 손상 상황으로 폭렬에 의한 덮개부의 탈락, 철근의 온도 변형, 단면의 파괴 등이 발생되었다.

콘크리트의 내화성능 향상을 위해서는 화재시 콘크리트내의 온도증가나 폭렬을 억제시키는 것이 중요하다. 화재로 인한 콘크리트의 온도저감 및 폭렬방지 대책으로는 내화 몰타르 뿜칠, 내화 보드, 섬유 혼입 등의 방법이 있으며, 내화성능의 우수성, 시공성 및 경제성을 측면에서 섬유 혼입에 의한 내화성능 향상 공법이 많은 주목을 받고 있다. 최근 들어 섬유혼입에 의한 내화성능의 향상에 대한 연구사례가 증가추세에 있지만, 대부분의 연구가 실린더 공시체를 대상으로 폭렬발생 여부에 관심을 두고 있으며, 구조체 수준의 연구는 기둥 부재에 대해서 일부 연구가 진행되었다. 또한, 섬유혼입과 화재로 인한 폭렬, 발생온도 및 화재손상 후 잔존강도 등의 관계를 규명하는 연구는 일부 연구가 진행 중에 있다.

그림 1.2 지하 공동구 화재 후, 콘크리트 탈락 및 단면 변형 상황

그림 1.3 화재에 의한 기둥부의 손상상황

1.1.2 표준 화재 온도-시간 곡선

가. 주요 시방 규정

화재로 인한 온도발생 과정은 화재의 발생원인, 발생지점의 공간 특성, 화재에 노출되는 연소 재료의 종류 등에 따라 발생온도, 지속시간, 온도-시간 이력 등이 차이는 있지만, 화재로 인해 온도가 증가하는 과정은 대표적으로 그림 2.1과 같으며, 화재 단계별 주요 내용은 표 2.1과 같다. 주요 시방규정에서는 위에서 기술한 내용을 토대로 특성에 맞게 화재곡선을 제시하고 있다.

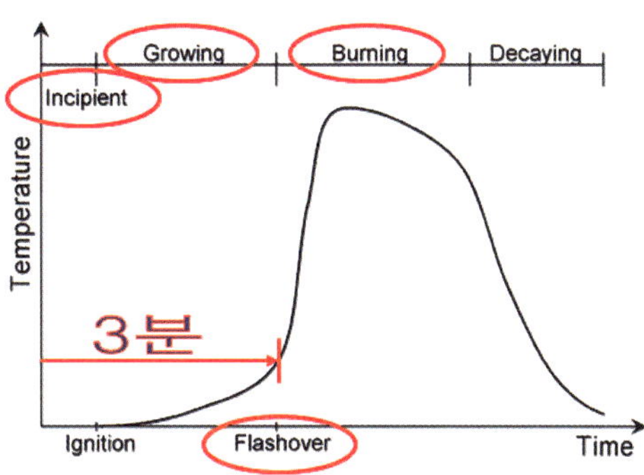

그림 2.1 화재로 인한 온도발생 과정

표 2.1 화재 단계별 주요 내용

화재 단계	단계별 화재발생 내용
점화기	가연물 온도상승, 연기탐지기 작동, 사전예방 가능
성장기	가연물지배화재, 열탐지기, 소화기구로 진화가능, 대피가능
최성기	대류지배화재, 화염 및 연기 유출, 소방관활동으로 화재확산방지, 사망

국내의 경우 콘크리트는 내화성능이 우수한 재료로 각인되어 있으며, 건축법에서 정하고 있는 법정내화구조에서도 철근콘크리트 구조는 부재의 두께만 만족할 경우 내화구조로 인정되고 있다. 국내의 콘크리트 내화구조기준은 벽, 기둥 및 바닥판의 경우 일정두께 이상 확보하면 내화구조로 인정하고 있으며, 그 이외의 부분에서는 철근콘크리트 구조이면 모두 내화구조로 인정하고 있다. 반면에 일본의 경우는 사용되는 부위와 콘크리트 부재의 크기 등에 따라 내화성능을 달리하고 있으며 성능등급도 30분에서 3시간까지 세분화하여 분류하고 있다. 또한, 미국의 경우는 콘크리트 제작에 사용

된 골재의 종류를 대분류로 하여 각 내화성능등급에 따라 피복두께를 정하고 있으며, 벽체 및 슬래브의 경우는 콘크리트의 종류에 따라 각 내화성능등급별 부재의 두께를 정하고 있다.

이러한 국·내외의 내화성능규준의 비교를 통하여 알 수 있는 바와 같이 평가방법은 국제적으로 통일된 규격으로 실험을 통하여 평가하나 운용상에 있어서 우리나라는 철근콘크리트 구조 및 일정두께 이상으로 단순한 평가를 시행하고 있는데 비하여 선진외국의 경우는 성능등급을 세분화하였고 특히 콘크리트의 고온 특성에 중요한 영향인자인 골재의 종류, 피복두께 및 세분화 된 단면크기를 고려하여 내화성능 등급으로 운용되고 있다. 또한 일본의 경우는 이미 많은 연구결과를 토대로 성능설계 기법을 활용하여 내화안전성평가 또한 피난안전성 평가기법 등을 규준화 하였다.

여러 가지 구조재료 중에서 콘크리트는 화재에 저항능력이 우수한 재료특성을 갖고 있지만, 콘크리트 구조물은 화재로 인한 영향을 고려하도록 설계되어야 한다. 화재로 인해 온도가 증가하면 콘크리트와 강재의 강도 및 탄성계수는 감소하지만 모든 구조부재는 붕괴가 발생하지 않고 사하중 및 활하중에 저항하여야 한다. 즉, 화재로 인해 온도증가는 구조 부재가 팽창하는 원인이 되고 구조 부재는 이로 인한 응력 및 변형에 저항하여야 한다. 화재에 의한 손상을 정량적으로 평가하기 위해서는 화재온도 뿐만 아니라 화재지속시간에 대한 고려가 반드시 필요하다. 따라서 내화설계에 대한 각 국의 주요 규정에서는 표준적인 화재로 인한 온도-시간 곡선을 규정하고 있다.

1) ISO 834 및 KS F 2557

ISO 834 곡선(ISO, 1975; Yang 등, 2008))은 주로 건축구조를 대상으로 규정 되었지만, 구조물의 내화설계 시 온도조건으로 광범위하게 적용되고 있다. 국내에서 규정하고 있는 내화구조기준(KS F 2257)에서의 화재곡선도 ISO 834 화재곡선을 준용하여 적용하고 있다. ISO 화재곡선은 화재온도의 상승부와 하강부 각각에 대해서 다음과 같이 규정하고 있다.

$$\text{상승부 : } T(t) = 345 \cdot \log(8t+1) + T_o \tag{2.1}$$

$$\text{하강부 : } T = \begin{cases} T_h - 10.417(t - t_h) & (t_h \le 30) \\ T_h - 4.167\left(3 - \dfrac{t_h}{60}\right)(t - t_h) & (30 < t_h < 120) \\ T_h - 4.167(t - t_h) & (t_h \ge 120) \end{cases} \tag{2.2}$$

여기서, t : 화재 발생시간(min)

$T(t)$: 시간 t에서의 온도(℃)

T_o : 대기온도(20℃)

t_h : 최대온도 T_h에 도달하는 시간(상승부)

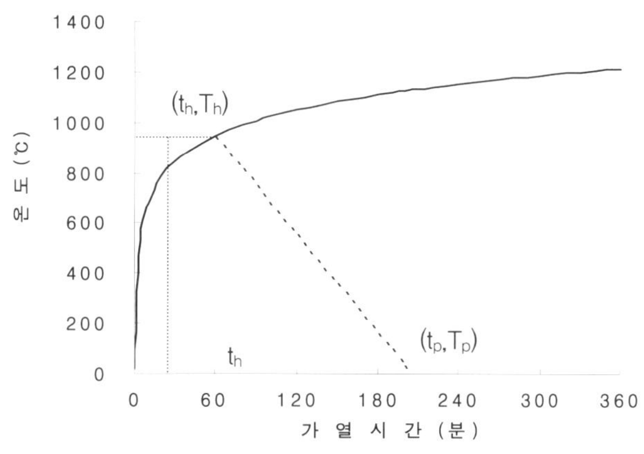

그림 2.2 ISO 834 표준 화재곡선

국내에서는 고강도 콘크리트의 사용증가에 따라 2008년 설계기준강도 50MPa 이상의 고강도 콘크리트에 관하여 내화성능기준안을 제정하였다. 국토해양부 고시 제 2005-122호에서 규정한 ISO 834-7의 실험(비재하 실험)에 의하여 기둥과 보에서 주철근의 온도가 평균 538℃, 최고 649℃ 이하의 성능기준을 보유하고 있는 것으로 사용하도록 규정되었다. 다만, 설계기준강도가 60MPa 이하의 경우는 내화성능 기준에 적합하도록 구조보강을 하여 구조기술사가 이를 확인하는 경우 실험을 실시하지 않을 수 있다고 규정하였다.

2) ASTM E 119

미국에서 화재 시 구조물의 평가는 ASTM Standard E119(1985)의 규정에 맞추어 수행되는 실험에 의해서 이루어진다. 이 실험은 화재시 저항에 대한 대부분의 빌딩 코드를 토대로 이루어져 일반적인 화재 저항 설계기준으로 확대하기에는 비경제적이고 큰 규모의 모델로 적용하기가 어렵다. 구조 부재의 화재-저항 특성은 화재 실험에 의해서 결정되며, 가장 폭넓게 사용되고 있는 표준적인 화재 실험 방법은 ASTM E 119

이다. 내화 실험 시 온도는 ASTM E 119에서 제시하는 표준 온도-시간 곡선(그림 2.3)에 따라서 주어진 시간동안 상승시킨다. 이 규정된 시간-온도 관계는 실험 시작 후 5분쯤에 537.8℃에 도달하고, 10분쯤에 704.4℃, 1시간쯤에 926.7℃, 2시간쯤에 1010℃, 4시간쯤에 1093.3℃에 도달하도록 하고 있다. ASTM E 119에 따른 내화 실험은 가장 신뢰할만한 방법이기는 하지만, 이 방법을 실용적으로 적용하기 위해서는 많은 시간과 비용이 요구된다.

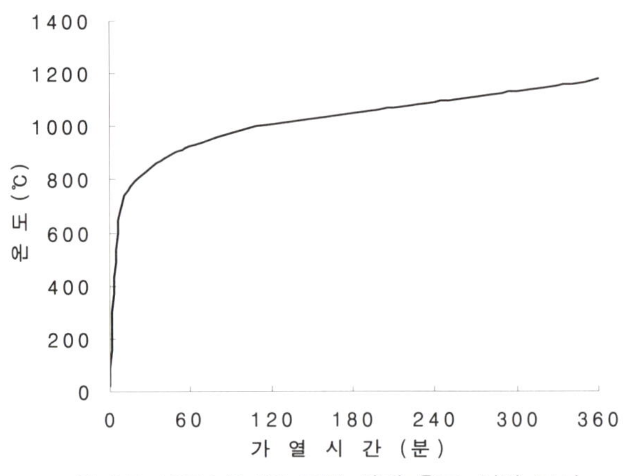

그림 2.3 ASTM E 119 표준 화재 온도-시간 곡선

3) RABT

화재의 발생온도와 지속시간은 여러 가지 원인에 의해 영향을 받는다. RABT 화재 곡선은 터널 내 화재 실험에서 얻어진 발생 온도와 지속시간의 관계는 통해서 결정되었다. 화재로 인한 터널 내에서의 온도는 터널의 공간 및 규모, 환기의 유무, 화재 발생부 등에 따라서 발생하는 온도가 다르지만, 일반적으로 천장부나 측벽 상부가 가장 고온으로 된다. 터널구조에서 처음에는 ISO 등의 설계 온도-시간 곡선이 적용되었지만, 최근에는 터널 내 대형의 위험물 차량(300MW 상당히), 자동차, 대형 트레일러, 기차 및 지하철 등에 대한 실물화재실험에서 얻어진 결과로부터 결정된 그림 2.4와 같은 RABT 곡선 등이 제안되어 적용되고 있다. 이 설계 곡선은 상승시간 5분, 최고온도 1200℃, 지속시간 60분으로 터널과 같은 구조체에는 엄격한 조건에 해당한다. RABT 곡선은 독일에서 개발된 것으로 가열시작 5분 만에 최고온도에 도달하여 30~90분 동안 지속되며, 화재의 규모와 종류에 따라 다르게 적용한다.

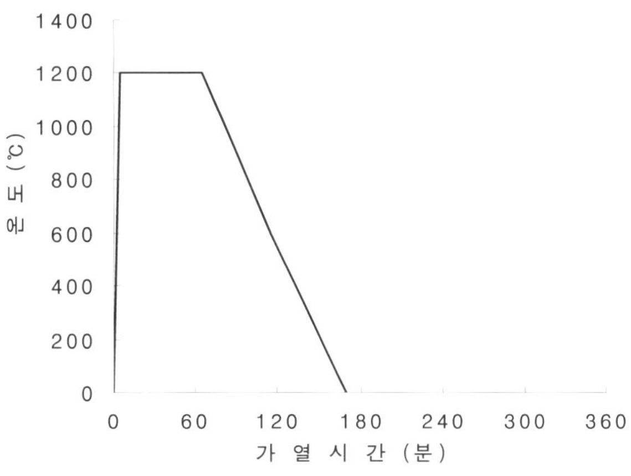

그림 2.4 RABT 표준 화재 온도-시간 곡선

4) 탄화수소곡선(HC) 및 수정 탄화수소곡선(HCM)

탄화수소곡선(hydrocarbon curve)은 석유화학 공장의 위험물 저장지역 및 주유소의 기름 등의 화재를 가정한 화재 시간-온도 곡선으로 1970년대에 제시되어 일본 및 외국에서 많이 이용되고 있다. 탄화수소곡선은 위험물의 종류에 따라 화재지속시간을 60~180분으로 규정하며, 식(2.3)과 같다.

$$T(t) = 1080(1 - 0.325e^{-0.167t} - 0.675e^{-2.5t}) + 20 \tag{2.3}$$

여기서, t : 화재시간(mim)

$T(t)$: 화재시간 t에서의 온도(℃)

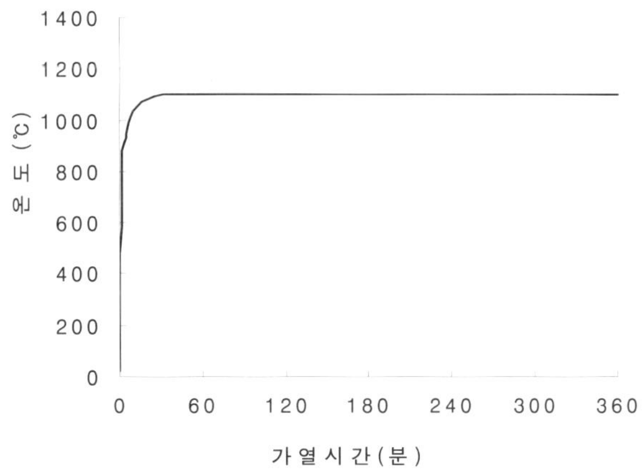

그림 2.5 탄화수소곡선의 화재 시간-온도 곡선

수정 탄화수소곡선(HCM)은 프랑스 등에서 이용되는 방법으로 탄화수소곡선(HC)의 최고온도 1,080℃를 1,280℃로 수정한 곡선이다.

$$T(t) = 1280(1 - 0.325e^{-0.167t} - 0.675e^{-2.5t}) + 20 \tag{2.4}$$

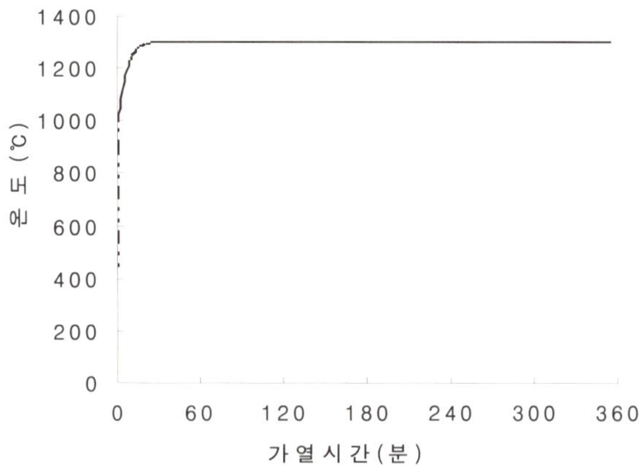

그림 2.6 수정 탄화수소곡선의 화재 시간-온도 곡선

5) BS Code

BS 규정에서는 그림 2.7과 같은 화재곡선에 의한 실험을 통해서 빌딩 구조물의 부재의 화재 저항능력을 평가한다. 화재에 저항하는 능력에 따라 구조부재의 등급을 분류하는데 각 부재는 보통 조건의 설계기능은 충족하여야 한다. 내화 실험 시 구조부재의 크기는 가능한 실제 크기로 수행하도록 하고 있지만, 벽체, 바닥 및 지붕에 대해서는 3.05m×3.05m 이상의 실험체로 하고, 기둥 및 보에 대해서는 길이가 3.05m이상이 되는 실험체가 되도록 한다. 내화 실험 시 부재의 구속조건은 부재의 실제 사용하중 조건과 유사하도록 적용하여야 한다. 내화 실험 시 작용하중은 설계 시 최대하중을 받는 실제 크기의 부재에서 발생하는 최대응력과 동일한 상태가 되는 하중을 적용시킨다. 적용되는 하중은 가열시간동안 일정하게 유지하여야 하며, 만약에 부재가 파괴되지 않는다면 가열이 끝난 후 48시간 정도 지난 시점에서 다시 하중을 적용한다. 내화 실험 시 가열온도는 그림 2.7과 같은 표준온도곡선에 따르며, 이 곡선의 주요 온도특성은 표 2.2와 같다. 구조 부재의 화재-저항능력은 모든 실험규정을 준수하여 실험을 수행하여 표 2.3에서 정의하는 등급주기를 만족하여야 한다.

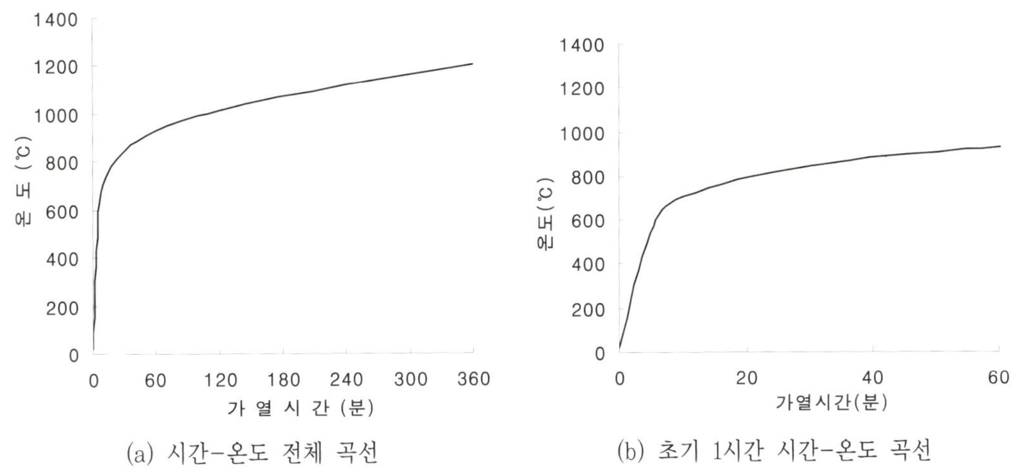

(a) 시간-온도 전체 곡선 (b) 초기 1시간 시간-온도 곡선

그림 2.7 BS 화재 시간-온도 곡선

표 2.2 BS 표준온도곡선의 주요 온도특성

가열시간	가열온도 (℃)	가열온도 (℉)
5 (min)	538	1000
10 (min)	704	1300
30 (min)	843	1550
1 (hr)	927	1700
2 (hr)	1010	1850
4 (hr)	1121	2050
6 (hr)	1204	2200

표 2.3 등급주기(Grading Periods)

Grading Periods
1/2 hr
1 hr
2 hr
3 hr
4 hr
6 hr

6) BFD

BFD 곡선(Barnett, 2002)은 화재 발생 시 온도증가부와 온도강화부를 실제 화재곡선에 가깝도록 개발되었다. 이 화재곡선은 기존의 곡선보다는 형식이 간단하고, 자동차 화재, 건축물의 화재 등 다양한 화재에 대해 적용시킬 수 있으며, 화재온도곡선은 식(2.5)와 같고, 형상은 그림 2.8과 같다.

$$T_g = T_a + T_m e^{-z} \tag{2.5}$$

$$z = (\log_e t - \log_e t_m)^2 / s_c \tag{2.6}$$

여기서, T_g : 임의 시간 t에서의 온도(℃)

T_a : ambient 온도(℃)

T_m : T_a 이상 발생하는 최대 가열온도(℃, 표 2.4)

t : 화재 시작 이후의 시간(min)

t_m : T_m 발생 시의 시간(min)

s_c : 시간-온도 곡선의 형상을 나타내는 상수

표 2.4 BFD 화재곡선에서의 T_m(℃)

	Maximum Average Gas Temp.	
FHC 1, NWC	800	* FHC 1, FHC 2, FHC 3 : C/AS1에서 정의 * NWC : 보통 중량의 콘크리트(2300 kg/m^3) * LWC : 경량 콘크리트(1500 ~ 1900 kg/m^3)
FHC 2, NWC	900	
FHC 3, NWC	950	
FHC 1, LWC	900	
FHC 2, LWC	1000	
FHC 3, LWC	1050	

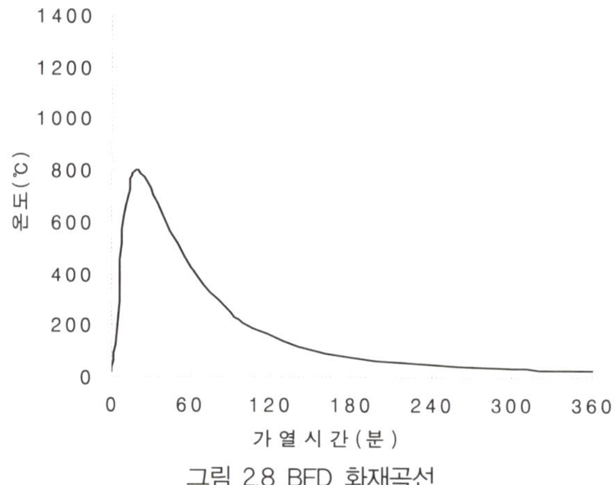

그림 2.8 BFD 화재곡선

7) EUROCODE 1

① Standard temperature-time curve

$$T_g = 20 + 345\log(8t+1) \tag{2.7}$$

여기서, T_g : 임의 시간 t에 구조물 구역내에서의 온도(^oC)

t : 화재 발생시간(min)

② External fire curve

$$T_g = 660(1 - 0.687e^{-0.32t} - 0.313e^{-3.8t}) + 20 \tag{2.8}$$

여기서, T_g : 임의 시간 t에 부재 근처에서의 온도(^oC)

t : 화재 발생시간(min)

③ Hydrocarbon curve : 2.1.4절 탄화수소곡선 참조(화재 구역 내에서의 온도)

나. 화재곡선 비교

화재곡선의 가열속도(단위 시간당 가열온도의 상승속도)가 빠를수록 폭렬이 발생하기 쉽다. 이는 가열 표면과 내부와의 온도차가 커지기 때문에 표면부의 열응력(압축력)이 크게 되고, 가열 표면부의 자유수가 급격하게 수증기로 변화하여 압력을 발생시키기 때문인 것으로 판단된다. 콘크리트 구조의 내화성에 관한 연구는 주로 건축분야에서 수행되었지만, 근래에는 터널의 내화성에 관한 관심이 증가되어 토목분야에서도 연구가 활발히 진행되고 있다. 앞에서 기술한 각 규정에서의 화재곡선을 그림 2.9에 비교하였다. 그림 2.9에서 ISO 834는 건축에서의 화재를 가정한 곡선으로 섬유계질 가연성 물질인 종이, 섬유 등의 구획 내 화재에 대한 실물화재 평가를 통해서 결정하였다. RABT는 터널에서의 화재를 가정한 곡선으로 터널은 지하공간이라는 폐쇄성 등으로 인해 건축구조물에서 발생하는 화재와 달리 더욱 고온에 도달할 수 있다. 또한 소

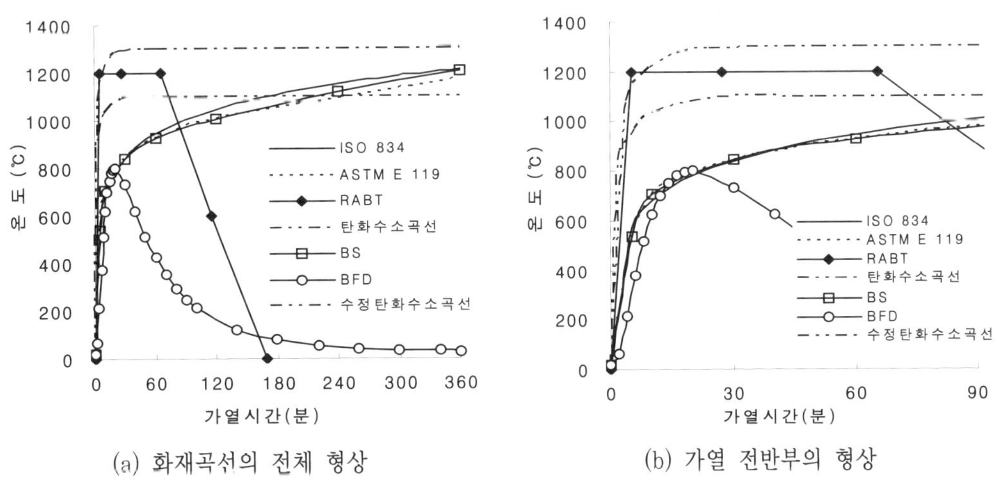

(a) 화재곡선의 전체 형상 (b) 가열 전반부의 형상

그림 2.9 주요 규정에서의 화재온도 가열곡선의 비교

방장비의 접근이 어렵기 때문에 화재 지속시간이 길어지는 특징이 있다. 따라서 건축 구조물에 적용되는 ISO 834 화재곡선을 적용하기는 어렵다. ISO 834는 180분 동안 1110℃까지 상승하는데 비해서 RABT는 5분 만에 1200℃까지 상승한다. 설계기준강도 42MPa인 콘크리트 부재를 ISO 834로 가열하는 경우에는 폭렬이 발생하지 않지만, RABT로 가열하는 경우에는 가열면에서 폭렬이 발생하는 것이 일반적이다. 이는 가열속도가 중요한 영향을 미치기 때문이다.

1.1.3 화재 후 단면의 강도평가 방법

가. 화재로 인한 단면 내 온도 추정

ACI 216 Committe(1989)의 지침에서는 화재시간에 따라 부재 깊이별 온도분포에 대한 그래프를 단면형태 및 골재의 종류 등 여러 가지 조건에 따라 제시하고 있다. 그림 3.1은 슬래브 구조에서의 화재시간에 따른 온도분포이다. 골재의 종류에 따라 각각 온도분포가 규정되어 있지만, 본 연구 조건과 동일한 규산질(sliceous) 골재를 사용한 콘크리트 슬래브(0.9×0.9m)의 온도분포를 나타내었다.

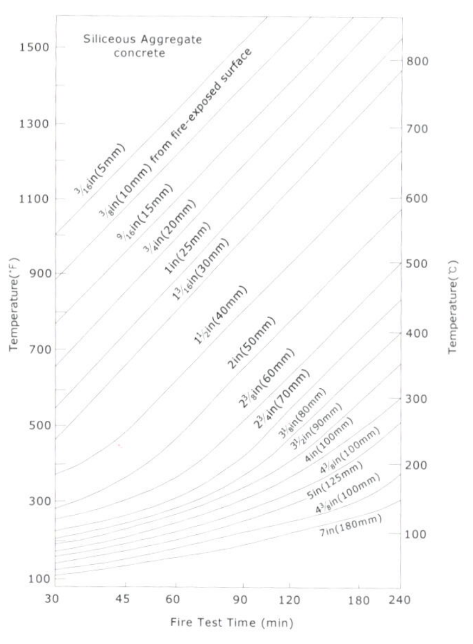

그림 3.1 슬래브 단면 내 온도분포(ACI)

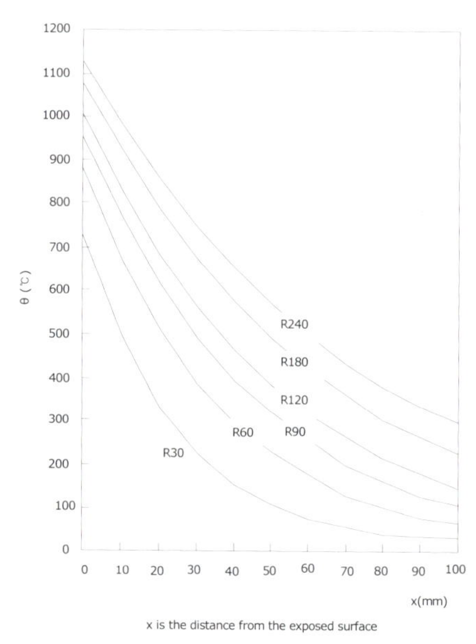

그림 3.2 슬래브 단면 내 온도분포(EUROCODE 2)

표 3.1 단순 지지된 슬래브의 최소두께 및 최소덮개

Standard fire resistance	Minimum dimensions (mm)	
	slab thickness	axis distance
R20	60	10
R60	80	20
R90	100	30
R120	120	40
R180	150	55
R240	175	65

EUROCODE 2(2004)에서는 부재의 형태에 따라 단면 내 온도분포를 규정하는데, 슬래브의 화재 노출표면으로부터 단면 깊이에 따른 온도변화는 그림 3.2와 같다. 그림 3.2에서 각 곡선에 명기된 기호 R은 표준화재등급으로서 표 3.1에 간략히 기술하였다.

나. 화재 온도로 인한 강도 감소

1) 콘크리트 압축강도

ACI 216 Committee에서는 온도증가에 따른 압축강도의 변화는 콘크리트에 사용된 골재의 종류에 따라 규정하고 있다(Abrams, 1971). 이 압축강도의 변화는 화재로 인한 온도가 냉각된 이후에 대한 것으로 화재로 인해 발생하는 최대온도에 따라 압축강도를 추정할 수 있다. 그림 3.3은 규산질 골재를 사용한 콘크리트의 압축강도 변화로서 곡선에서 'Unstressed'로 표기된 것은 내화 실험 중에 하중을 가하지 않는 경우, 'Stressed to $0.4f_c'$'라고 표기된 것은 내화 실험 중에 콘크리트 압축강도의 40%를 재하 한 경우이다. 이 두 가지 경우는 모두 화재로 인한 온도가 증가한 상태에서의 압축강도 수준을 의미한다. 'Unstressed Residual'라고 쓰여 진 곡선은 하중을 가하지 않은 상태에서 내화 실험을 수행하고, 대기상태로 냉각된 이후에 압축강도 실험을 실시하여 잔류하는 압축강도를 초기 압축강도와 비교한 값이다. 이때 시편은 6일 동안은 대기상태에서 상대습도는 75%를 유지하여 보관하여야 한다.

EUROCODE 2(2004)에서 화재 손상을 받은 콘크리트의 압축강도는 발생온도 크기에 따른 감소계수를 반영하여 식(3.1)에 의해서 결정된다. 발생온도에 따른 압축강도 감소계수의 분포는 그림 3.4와 같고, 발생온도 범위에 따른 감소계수는 표 3.2에 수록

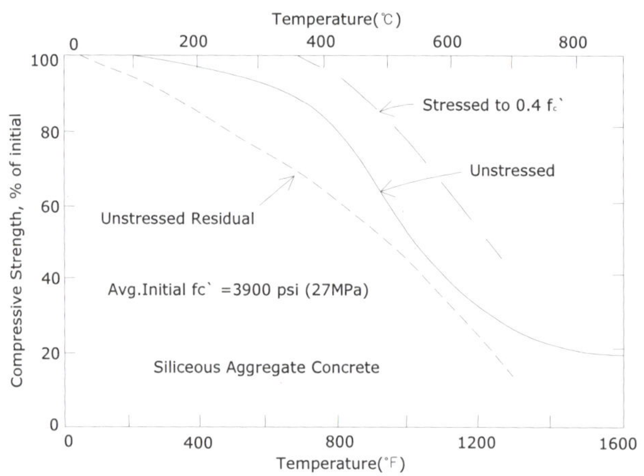

그림 3.3 고온 및 냉각 후 콘크리트의 압축강도의 변화

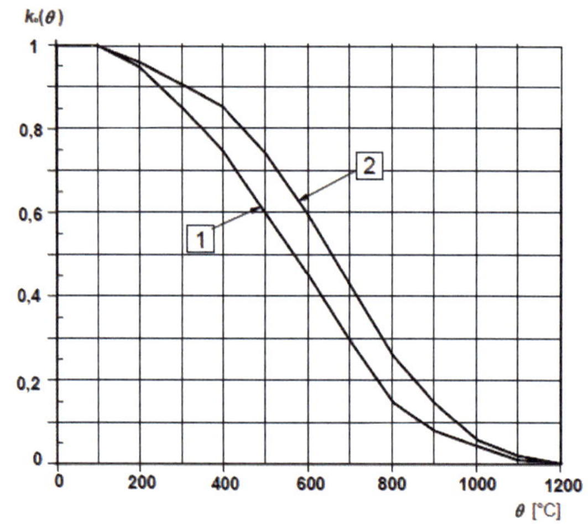

그림 3.4 온도상승에 따른 콘크리트 압축강도 감소계수($K_c(\theta)$)

되었다. 그림 3.4에서 기호 1은 규산질 골재이고, 기호 2는 석회질 골재이다.

$$f_{c,\theta} = K_c(\theta)\ f_{ck} \tag{3.1}$$

여기서, $f_{c,\theta}$: 발생온도가 θ ℃ 일 때의 콘크리트 압축강도

f_{ck} : 20℃에서 콘크리트 압축강도

$K_c(\theta)$: 발생온도 크기에 따른 콘크리트 압축강도의 감소계수

표 3.2 발생온도에 따른 압축강도 감소계수 산정식($f_{c,\theta}/f_{ck}$)

콘크리트 온도, θ (℃)	규산질 골재 (Siliceous aggregates)	석회질 골재 (Calcareous aggregates)
20	1.0	1.0
100	1.0	1.0
200	0.95	0.97
300	0.85	0.91
400	0.75	0.85
500	0.60	0.74
600	0.45	0.60
700	0.30	0.43
800	0.15	0.27
900	0.08	0.15
1000	0.04	0.06
1100	0.01	0.02
1200	0	0

2) 철근의 항복강도

그림 3.5는 ACI 216 Committee(1989)에 제시된 온도증가에 따른 철근 항복강도의 변화로서 최대값과 최소값을 규정하고 있다. 그림 3.6은 주로 프리스트레스트 콘크리트에 사용되는 고강도 강재에 대한 온도증가에 따른 항복강도의 변화이다.

EUROCODE 3(2002)에서 규정하는 발생온도에 따른 철근의 항복강도 감소계수는 그림 3.7과 같다. 항복강도 감소계수가 결정되면 화재로 인한 발생온도 크기에 따른 손상된 철근의 항복강도는 식(3.2)에 의해서 산정된다.

$$f_{y,\theta} = K_s(\theta)\, f_y \tag{3.2}$$

여기서, $f_{y,\theta}$: 발생온도가 θ℃ 일 때의 철근의 항복강도

f_y : 20℃에서 철근의 항복강도

$K_s(\theta)$: 발생온도에 따른 철근 항복강도의 감소계수

그림 3.7에 나타낸 온도증가에 따른 철근의 항복강도 감소계수를 EUROCODE 3에서 규정하는 Class N 등급(인장철근, 표 3.3 ; 압축철근, 식(3.3))과 Class X 등급(인장철근, 표 3.4 ; 압축철근, 식(3.4))에 정리하였다.

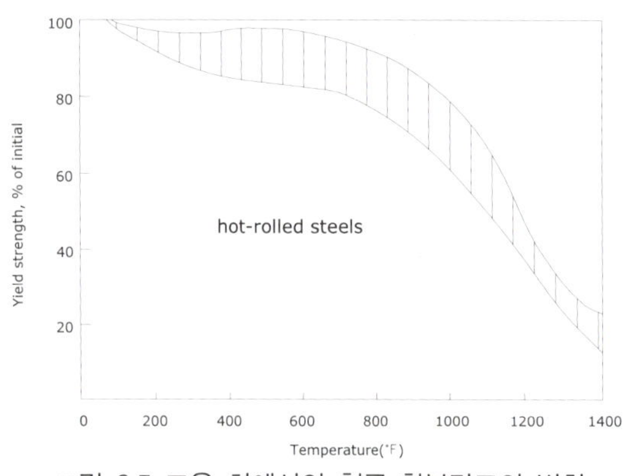

그림 3.5 고온 하에서의 철근 항복강도의 변화

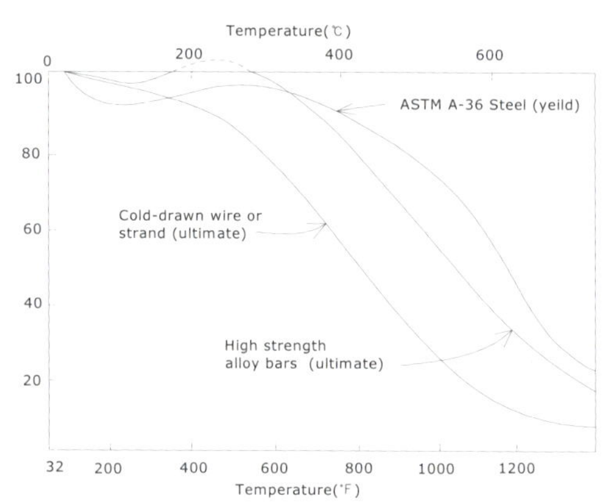

그림 3.6 고온 하에서의 고강도 강재 항복강도의 변화

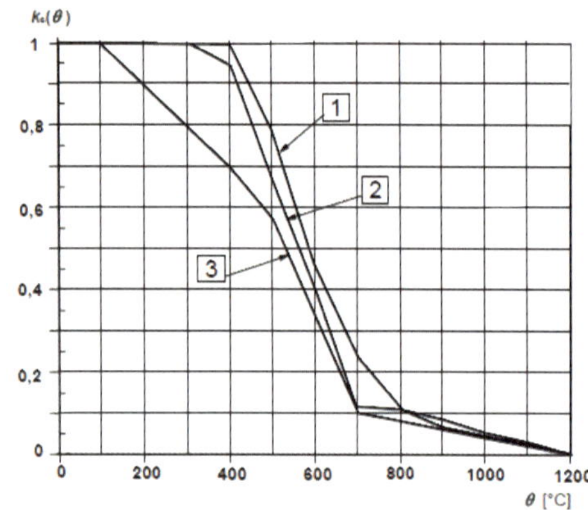

Curve 1 : 인장철근(hot rolled), $\epsilon_{s,fi} \geq 2\%$
Curve 2 : 인장철근(cold worked), $\epsilon_{s,fi} \geq 2\%$
Curve 3 : 압축철근(hot rolled), $\epsilon_{s,fi} < 2\%$

(a) 일반적인 경우(Class N)

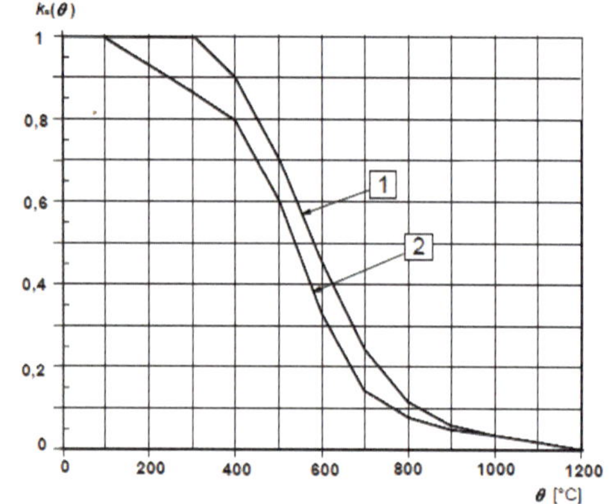

Curve 1 : 인장철근(hot rolled or cold worked), $\epsilon_{s,fi} \geq 2\%$
Curve 2 : 압축철근(hot rolled and cold worked), $\epsilon_{s,fi} < 2\%$

(b) 실험적 검증이 된 경우(Class X)

그림 3.7 온도변화에 따른 철근 항복강도의 감소계수

표 3.3 철근 항복강도 감소계수 (Class N, 인장철근, $f_{y,\theta}/f_y$)

Steel Temp. θ(℃)	hot rolled	cold worked	Steel Temp. θ(℃)	hot rolled	cold worked
20	1.00	1.00	700	0.23	0.12
100	1.00	1.00	800	0.11	0.11
200	1.00	1.00	900	0.06	0.08
300	1.00	1.00	1000	0.04	0.05
400	1.00	0.94	1100	0.02	0.03
500	0.78	0.67	1200	0.00	0.00
600	0.47	0.40			

- 온도증가에 따른 항복강도 감소계수(Class N, 압축철근)

$$
\begin{aligned}
&K_s(\theta) = 1.0 && \text{for } 20℃ \le \theta \le 100℃ \\
&K_s(\theta) = 0.7 - 0.3(\theta - 400)/300 && \text{for } 100℃ < \theta \le 400℃ \\
&K_s(\theta) = 0.57 - 0.3(\theta - 500)/100 && \text{for } 400℃ < \theta \le 500℃ \\
&K_s(\theta) = 0.1 - 0.47(\theta - 700)/200 && \text{for } 500℃ < \theta \le 700℃ \\
&K_s(\theta) = 0.1(1200 - \theta)/500 && \text{for } 700℃ < \theta \le 1200℃
\end{aligned}
\tag{3.3}
$$

표 3.4 철근 항복강도 감소계수(Class X, 인장철근, $f_{y,\theta}/f_y$)

Steel Temperature, θ (℃)	hot rolled and cold worked
20	1
100	1
200	1
300	1
400	0.90
500	0.70
600	0.47
700	0.23
800	0.11
900	0.06
1000	0.04
1100	0.02

- 온도증가에 따른 항복강도 감소계수(Class X, 압축철근)

$$
\begin{aligned}
&K_s(\theta) = 1.0 && \text{for } 20℃ \le \theta \le 100℃ \\
&K_s(\theta) = 0.8 - 0.2(\theta - 400)/300 && \text{for } 100℃ < \theta \le 400℃ \\
&K_s(\theta) = 0.6 - 0.2(\theta - 500)/100 && \text{for } 400℃ < \theta \le 500℃ \\
&K_s(\theta) = 0.33 - 0.27(\theta - 600)/100 && \text{for } 500℃ < \theta \le 600℃ \\
&K_s(\theta) = 0.15 - 0.18(\theta - 700)/100 && \text{for } 600℃ < \theta \le 700℃ \\
&K_s(\theta) = 0.08 - 0.07(\theta - 800)/100 && \text{for } 700℃ < \theta \le 800℃ \\
&K_s(\theta) = 0.05 - 0.03(\theta - 900)/100 && \text{for } 800℃ < \theta \le 900℃ \\
&K_s(\theta) = 0.04 - 0.01(\theta - 1000)/100 && \text{for } 900℃ < \theta \le 1000℃ \\
&K_s(\theta) = 0.04(1200 - \theta)/200 && \text{for } 1000℃ < \theta \le 1200℃
\end{aligned}
\tag{3.4}
$$

3) 철근의 탄성계수

철근의 탄성계수는 온도가 증가할수록 감소하는데 온도증가에 따른 탄성계수의 변화는 그림 3.8과 같다. EUROCODE 3에서는 200℃까지는 상온에서의 탄성계수로 정의하였고, 그 이후 온도에서는 그림 3.9에서와 같이 온도증가에 따라 감소한다. 온도증가에 따른 탄성계수의 감소계수를 적용하여 발생온도에서의 탄성계수는 식(3.5)와 같다.

$$E_{s,\theta} = K_E(\theta) E_s \tag{3.5}$$

여기서, $E_{s,\theta}$: 발생온도 θ ℃ 일 때 철근의 탄성계수

E_s : 20℃에서 철근의 탄성계수

$K_E(\theta)$: 온도증가에 따른 탄성계수의 감소계수

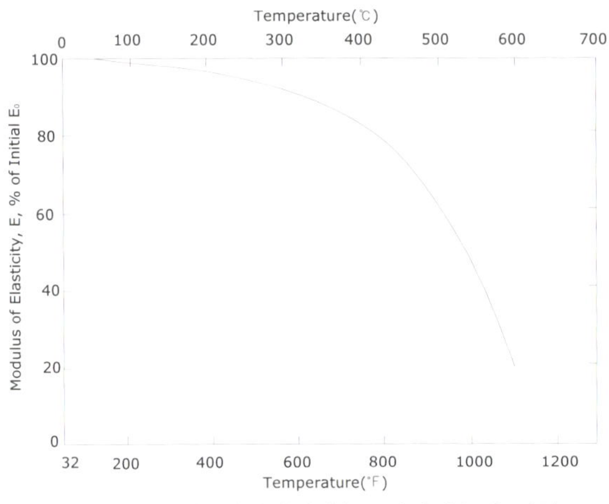

그림 3.8 고온 하에서의 철근 탄성계수의 변화

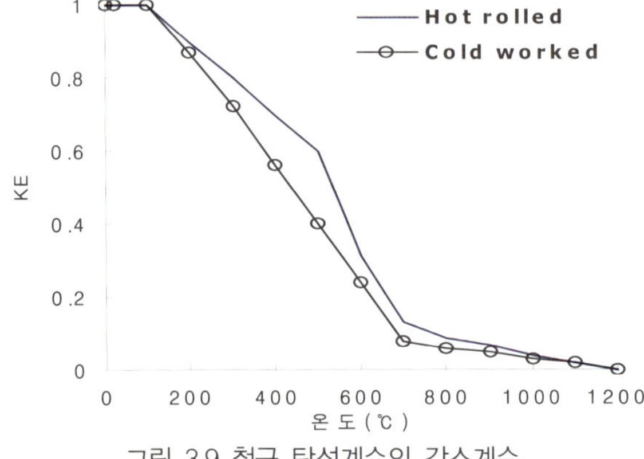

그림 3.9 철근 탄성계수의 감소계수

* EUROCODE 3에서 규정하는 온도증가에 따른 철근 탄성계수의 감소계수를 Class N 등급과 Class X 등급 각각에 대해서 표 3.5와 표 3.6에 정리하였다.

표 3.6 철근 탄성계수의 감소계수 (Class X)

Steel Temperature θ(℃)	$E_{s,\theta}/E_s$
	hot rolled and cold worked
20	1.00
100	1.00
200	0.95
300	0.90
400	0.75
500	0.60
600	0.31
700	0.13
800	0.09
900	0.07
1000	0.04
1100	0.02

다. 화재로 인한 손상 저항모멘트

철근콘크리트 부재가 화재로 인한 온도증가에 의해서 열 손상을 받는 경우 단면의 지항모멘트는 ACI 216 규정에 의해서 산정이 가능하다. 본 연구에서 수행된 내화 실험 대상 실험체는 단순 지지된 철근콘크리트 슬래브로서 단면 내에 상부철근과 하부철근이 배근된 복철근 단면이다. 화재로 인한 온도하중의 영향을 받은 위치는 그림 3.6 에서와 같이 인장철근이 위치하는 정모멘트가 발생하는 표면부이다.

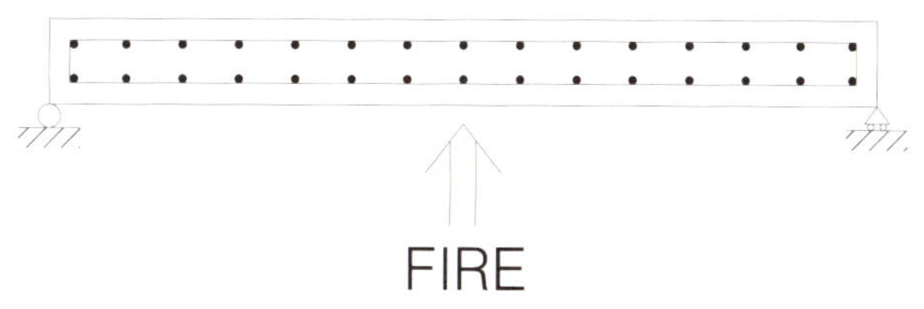

그림 3.6 화재가 발생한 단순보

화재가 발생하지 않았을 경우, 복철근 단면의 저항모멘트는 식(3.1)과 같다. 식(3.1.a)는 압축철근이 항복한 경우이고, 식(3.1.b)는 압축철근이 항복하지 않은 경우이다.

$$M_n = C_c(d-\frac{a}{2}) + C_s(d-d')$$

$$= (A_s - A_s')f_y(d-\frac{a}{2}) + A_s' f_y(d-d') \quad (3.1.a)$$

$$= 0.85 f_{ck} a b(d-\frac{a}{2}) + (E_s \epsilon_s')A_s'(d-d') \quad (3.1.b)$$

여기서, C_c : 콘크리트의 압축력, C_s : 상부철근의 압축력
A_s : 인장철근의 단면적, A_s' : 압축철근의 단면적
f_y : 철근의 항복강도, f_{ck} : 콘크리트의 압축강도
E_s : 철근의 탄성계수
d : 압축선단에서 하부철근 중심까지의 거리
d' : 압축선단에서 상부철근 중심까지의 거리
a : 등가블록의 깊이

화재로 인한 손상을 입은 단면의 저항모멘트($M_{n,\theta}$)는 화재 후의 콘크리트 압축강도와 철근의 항복강도에 의해서 결정되는데, 철근의 항복강도 및 콘크리트의 압축강도는 화재로 인한 발생온도의 영향을 크게 받는다. 화재로 인한 손상 단면의 저항모멘트 $M_{n,\theta}$은 식(3.2)와 같다.

$$M_{n,\theta} = C_c(d-\frac{a}{2}) + C_s(d-d')$$

$$= (A_s - A_s')f_{y,\theta}(d-\frac{a_\theta}{2}) + A_s' f_{y,\theta}(d-d') \quad (3.2.a)$$

$$= 0.85 f_{c,\theta}' a_\theta b(d-\frac{a_\theta}{2}) + (E_{s,\theta}\epsilon_s')A_s'(d-d') \quad (3.2.b)$$

여기서, $f_{c,\theta}'$: 최대발생 온도가 θ일 때 콘크리트 압축강도
$f_{y,\theta}$: 최대발생 온도가 θ일 때 철근의 항복강도
$E_{s,\theta}$: 최대발생 온도가 θ일 때 철근의 탄성계수
a_θ : 최대발생 온도의 영향을 고려하여 결정되는 등가블록의 깊이
b : 단면의 폭

이상 화재로 인해 발생하는 온도증가에 따른 부재 단면의 손상 저항모멘트를 산정하는 절차를 요약하면 다음과 같다.

표 3.1 손상 저항모멘트 산정절차

단 계	산 정 항 목
Step 1	· 기본 자료의 결정 · u : 화재표면에서의 깊이 $u = Concrete\ Cover + d_b/2$ · t : 화재지속시간
Step 2	· 깊이별 강재 및 콘크리트의 온도산정 · 그림 3.1 참조
Step 3	· 온도증가에 따른 강재의 항복강도 결정 · $f_{y,\theta}$: 그림 3.3 참조
Step 4	· 온도증가에 따른 콘크리트 압축강도 결정 · $f_{c,\theta}'$: 그림 3.2 참조
Step 5	· 손상 저항모멘트 산정

- **Step 1** : 화재발생 표면으로부터의 단면내 깊이는 손상전도를 산정하는 요구되는 변수이며, 화재지속시간은 단면내 각 위치에서의 온도분포를 결정하는데 이용된다.
- **Step 2** : 부재의 표면 및 깊이별 온도를 결정하는 과정으로 화재 발생표면의 온도는 ASTM E 119 기준에 의한 화재지속시간에 따른 표면온도의 관계(그림 2.2)에서 결정된다. ACI 216 Committe의 Guide에서는 화재사고로 인한 철근 콘크리트 부재의 깊이별 온도분포에 대한 그래프를 그림 3.1과 같이 제시하고 있다. 이를 통해서 부재의 깊이별 온도분포를 산정한다.
- **Step 3** : 부재 깊이별 온도분포로부터 철근위치에서의 온도를 결정하고, ACI 216 Committee Guide에서 제시하는 그림 3.3으로부터 온도증가에 따른 철근의 항복강도를 계산한다.
- **Step 4** : 화재발생 부위 측 콘크리트는 손상 저항모멘트 산정 시 인장력은 철근이 모두 받는 것으로 가정하기 때문에 인장 측 콘크리트의 열손상은 손상 저항모멘트에 영향을 미치지 않는다. 압축 측 콘크리트의 경우에는 그림 3.2를 통해 결정된다.
- **Step 5** : Step 3, Step 4에서 구한 항복강도와 압축강도를 이용하여 손상 저항모멘트를 산정한다. 이때 화재 발생 표면부가 인장부인지 압축부인지 명확하게 판단하여야 한다.

1.1.4 화재곡선에 의한 온도해석

가. 화재 시 재료의 열적 특성

화재가 발생되는 RC 구조물의 온도해석을 위해서는 화재상황을 모사할 수 있는 화재곡선이 요구된다. 또한 온도해석 시 작성되는 유한요소모델을 구성하는 각 재료의 열적특성 부여방법, 구조체의 열교환 특성 등의 열적특성이 요구된다. 화재와 같은 고온조건 하에서 콘크리트, 철근 및 텐던 등의 구조재료의 물성은 급격히 변화되는 것으로 알려져 있으며, 이러한 물성변화를 올바로 고려하는 것은 화재로 인한 온도평가 시 가장 기본적이면서 중요한 사항이다. 콘크리트 구조물의 단면 내에서 온도증가와 온도분포의 영향을 받는 열적특성에는 열전도율, 비열, 열팽창계수 및 질량 손실 등이 있다. 이러한 열적특성은 콘크리트의 배합특성 및 골재의 종류에 따라 영향을 받는다.

Kodur 등(2003)은 규산질 골재(siliceous aggregate)와 탄산질 골재(carbonate aggregate)를 사용한 2종류의 고강도 콘크리트에 대한 열적특성을 조사하였다. 고강도 콘크리트의 열전도율은 온도증가에 따라 감소하는 결과를 보였고, 약 200℃~800℃ 온도범위에서 규산질 골재를 사용한 경우가 탄산화 골재를 사용한 경우보다 열전도율이 큰 수준을 보였다. 이는 탄산화 골재에 비해서 규산질 골재의 결정체가 큰 수준을 보이기 때문이다. 이 결정체 수준이 높아지면 열전도율이 증가하고, 온도증가에 따른 감소율이 감소하게 된다(Lie, 1992). 비열(specific heat)은 일반적으로 비열과 밀도(density)의 곱인 열용량(thermal capacity)으로 표현된다. 탄산화 골재를 사용한 고강도 콘크리트의 비열(열용량)은 약 150℃와 400℃ 부근에서 최대치를 보이고, 규산질 골재를 사용한 경우는 약 500℃ 부근에서 최대치를 보였다. 또한, 탄산화 골재 콘크리트의 비열은 약 600℃ 이상의 온도에서 규산질 골재 콘크리트에 보다 대략 10배 이상의 큰 수준을 보였다. 열팽창계수는 골재의 종류에 따라 큰 영향을 받는데, 규산질 골재를 사용한 콘크리트는 약 700℃까지 온도가 증가할수록 열팽창계수가 증가하다가 이후에는 온도가 증가하여도 일정한 경향을 보인다. 또한, 약 550℃ 부근에서 열팽창계수의 증가율이 증가하는 전이구간을 보이는데, 이는 폭렬(spalling)로 인한 영향이다(Harmathy, 1970). 800℃ 이상이 되면 열팽창계수가 약간 감소하는 경향을 보이는데, 이는 콘크리트의 건조수축으로 인한 영향이다(Lie, 1972). 질량의 손실은 약 600℃까지 서서히 감소하는데 약 3% 정도의 손실률을 보인다. 탄산화 골재를 사용한 콘크리트는 600℃~700℃ 사이에서는 손실률이 급격히 증가하고, 약 750℃ 이상에서는 다시 서서히 감소하는 경향을 보인다. 그러나 규산질 골재를 사용한 경우는 600℃ 이상에서도 서서히 감소하는 경향을 보인다.

Varma 등(2004)은 충전 콘크리트 강도가 38~48MPa인 CFT 기둥에 대한 화재거동 평가 시 콘크리트와 강재의 열적특성은 Lie 등(1995)이 제시한 표 4.1을 이용하였다.

표 4.1 온도증가에 따른 콘크리트와 강재의 열적특성(Lie, 1995)

콘크리트				강재			
Temp. (^oC)	Thermal Conductivity (J/s-m-^oC)	Thermal Capacity ($10^6 J/m^3 {}^oC$)	Thermal Expansion ($10^{-6} {}^oC^{-1}$)	Temp. (^oC)	Thermal Conductivity (J/s-m-^oC)	Thermal Capacity ($10^6 J/m^3 {}^oC$)	Thermal Expansion ($10^{-6} {}^oC^{-1}$)
0	1.355	2.566	6.0	0	48.0	3.30	12.0
100	1.355	2.566	6.8	100	45.8	3.70	12.4
200	1.355	2.566	7.6	200	43.6	4.10	12.8
300	1.344	2.566	8.4	300	41.4	4.50	13.2
400	1.220	2.566	9.2	400	39.2	4.90	13.6
410	1.207	4.330	9.3	500	37.0	5.30	14.0
445	1.164	2.565	9.6	600	34.8	5.70	14.4
500	1.096	2.566	10.0	650	33.7	5.90	14.6
600	0.972	4.169	10.8	700	32.6	9.30	14.8
635	0.928	4.730	11.1	725	32.1	11.00	14.9
700	0.848	15.543	11.6	800	30.4	4.55	15.2
715	0.829	18.038	11.7	900	28.2	4.55	15.6
785	0.742	2.565	12.3	1000	28.2	4.55	16.0
800	0.723	2.566	12.4	1100	28.2	4.55	16.0
900	0.599	2.566	13.2	1200	28.2	4.55	16.0
1000	0.475	2.566	14.0				
1100	0.351	2.566	14.8				
1200	0.227	2.566	15.6				

1) 콘크리트

콘크리트의 열적 특성은 골재의 종류와 양에 따라 크게 달라진다. 따라서 각 설계기준에서는 보통골재 콘크리트(normal weight concrete)와 경량골재 콘크리트 (light weight concrete) 등으로 나누어 열적 특성을 제시하고 있으며, 보통골재는 다시 규산질 골재와 탄산질 골재로 분류한다. RC 구조물에는 보통골재를 주로 사용하며, 우리나라에서 사용하는 보통골재의 대부분은 규신질 골재이다.

① 열전도도(thermal concuctivity)

콘크리트의 열전도도는 온도가 증가하면 감소하는 경향을 보이므로 많은 식들이 열전도도를 온도의 함수로 표현하고 있다. 그러나 실제로는 골재의 결정화 정도가 열전도도에 영향을 준다. 결정화가 많이 될수록 열전도도가 커지고, 이로 인해 온도가 내려가는 것이다. 콘크리트의 대표적인 결정물은 규산질 골재의 주성분인 규암(quartzite)이다.

EUROCODE 2(2004)에서는 보통 중량 콘크리트의 열전도도를 상한과 하한에 대해서 식(4.1)과 식(4.2)에 의해서 규정하고 있으며(그림 4.1의 a 참조), 2004년 개정 이전에는 보통골재 콘크리트의 열전도도는 식(4.3)식을 적용하여 산정하도록 규정하였다.

$$\text{상한}: 20^oC \le T \le 1200^oC : k_c = 2 - 0.2451(T/100) + 0.0107(T/100)^2 (W/mK) \quad (4.1)$$

$$\text{하한}: 20^oC \le T \le 1200^oC : k_c = 1.36 - 0.136(T/100) + 0.0057(T/100)^2 (W/mK) \quad (4.2)$$

$$20^oC \le T \le 1200^oC : k_c = 2 - 0.24(\frac{T}{120}) + 0.012(\frac{T}{120})^2 \ (W/m\ ^oC) \quad (4.3)$$

ASCE(1980)에서는 규산질 골재와 탄산화 골재에 따라서 열전도도를 각각 규정하고 있으며, 규산질 골재를 사용한 콘크리트의 열전도도는 다음식과 같다.

$$0 \le T \le 800^oC \quad : k_c = -0.000625T + 1.5 \quad (W/m\ ^oC) \quad (4.4)$$

$$T > 800^oC \quad : k_c = 1.0 \quad (W/m\ ^oC) \quad (4.5)$$

EUROCODE 2와 ASCE에서 규정하는 온도증가에 따른 콘크리트의 열전도를 그림 4.1의 (b)에 비교하였다.

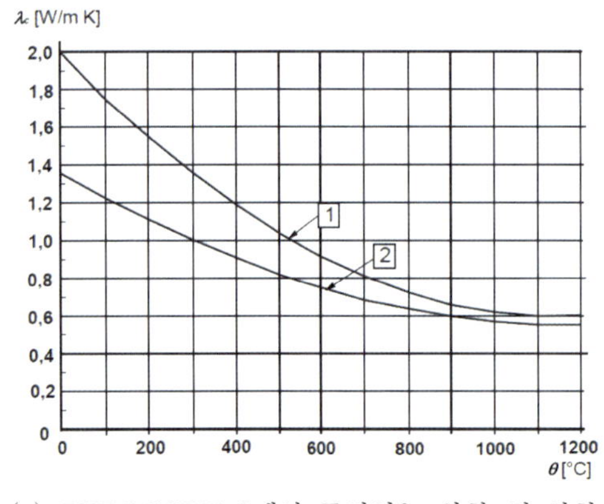

(a) EUROCODE 2에서 규정하는 상한 및 하한

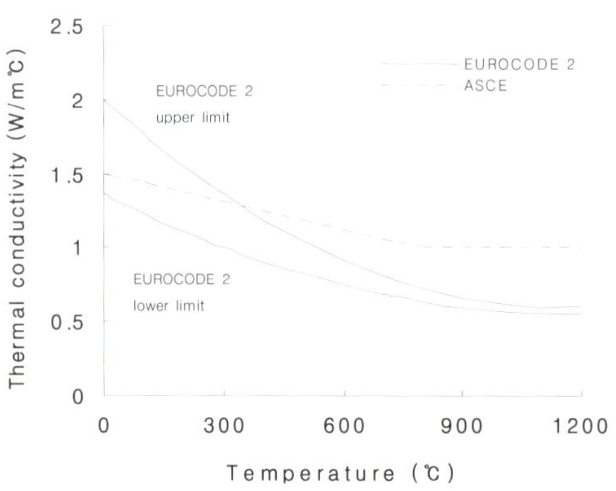

(b) EUROCODE 2 및 ASCE의 비교

그림 4.1 콘크리트의 열전도도

② 비열(specific heat)

콘크리트의 비열은 온도가 증가하면 완만하게 증가한다. 그러나 콘크리트의 비열은 배합조건 등 많은 요인의 영향으로 하나의 값으로 정의하기가 어렵다. Harmathy (1993)의 연구결과, 100℃ 이하에서는 콘크리트 내부 수분이 비열의 변화에 큰 영향을 미치는 것을 확인하였다. 이는 콘크리트 공극 내에 자유수가 열전달에 의해 이동 또는 제거되면서 열에너지를 소모하기 때문이다. 반 데르 발스 분자력(Van der Waal's force)이 물 분자와 페이스트를 결합시키고 있으며 시멘트 페이스트 구성물 사이의 좁은 공간이 물의 증발을 저해하므로 400℃ 이하에서는 결정화된 물이 증발하지 못한다. 한편, 물체에 출입하는 열량은 비열과 단위중량, 그리고 온도차의 곱으로 표현되므로 ASCE(1980)에서는 단위중량과 비열을 곱한 부피 비열(volumetric specific heat) 식을 사용하기도 한다. 규산질 골재를 사용한 보통 중량 콘크리트의 비열은 EUROCODE 2(2004) 제안식은 식(4.6), ASCE(1980) 제안식은 식(4.7)과 같다. EUROCODE 2가 2004년도에 개정되기 이전에는 식(4.9)을 규정하였다. 콘크리트의 비열은 습윤 상태에 따라 100℃~200℃ 사이에서는 급변하는데 EUROCODE 2에서는 습윤 상태에 따라 그림 4.2의 (a)에서와 같이 콘크리트의 비열을 규정하고 있으며, EOROCODE 2와 ASCE에서 규정하는 온도 증가에 따른 콘크리트의 비열을 그림 4.2의 (b)에 비교하였다.

$$\begin{aligned}
&20 \le T \le 100^o C &&: c_p(T) = 900\,(J/kg\,K) \\
&100 < T \le 200^o C &&: c_p(T) = 900 + (T-100)\,(J/kg\,K) \\
&200 < T \le 400^o C &&: c_p(T) = 1000 + (T-200)/2\,(J/kg\,K) \\
&400 < T \le 1200^o C &&: c_p(T) = 1100\,(J/kg\,K)
\end{aligned} \tag{4.6}$$

$$\begin{aligned}
&0 \le T \le 200^o C &&: \rho_c c_c = (0.005T + 1.7) \times 10^6\,(J/m^3\,{}^oC) \\
&200 < T \le 400^o C &&: \rho_c c_c = 2.7 \times 10^6\,(J/m^3\,{}^oC) \\
&400 < T \le 500^o C &&: \rho_c c_c = (0.013T - 2.5) \times 10^6\,(J/m^3\,{}^oC) \\
&500 < T \le 600^o C &&: \rho_c c_c = (-0.013T + 10.5) \times 10^6\,(J/m^3\,{}^oC) \\
&T > 600^o C &&: \rho_c c_c = 2.7 \times 10^6\,(J/m^3\,{}^oC)
\end{aligned} \tag{4.7}$$

$$20 \le T \le 1200^o C : \rho_c c_c = 2350 \times \left[900 + 80\left(\frac{T}{120}\right) - 4\left(\frac{T}{120}\right)^2\right]\,(J/m^3\,{}^oC) \tag{4.8}$$

$$20 \le T \le 1200^o C : c_c = \left[900 + 80\left(\frac{T}{120}\right) - 4\left(\frac{T}{120}\right)^2\right]\,(J/kg^o C) \tag{4.9}$$

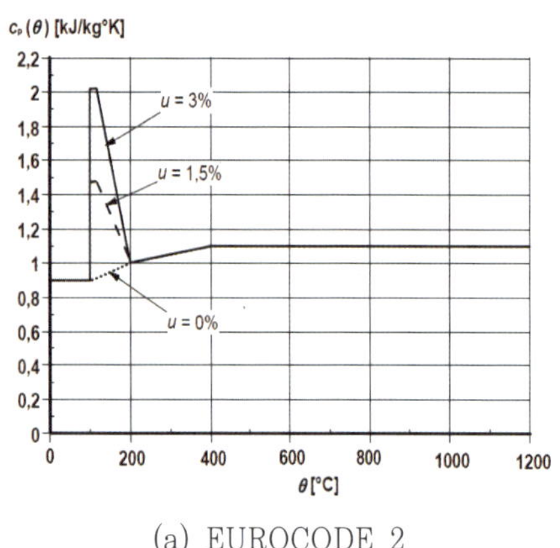

(a) EUROCODE 2

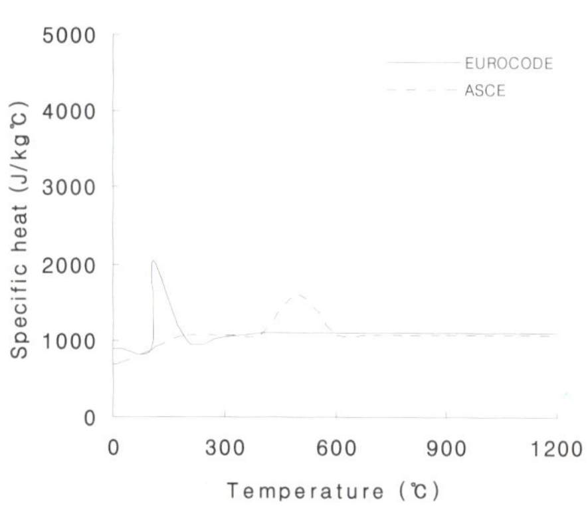

(b) EUROCODE 2 및 ASCE의 비교

그림 4.2. 콘크리트의 비열

③ 열팽창계수(coefficient of thermal expansion)

ASCE(1980)에서는 온도증가에 따라 콘크리트의 열팽창계수는 식(4.10)과 같이 규정하고 있다.

$$\alpha_c = (0.008T+6)\times 10^{-6}\ (m/m^oC) \tag{4.10}$$

2) 철근

① 열전도도

철근과 같은 강재에서는 열속으로 생기는 온도증가를 열전도도의 함수로 표현한다. 상온에서는 강재의 화학성분에 따라 열전도도가 달라지지만, 고온에서는 대부분의 강재에 대해 단일 값을 가정하여 적용한다. 강재의 열전도도는 EUROCODE 3(2002)에서는 식(4.11)과 같이 규정하고, ASCE(1980)에서는 식(4.12)와 같이 규정하고 있다.

$$T \geq 800^oC \quad : k_s = 54 - \frac{T}{30}\,(W/m\ ^oC) \tag{4.11}$$

$$T > 800^oC \quad : k_s = 27.3\,(W/m\ ^oC)$$

$$0^oC \leq T \leq 900^oC \quad : k_s = -0.022T + 48\,(W/m\ ^oC) \tag{4.12}$$

$$T > 900^oC \quad : k_s = 28.2\,(W/m\ ^oC)$$

EUROCODE 3와 ASCE에 규정된 온도증가에 따른 강재의 열전도도 변화를 그림 4.3에 비교하였다.

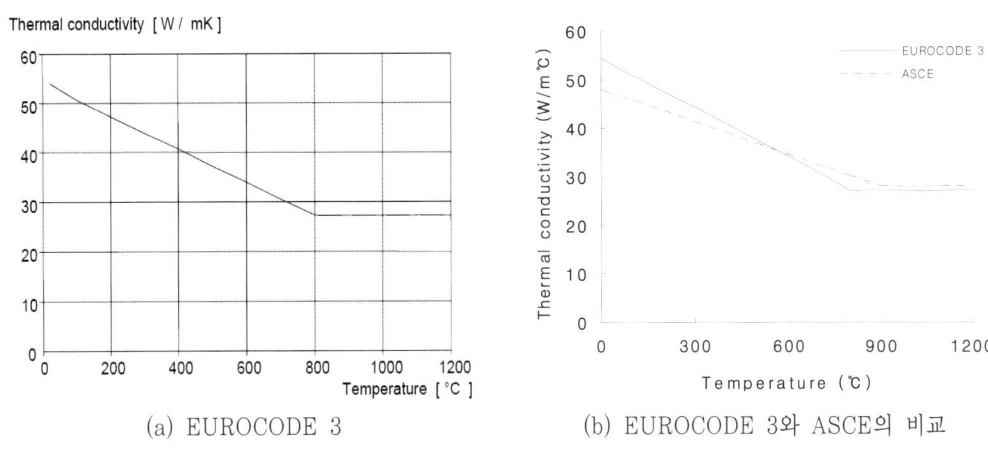

(a) EUROCODE 3 (b) EUROCODE 3와 ASCE의 비교

그림 4.3 온도증가에 따른 강재의 열전도도 변화

② 비열

일반적으로 강재의 비열은 온도 증가에 따라 증가한다. 그러나 540℃ 근처의 온도 영역에서는 급격한 증가가 일어난다. 이 영역에서 비열은 연구결과에 따라 편차가 크고, 전반적인 거동에 큰 영향을 주지 않으므로 비열을 600(J/kg℃)로 일정하게 간략화하기도 한다. 수치해석을 위해서 EUROCODE 3에서는 식(4.13), ASCE에서는 식(4.14)와 같이 규정하고 있다.

$$
\begin{aligned}
&20℃ \le T < 600^oC && : c_a = 425 + 7.73\times10^{-1}\theta_a - 1.69\times10^{-3}\theta_a^{\,2} + 2.22\times10^{-6}\theta_a^{\,3}\ (J/kg℃) \\
&600℃ \le T < 730^oC && : c_a = 666 + \frac{13002}{738-\theta_a}\ (J/kg℃) \\
&735℃ \le T < 900^oC && : c_a = 545 + \frac{17820}{\theta_a - 731}\ (J/kg℃) \\
&900℃ \le T \le 1200^oC && : c_a = 650\ (J/kg℃)
\end{aligned}
\tag{4.13}
$$

$$
\begin{aligned}
&0^oC \le T \le 650^oC && : \rho_s c_s = (0.004T + 3.3)\times10^6\ (J/m^{3\,o}C) \\
&650^oC < T \le 725^oC && : \rho_s c_s = (0.068T + 38.3)\times10^6\ (J/m^{3\,o}C) \\
&725^oC < T \le 800^oC && : \rho_s c_s = (-0.086T + 73.35)\times10^6\ (J/m^{3\,o}C) \\
&T > 800^oC && : \rho_s c_s = 4.55\times10^6\ (J/m^{3\,o}C)
\end{aligned}
\tag{4.14}
$$

EUROCODE 3와 ASCE에 규정된 온도증가에 따른 강재의 비열 변화를 그림 4.4에 비교하였다.

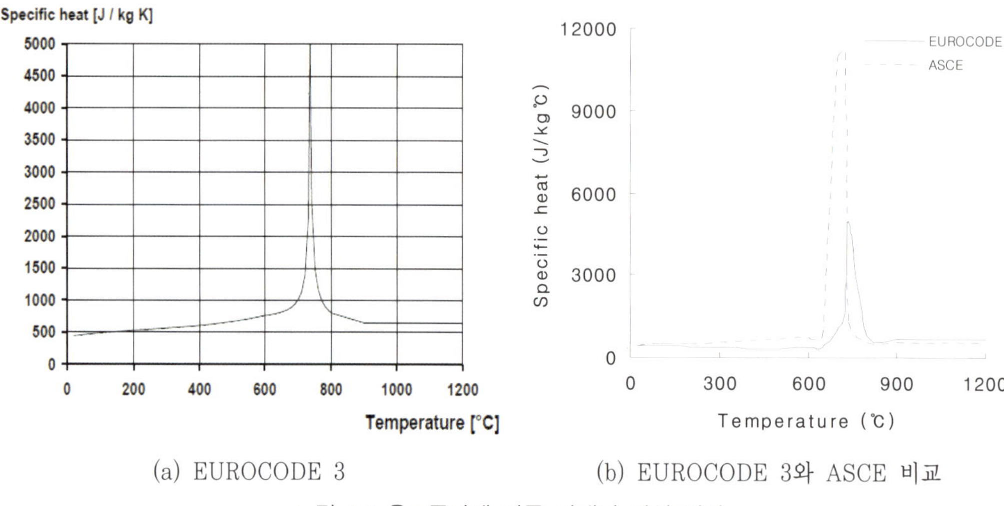

(a) EUROCODE 3 (b) EUROCODE 3와 ASCE 비교

그림 4.4 온도증가에 따른 강재의 비열 변화

③ 열팽창계수(coefficient of thermal expansion)

ASCE(1980)에서 온도증가에 따라 강재의 열팽창계수를 식(4.15)와 같이 규정하고 있다.

$$T < 1000^{o}C \ : \alpha_s = (0.004T + 12) \times 10^{6} \ (m/m^{o}C) \quad (4.15)$$

$$T \geq 1000^{o}C \ : \alpha_s = 16 \times 10^{6} \ m/(m^{o}C)$$

나. 화재곡선에 의한 온도해석

콘크리트 구조물의 내화성능에 대한 정확한 평가를 위해서는 대상 구조물에 대한 유한요소모델을 구성하고 온도해석과 열응력해석이 수행되어야 한다. 온도 해석 시 콘크리트 내에 배근되는 철근의 모델 여부는 온도분포 결과에 큰 영향을 미치지 않기 때문에 모델에서 고려하지 않는 것이 일반적이며, 수화열 해석이나 일반적인 직사광선과 외기 하에서의 온도해석도 거의 이러한 방식으로 수행되고 있다. 다만, 내력 평가를 위한 응력 해석 시에는 비선형 거동을 평가하기 위하여 철근을 모델에 고려할 필요가 있다.

화재와 같은 고온에서의 철근콘크리트 구조물의 안전성을 평가하기 위해서는 시간에 따른 외부의 화재온도가 콘크리트 부재 내부로 침투되는 온도전이과정에 대한 해석적 기법과 기화열에 대한 고려방식, 재료의 배합조건에 따른 열전달 특성치의 변화에 대한 평가가 선행되어야 한다.

고체 매질 내에서 위치에 따라 온도차가 발생하면 열전도에 의한 열전달이 발생하고, 독립된 온도는 각 방향으로 서로 다르게 변하므로 각 방향으로 열흐름(열속, heat flux)이 존재하게 된다. 열흐름은 단위시간당 단위면적당 드나드는 열의 흐름을 말하며, 열해석에서 분포하중과 같이 적용한다. 열흐름이 양수이면 모델에 에너지가 들어가는 것, 음수이면 모델에서 에너지가 나오는 것을 뜻한다. 열원에서 구조물 표면으로 전달되는 열흐름 q는 다음 식으로 나타낼 수 있다.

$$q = \tau F E \tag{4.16}$$

여기서, τ : 전달계수

$F = \int_A \frac{\cos\beta_1 \cos\beta_2}{\pi r^2} dA_2$: 형상계수(view factor 또는 form factor)

E : 열원의 방사력(total emissive power)

화재로 인한 온도 해석 시 그림 4.5와 같이 시간에 따라 화재면으로 들어가는 열흐름이 일정하다고 가정하는 경우도 있으나, 실제로 열흐름은 시간에 따라 변화되므로 실제 상황과는 큰 차이가 있다. 열이 전달되는 방법에는 열전도, 대류, 복사 등 세 가지가 있다. 이 가운데 열전도(conduction)는 열이 물체 속으로 순차적으로 전달되어 가는 현상으로, 이때 열의 전달속도는 물체의 단위 길이 당 온도차(온도 기울기)에 비례하지만, 물체의 재질에 따라 그 속도가 달라진다. 이와 같이 열 전달속도의 대소를 나타내는 것을 열전도율이라 하는데 그 값은 물질에 따라 다르다. 대략 금속은 전도율이 크지만 액체나 기체는 전도율이 낮다. 이런 이유로 화재와 직접 닿지 않고 외기에 닿아있는 구조물 표면에서는 열전도로 전달되는 열이 크지 않게 되므로 화재와 관련해서는 대류와 복사를 통한 열전달만 고려하면 된다. 따라서 화재를 대류와 복사를 통해 모델링하는 방법에 의해서 실제 화재상황을 가장 올바르게 모사할 수 있는 것으로 판단된다. 즉, 화재발생시 주변 외기온도가 화재온도까지 상승하면 그러한 외기와 콘크리트표면 사이에는 대류를 통한 열전달 현상이 발생하며, 또한 화재가 유발시킨 열은 고온이므로 복사 열전달의 영향을 무시할 수 없다. 일반적으로 대류와 복사를 통해 모델링하는 방법으로 화재로 인한 온도해석을 수행한다. 대류(convection)는 물질 자신의 운동에 의해 열을 전달하는 과정이다. 대류에 의한 열전달(q)은 온도기울기에 비례하며, 식(4.17)과 같다.

$$q = h_c(T_f - T_s) \tag{4.17}$$

여기서, h_c : 콘크리트의 대류계수

T_f : 화재온도

T_s : 화재 노출면의 표면온도

복사(radiation)는 물체가 방출하는 전자기파와 입자파, 또는 이들을 방출하는 과정을 뜻하며, 물체가 방출하는 전자기파를 물체가 흡수하여 열로 변하는 것을 복사열(radiant heat)이라고 한다. 복사에 의한 열전달은 대류나 열전도와 달라서 주위에 열을 중개하는 물질 없이도 빛과 동일한 속도로 순간적으로 고온체에서 저온체로 열이 전달된다. 또 빛과 마찬가지로 반사판을 이용해 열의 방향을 바꿀 수 있는 특성이 있다. 일반적으로 모든 물체는 온도의 높고 낮음에 상관없이 복사열을 방출한다. 물체에서 방출된 에너지의 총량은 그 물체의 온도(절대온도) T의 4제곱에 비례한다(슈테판-볼츠만의 법칙 : Stefan-Boltzmann's law). 이때 물체의 단위표면에서 단위시간에 방출되는 열복사에너지 S는 $S = \sigma T^4$이므로 복사에 의한 열전달은 온도 4제곱의 차에 비례하며, 식(4.18)과 같다. 식(4.18)에서 σ 값이 매우 작기는 하지만 복사 열속은 온도의 4제곱의 차에 비례하므로 화재 등과 같이 열원의 온도가 높은 경우에는 지배적인 열전달 요인이 된다.

$$q = F_{12}\epsilon\sigma(T_1^4 - T_2^4) \tag{4.18}$$

여기서, F_{12} : 형상계수(form factor)로 화재의 경우 면들 상호간의 복사작용이 아닌 대기와의 복사이므로 1를 적용한다.

ϵ : 콘크리트의 방사율(emissivity)

σ : Stefan-Boltzmann's의 상수(5.669×10^{-8} $(W/m^2 \cdot K^4)$)

일정한 열속을 적용하는 방법은 계산은 편리하지만, 실제 화재에서 열속이 시간에 따라 변하는 형상을 추적하기 어려운 단점이 있기 때문에 대류와 복사를 함께 모사하여 화재를 모델링하는 것이 일반적인 방법이다. 이러한 경우 열속은 시간이 경과함에 따라 그림 4.6과 같이 차차 감소하게 된다.

그림 4.5 화재 해석 시 일정 열흐름

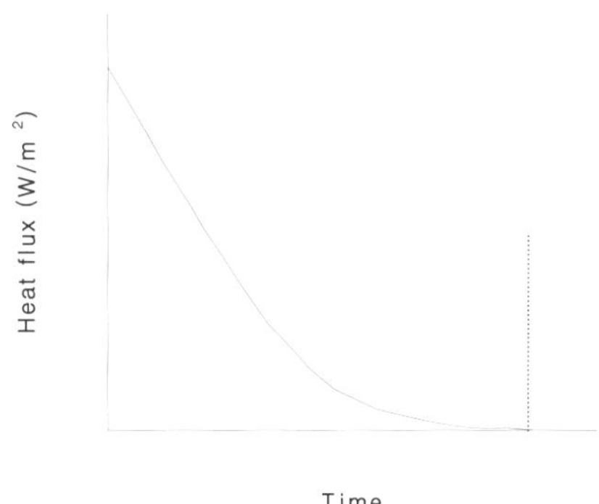

그림 4.6 화재 해석 시 대류와 복사를 고려한 열속

1.1.5 화재 중·후 RC 구조물의 구조해석

가. 개요

가열에 의한 온도하중을 받는 구조물의 거동을 평가하기 위해서는 화재해석(fire analysis), 열전달해석(heat transfer analysis), 응력해석(stress analysis) 등 3단계의 해석이 필요하며, 비선형 열전달해석과 응력해석은 유한요소법에 의해서 수행된다.

화재해석은 구조부재 표면에서 발생하는 화재로부터의 열전달을 모사하기 위해서 수행되는데, 주로 화재실험을 통해서 부재 표면에서의 온도-시간 곡선(가열곡선)이 얻어진다. 화재해석에서 결정된 부재 표면의 온도-시간 곡선은 온도하중으로 결정되고, 비선형 열전달해석은 부재의 단면적 및 높이에 열이 전달되는 과정을 모사하기 위하여 수행된다. 비선형 열전달해석은 여러 범용구조해석프로그램에 의해서 해석이 가능하며, 이 해석을 통해서 유한요소모델에서의 모든 절점에 대해서 온도-시간 곡선이 얻어진다. 열전달해석을 수행하기 위하여 요구되는 콘크리트와 강재 재료의 열특성은 열전도도(thermal conductivity)와 비열(specific heat)로서 4장에 자세하게 기술되었다. 열전달해석에서 결정된 온도하중을 통해서 최대 발생온도에 따른 각 재료의 응력-변형률 곡선을 결정하고, 이를 이용하여 구조물의 응답(변형, 변형률, 응력 등)을 결정하기 위하여 비선형 구조해석을 수행한다. 콘크리트의 역학적 특성은 최대온도에 노출된 이후에 회복되지 않기 때문에 냉각단계의 역학적 특성은 화재 도중의 특성과 유사한 수준을 보이는 것으로 가정하는 것이 일반적이다.

화재곡선을 적용한 온도해석(화재해석)에서 산정되는 단면 깊이별 발생온도를 적용하여 콘크리트 및 강재의 응력-변형률 곡선을 결정하고, 이를 적용하여 화재 후 비선형 유한요소해석을 수행한다. 발생온도에 따른 콘크리트 및 강재의 응력-변형률 곡선은 여러 연구자에 의해서 제시되었다. 화재 중 및 화재 후 비선형해석을 구조물의 잔존내력을 평가하게 된다.

나. 온도하중에 따른 응력-변형률 관계

1) 콘크리트

Lie(1995)는 Ritter(1899)와 Hognestad(1951)가 제안한 응력-변형률 관계를 이용하여 온도효과를 고려한 응력-변형률 관계를 식(9.1)과 같이 제안하였다. 그림 5.1에 나타낸 이 응력-변형률 관계는 Schneider(1988)와 Haksever(1976)의 연구결과를 반영하여 온도 상승 시 콘크리트의 크리프를 고려하였다. 온도하중에 따른 열팽창계수는 식(5.4)와 같이 제안하였다.

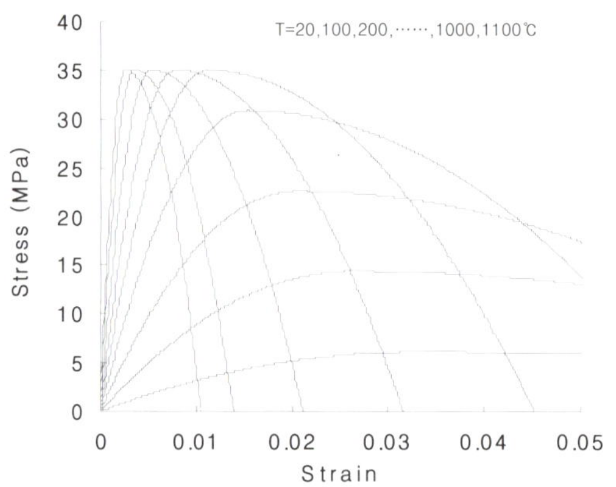

그림 5.1. 온도증가에 따른 응력-변형률 관계(Lie, 1995)

$$f_c=\begin{cases} f_c'[1-(\frac{\epsilon_{max}-\epsilon_c}{\epsilon_{max}})^2] & \epsilon_c \le \epsilon_{max} \\ f_c'[1-(\frac{\epsilon_c-\epsilon_{max}}{3\epsilon_{max}})^2] & \epsilon_c > \epsilon_{max} \end{cases} \tag{5.1}$$

$$f_c'=\begin{cases} f_{co}' & T<450℃ \\ f_{co}'[2.011-2.353\frac{T-20}{1000}] & T\ge 450℃ \end{cases} \tag{5.2}$$

$$\epsilon_{max}=0.0025+(6.0T+0.04T^2)\times 10^{-6} \tag{5.3}$$

여기서, f_c : 온도가 T℃ 일 때의 콘크리트 강도(MPa),

f_c' : 온도가 T℃ 일 때의 실린더 콘크리트 강도(MPa)

f_{co}' : 상온에서의 실린더 콘크리트 강도(MPa)

ϵ_c : 콘크리트 변형률, ϵ_{max} : 최대 응력에 대응하는 콘크리트 변형률

$$\alpha_c = (0.008T + 6) \times 10^6 \; m/(m^o C) \tag{5.4}$$

Schneider(1988)는 온도하중에 따른 응력-변형률 곡선을 식(5.5)와 제안하였으며, 식(5.5)에서 최대 변형률 $\epsilon_{c1,T}$는 Franssen(2004)이 제안한 식(5.6)을 적용하였다.

$$\frac{f}{f_{c,T}} = \frac{n(\epsilon_\sigma/\epsilon_{c1,T})}{(n-1)+(\epsilon_\sigma/\epsilon_{c1,T})^n} \qquad \epsilon_\sigma \le \epsilon_{cu,T} \tag{5.5}$$

$$\epsilon_{c1,T} = 2.5\times10^{-3} + 4.1\times10^{-6}(T-20) + 5.5\times10^{-9}(T-20)^2 \le 10^{-3} \tag{5.6}$$

여기서, $\epsilon_{c1,T}$: 온도가 T℃일 때의 콘크리트 압축강도($f_{c,T}$)에 대응하는 변형률

$f_{c,T}$: 온도가 T℃일 때의 콘크리트 압축강도(MPa)

$\epsilon_{cu,T}$: 온도가 T℃일 때의 극한변형률

n : 3

f_c : 20℃일 때 콘크리트의 응력(MPa)

식(5.5)와 식(5.6)에시 온도기 상승하면 $f_{c,T}$는 감소하고, $\epsilon_{cu,T}$는 증가하는 경향을 보이는데, EUROCODE 2(2004)에서 제시하는 표 5.1의 감소계수를 적용한다. 최종적으로 온도증가에 따른 응력-변형률 곡선의 형상은 그림 5.2와 같다.

표 5.1 온도증가에 따른 $f_{c,T}$와 $\epsilon_{cu,T}$ (EUROCODE 2)

Temperature (℃)	$f_{c,T}/f_{ck}$	$\epsilon_{cu,T}$	Temperature (℃)	$f_{c,T}/f_{ck}$	$\epsilon_{cu,T}$
20	1.0	0.0200	700	0.30	0.0375
100	1.0	0.0225	800	0.15	0.0400
200	0.95	0.0250	900	0.08	0.0425
300	0.85	0.0275	1000	0.04	0.0450
400	0.75	0.0300	1100	0.01	0.0475
500	0.60	0.0325	1200	0.0	-
600	0.45	0.0350			

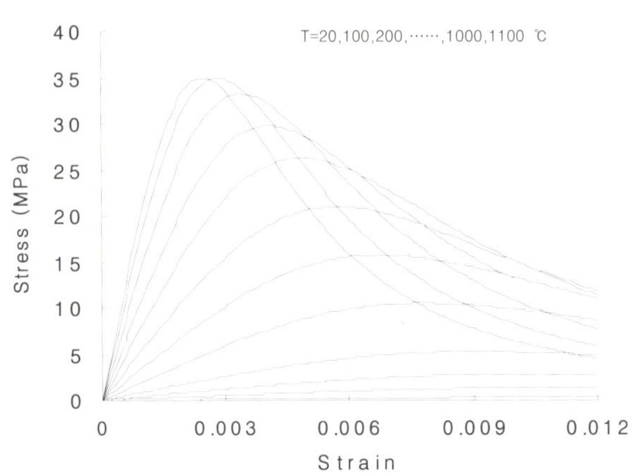

그림 5.2 온도증가에 따른 응력-변형률 관계(Schneider, 1988)

온도 T℃에서 콘크리트의 압축강도 f_c^T는 온도가 200℃에 도달할 때까지 감소하지 않는다. 온도가 200℃를 초과하면 콘크리트 강도가 감소하기 시작하여 약 800℃에서 대기 온도 하에서의 강도의 약 10% 정도의 수준을 보인다. 이를 토대로 Shi(2002)는 회귀분석을 통하여 f_c^T와 T의 관계를 식(5.7)과 같이 표현하였다.

$$f_c^T = \frac{f_c}{1+14.5\gamma^{4.2}} \qquad 20^o C \le T \le 800^o C \tag{5.7}$$

$$\gamma = (T-20)/1,000 \tag{5.8}$$

여기서, f_c^T : 온도가 T℃일 때의 콘크리트 압축강도(MPa)

f_c : 상온에서의 콘크리트 압축강도(MPa)

최대 응력에서의 콘크리트의 변형률 $\epsilon_{\sigma o}$는 온도가 증가하면 급속히 증가하며, 식(5.9)와 같다.

$$\epsilon_{\sigma o} = (1-1.55\gamma+8.27\gamma^2)\epsilon_o \qquad 20^o C \le T \le 800^o C \tag{5.9}$$

여기서, ϵ_o : 상온에서의 f_c에 대응하는 변형률

$\epsilon_{\sigma o}$: 온도가 T℃일 때의 f_c^T에 대응하는 변형률

온도변화에 따른 콘크리트의 탄성계수는 실험에서 측정된 응력-변형률 곡선에서 $0.4f_c^T$인 점에서의 시컨트 계수로부터 구한다. 온도가 증가하면 탄성계수는 선형적으로

감소하는데 회귀분석을 통해서 탄성계수와 온도의 관계를 식(5.10)과 같이 결정하였다.

$$E(T) = (1 - 1.38\gamma)E_o \qquad 20^o C \le T \le 800^o C \tag{5.10}$$

여기서, $E(T)$: 온도가 T℃에서의 콘크리트 탄성계수(MPa)

E_o : 상온에서의 콘크리트 탄성계수(MPa)

온도가 증가하면 f_c^T는 점차적으로 감소하고, $\epsilon_{\sigma o}$는 점차적으로 증가하기 때문에 곡선에서 상승부의 기울기는 완화된다. 따라서 높은 온도에서 곡선의 상승부는 낮은 온도의 곡선보다 항상 밑에 있게 된다. 응력-변형률 곡선의 하강부는 상승부와는 다른 거동을 보이는데, 이는 높은 온도에서 응력의 감소율은 낮은 온도에 비해서 서서히 일어나기 때문이다. 이를 반영하여 Shi(2002)는 온도변화에 따른 응력-변형률 곡선을 식(5.11)과 같이 제안하였으며, 온도증가에 따른 곡선의 형상은 그림 5.3과 같다. 식에서 f는 콘크리트의 응력(MPa)이다.

$$y = 2x - x^2 \qquad (0 \le x \le 1) \tag{5.11a}$$

$$y = \frac{x}{2(x-1)^2 + x} \qquad (x > 1) \tag{5.11b}$$

$$y = f / f_c^T \tag{5.12}$$

$$x = \epsilon_\sigma / \epsilon_{\sigma o} \tag{5.13}$$

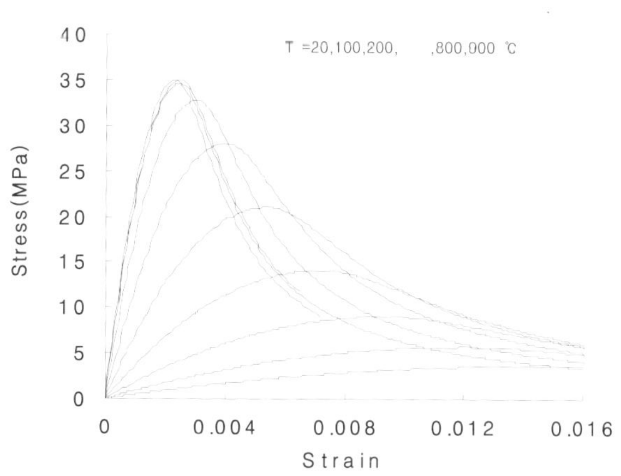

그림 5.3 온도증가에 따른 응력-변형률 관계(Shi, 2002)

Li(2005)는 CFT 기둥의 내화성능을 평가하기 위하여 온도변화에 따른 콘크리트의 응력-변형률 곡선을 식(5.14)와 같이 제안하였으며, 온도증가에 따른 곡선의 형상은 그림 5.4와 같다.

$$\frac{\sigma}{\sigma_u}=\begin{cases}\alpha\left(\frac{\epsilon}{\epsilon_u}\right)+(1-\alpha)\left(\frac{\epsilon}{\epsilon_u}\right)^2 & :\epsilon\le\epsilon_u \\ 1+\frac{E^-}{\sigma_u}(\epsilon-\epsilon_u) & :\epsilon_u\le\epsilon\end{cases} \tag{5.14}$$

$$\frac{\sigma_u}{\sigma_{uo}}=1+0.132\left(\frac{T-20}{1000}\right)-2.901\left(\frac{T-20}{1000}\right)^2+1.650\left(\frac{T-20}{1000}\right)^3 \tag{5.15}$$

$$\epsilon_u=\frac{2\sigma_{uo}}{E_o}+0.021\left(\frac{T-20}{1000}\right)-0.009\left(\frac{T-20}{1000}\right)^2 \tag{5.16}$$

$$\alpha=1+\exp[-k_1(T-20)] \tag{5.17}$$

$$E^-=-0.045E_o\exp[k_2(T-20)^{2.15}] \tag{5.18}$$

여기서, σ : 콘크리트의 응력, σ_u : 최대 응력

ϵ_u : 최대응력시의 변형률, $\epsilon=\epsilon_\sigma+\epsilon_{tr}$

α : 온도 종속적인 변수, E^- : 온도 종속적인 변수

$\sigma_{uo}=25\,MPa$: 실험실 온도에서의 보통 콘크리트의 압축강도

$E_o=20\,GPa$: 실험실 온도에서의 콘크리트의 탄성계수

k_1, k_2 : 응력-변형률 곡선의 상승부와 하강부에 영향을 미치는 온도의 영향을 고려한 상수로 $k_1=0.0025$, $k_2=10^{-6}$이다.

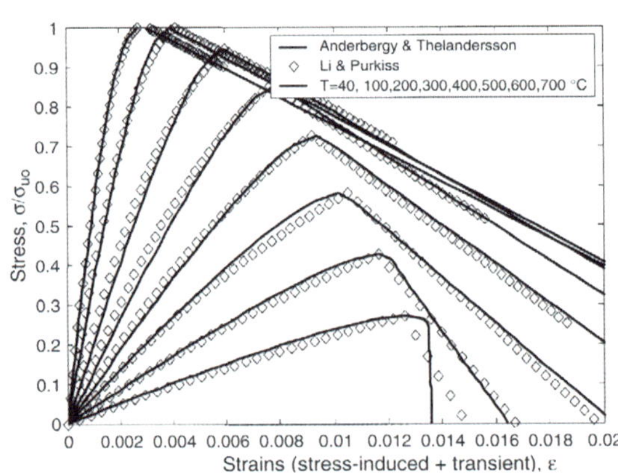

그림 5.4 온도증가에 따른 응력-변형률 관계(Li, 2005)

Nan(2006)이 제안한 모델은 그림 5.5에서 보면 300℃ 이전의 응력-변형률 곡선은 상온에서와 유사하지만, 300℃이후의 콘크리트 압축강도는 감소하고, 이에 대응하는 최대변형률은 증가한다. 응력-변형률 곡선은 식(5.19)와 같으며, 고온에서의 콘크리트 압축강도와 최대변형률은 식(5.22)~(5.24)를 이용해 산정한다.

$$y = 2x - x^2 \qquad (x \le 1) \tag{5.19a}$$

$$y = \frac{x}{5(x-1)^2 + x} \qquad (x > 1) \tag{5.19b}$$

$$y = \sigma / f_c^T \tag{5.20}$$

$$x = \epsilon_\sigma / \epsilon_c^T \tag{5.21}$$

$$\frac{f_c^T}{f_c} = \frac{1}{1 + (0.17\gamma_T)^6} \tag{5.22}$$

$$\frac{\epsilon_c^T}{\epsilon_p} = 1 + (0.09 + 0.046\gamma_T)\gamma_T \tag{5.23}$$

$$\gamma_T = (T - 20)/100 \tag{5.24}$$

여기서, f_c : 상온에서의 콘크리트 압축강도(MPa)

f_c^T : 온도가 T℃일 때의 콘크리트 압축강도(MPa)

ϵ_c^T : f_c^T에 대응하는 변형률, ϵ_c : f_c에 대응하는 변형률

ϵ_p : 상온에서의 최대 변형률

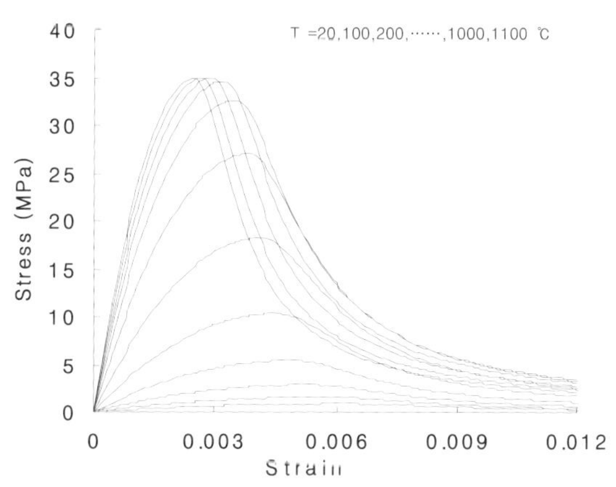

그림 5.5 온도증가에 따른 응력-변형률 관계(Nan, 2006)

EUROCODE 2(2004)에서 제시하는 온도변화에 따른 콘크리트의 응력-변형률 곡선은 식(5.25)로서 그림 5.6에서와 같이 상승부와 직선 구간의 하강부로 구분된다. EUROCODE 2에서 $\epsilon_{c1,\theta}$를 기준으로 응력-변형률 곡선을 구분하는데, 변형률이 $\epsilon_{c1,\theta}$보다 작거나 같을 때에는 식(5.25a)와 같이 나타내고, 그 이후에는 식(5.25b)와 같이 최대변형률까지 선형으로 감소하는 것으로 가정하였다. $f_{c,\theta}$는 온도에 따른 감소계수로 제시하였고, 온도변화에 따른 $\epsilon_{c1,\theta}$와 $\epsilon_{cu1,\theta}$는 표 5.2와 같다.

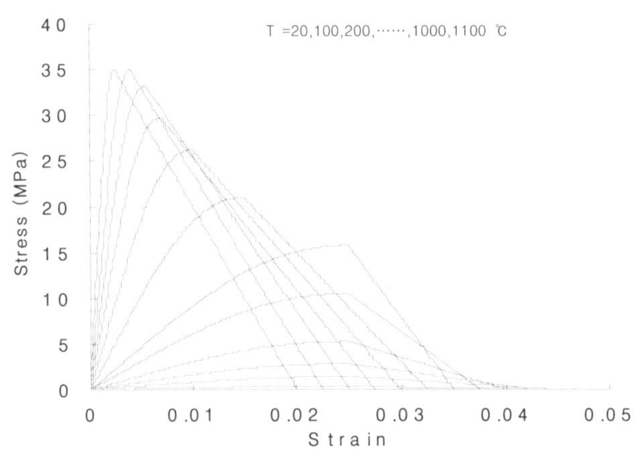

그림 5.6 온도증가에 따른 응력-변형률 관계(EUROCODE 2, 2004)

표 5.2 온도증가에 따른 감소계수, $\epsilon_{c1,\theta}$ 및 $\epsilon_{cu1,\theta}$(EUROCODE 2)

Temperature (℃)	$f_{c,\theta}/f_{ck}$	$\epsilon_{c1,\theta}$	$\epsilon_{cu1,\theta}$
20	1.0	0.0025	0.0200
100	1.0	0.0040	0.0225
200	0.95	0.0055	0.0250
300	0.85	0.0070	0.0275
400	0.75	0.0100	0.0300
500	0.60	0.0150	0.0325
600	0.45	0.0250	0.0350
700	0.30	0.0250	0.0375
800	0.15	0.0250	0.0400
900	0.08	0.0250	0.0425
1000	0.04	0.0250	0.0450
1100	0.01	0.0250	0.0475
1200	0.0	-	-

$$f = \frac{3\epsilon f_{c,\theta}}{\epsilon_{c1,\theta}(2+(\frac{\epsilon}{\epsilon_{c1,\theta}})^3)} \quad \epsilon \le \epsilon_{c1,\theta} \tag{5.25a}$$

선형으로 모델 $\epsilon_{c1,\theta} < \epsilon \le \epsilon_{cu1,\theta}$ (5.25b)

여기서, $f_{c,\theta}$: 온도가 θ℃ 일 때의 콘크리트 압축강도(MPa)

f_{ck} : 상온에서의 콘크리트 압축강도(MPa)

$\epsilon_{c1,\theta}$: 온도가 θ℃ 일 때의 $f_{c,\theta}$에 대응하는 변형률

$\epsilon_{cu1,\theta}$: 최대 변형률

2) 강재

Lie(1992)는 CFT 기둥에서 온도증가에 따른 강재의 응력-변형률 관계를 식(5.26)과 같이 제안하였다. 식(5.26)에 포함된 온도증가에 따른 강재의 탄성계수와 항복강도는 식(5.27)과 식(5.28)과 같다. 이들 식을 적용하여 온도증가에 따른 강재의 응력-변형률 곡선을 산정하면 그림 5.7과 같다.

$$\frac{f(T)}{f_y(T)} = \begin{cases} \frac{E_T \epsilon_\sigma}{f_y(T)} & : \epsilon_\sigma \le \frac{f_y(T)}{E_T} \\ 1 & : \frac{f_y(T)}{E_T} \le \epsilon_\sigma \end{cases} \tag{5.26}$$

$$\frac{E_T}{E_o} = \begin{cases} 1 + \frac{0.0005T}{\ln(T/1100)} & : T \le 600^o C \\ \frac{690 - 0.69T}{T - 53.5} & : 600^o C < T \le 1000^o C \end{cases} \tag{5.27}$$

$$\frac{f_y(T)}{f_{yo}} = \begin{cases} 1 + \frac{T}{900\ln(T/1750)} & : T \le 600^o C \\ \frac{340 - 0.34T}{T - 240} & : 600^o C < T \le 1000^o C \end{cases} \tag{5.28}$$

여기서, $f(T)$: 온도가 T℃ 일 때의 강재의 응력(MPa)

E_T : 온도가 T℃ 일 때의 강재의 탄성계수

$f_y(T)$: 온도가 T℃ 일 때의 강재의 항복응력(MPa)

E_o : 상온에서의 탄성계수(MPa)

f_{yo} : 상온에서의 항복응력(MPa)

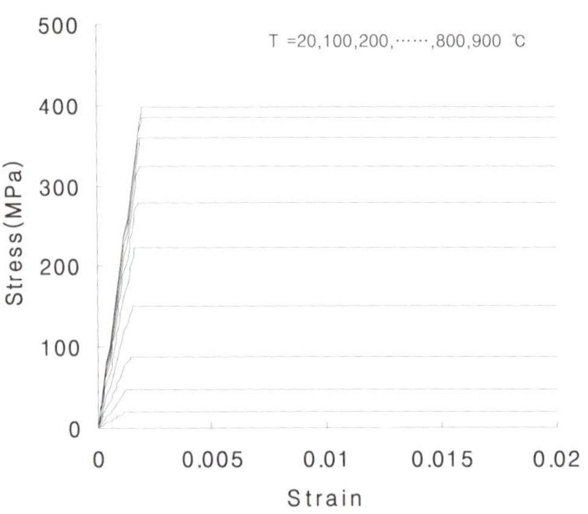

그림 5.7 온도증가에 따른 강재의 응력-변형률 관계(Lie, 1992)

Lie(1992)는 철근이나 CFT 단면의 강재에 적용하기 위한 고온에서의 응력-변형률 관계(Version 1)를 식(5.29)과 같이 제안하였으며, 온도증가에 따른 응력-변형률 곡선의 형상은 그림 5.8과 같다. 온도응력 해석 시에 요구되는 온도증가에 따른 강재의 열팽창계수는 식(5.33)을 적용한다.

$$f(T)=\begin{cases}\dfrac{f(T,0.001)}{0.001}\epsilon_s & \epsilon_s \le \epsilon_p \\ \dfrac{f(T,0.001)}{0.001}\epsilon_p + f[T,(\epsilon_s-\epsilon_p+0.001)]-f(T,0.001) & \epsilon_s > \epsilon_p\end{cases} \quad (5.29)$$

$$\epsilon_p = 4\times 10^{-6} f_{yo} \quad (5.30)$$

$$f(T,0.001)=(50-0.04T)\times[1-\exp((-30+0.03T)\sqrt{0.001})]\times 6.9 \quad (5.31)$$

$$f[T,(\epsilon_s-\epsilon_p+0.001)] = (50-0.04T) \times[1-\exp((-30+0.03T)\sqrt{\epsilon_s-\epsilon_p+0.001})]\times 6.9 \quad (5.32)$$

여기서, $f(T)$: 온도가 T℃ 일 때의 철근의 응력(MPa)

f_{yo} : 상온에서의 철근의 항복응력(MPa)

ϵ_p : 항복변형률

$$T < 1000^oC \ : \alpha_s = (0.004T+12)\times 10^6 \ m/(m^oC) \quad (5.33a)$$

$$T \ge 1000^oC \ : \alpha_s = 16\times 10^6 \ m/(m^oC) \quad (5.33b)$$

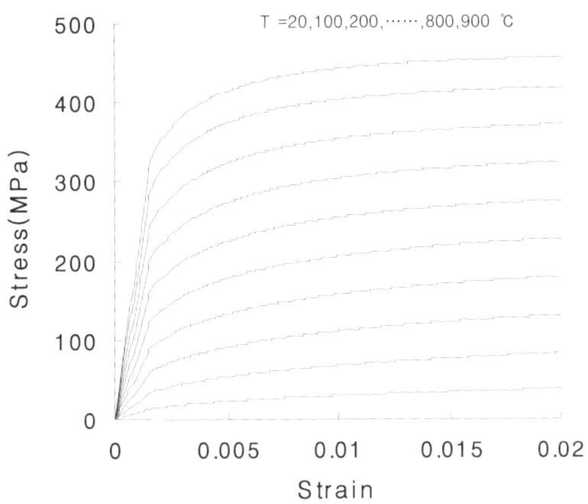

그림 5.8 온도증가에 따른 강재의 응력-변형률 관계(Lie, 1992 ; Version 1)

Lie(1992)는 Version 2로서 구조용 강재에 적용하기 위한 응력-변형률 곡선을 식(9.62)와 같이 제안하였다. 이 식은 앞서 제안한 Version 1인 식(5.29)보다 덜 보수적인 결과를 준다.

식(5.34)는 그림 5.9와 같이 Bi-linear 형태로서 식(5.34)에서 첫 번째는 선형 탄성구간을 나타내고, 두 번째는 나머지 구간을 나타낸다. 온도변화에 따른 항복강도와 탄성계수는 식(5.36)과 (5.37)과 같다.

$$f(T)=\begin{cases} E_T\epsilon & \epsilon \le \epsilon_p \\ (12.5\epsilon+0.975)f_y(T)-\dfrac{12.5(f_y(T))^2}{E_T} & \epsilon > \epsilon_p \end{cases} \tag{5.34}$$

$$\epsilon_p=\frac{0.975f_y(T)-12.5(f_y(T))^2}{E_T-12.5f_y(T)} \tag{5.35}$$

$$\frac{f_y(T)}{f_{yo}}=\begin{cases} 1.0+\dfrac{T}{900\ln\left(\dfrac{T}{1750}\right)} & 0℃ < T \le 600℃ \\ \dfrac{340-0.34T}{T-240} & 600℃ < T \le 1,000℃ \end{cases} \tag{5.36}$$

$$\frac{E_T}{E_o}=\begin{cases} 1.0+\dfrac{T}{2000\ln\left(\dfrac{T}{1100}\right)} & 0℃ < T \le 600℃ \\ \dfrac{690-0.69T}{T-53.5} & 600℃ < T \le 1,000℃ \end{cases} \tag{5.37}$$

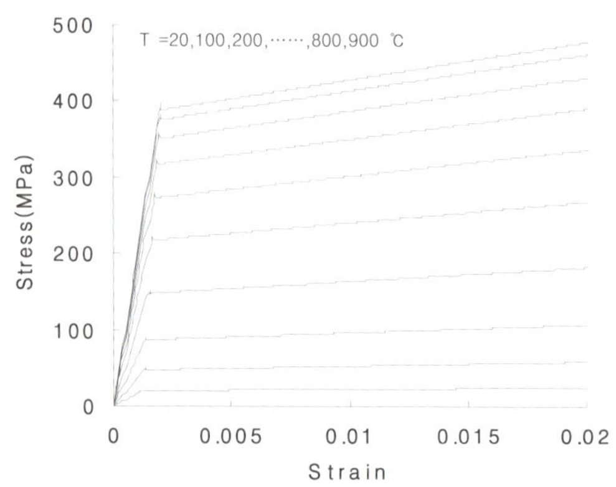

그림 5.9. 온도증가에 따른 강재의 응력-변형률 관계(Lie, 1992 ; Version 2)

여기서, $f(T)$: 온도가 T℃일 때의 강재의 응력(MPa)

$f_y(T)$: 온도가 T℃일 때의 강재의 항복응력(MPa)

f_{yo} : 온도가 0℃일 때의 항복응력(MPa)

E_T : 온도가 T℃일 때의 탄성계수(MPa)

E_o : 온도가 0℃일 때의 탄성계수(MPa)

EUROCODE 3(1995)에서 제안한 응력-변형률 관계는 식(5.38)~(9.68)로서 그림 5.10과 같은 형상을 갖는다. 식(5.38)은 모든 온도에서 변형률이 0.02이하인 경우의 응력-변형률 관계이며, 식(5.39)는 온도가 400℃미만이면서 변형률이 0.02이상인 경우이고, 식(5.40)은 온도가 400℃ 이상이면서 변형률이 0.02이상인 경우에 적용된다.

$$f = \begin{cases} E\epsilon & \epsilon \le \dfrac{f_p}{E} \\ f_p - c + \dfrac{b}{a}\sqrt{a^2 - (0.02-\epsilon)^2} & \dfrac{f_p}{E} < \epsilon < 0.02 \end{cases} \tag{5.38}$$

$T < 400℃$

$$f = \begin{cases} \dfrac{(f_u - f_y)\epsilon + 0.04 f_y - 0.02 f_u}{0.02} & 0.02 \le \epsilon < 0.04 \\ f_u & 0.04 \le \epsilon < 0.15 \\ f_u\left(\dfrac{0.20-\epsilon}{0.05}\right) & 0.15 \le \epsilon < 0.20 \\ 0 & \epsilon \ge 0.20 \end{cases} \tag{5.39}$$

$T \geq 400℃$

$$f = \begin{cases} f_y & 0.02 < \epsilon \leq 0.15 \\ f_y\left(1 - \dfrac{\epsilon - 0.02}{0.02}\right) & 0.15 < \epsilon < 0.20 \\ 0 & \epsilon \geq 0.20 \end{cases} \qquad (5.40)$$

상수 a, b, c는 식(5.41)에 의해서 산정하고, 고온에서의 강재의 성질은 식(5.42)~(5.45)에 의해서 구한다.

$$a^2 = (0.02 - \frac{f_p}{E})(0.02 - \frac{f_p}{E} + \frac{c}{E}) \qquad (5.41a)$$

$$b^2 = c(0.02 - \frac{f_p}{E})E + c^2 \qquad (5.41b)$$

$$c = \frac{(f_y - f_p)^2}{(0.02 - \frac{f_p}{E})E - 2(f_y - f_p)} \qquad (5.41c)$$

$$\frac{E}{E_0} = \begin{cases} 1 & 0℃ \leq T < 100℃ \\ -0.001T + 1.1 & 100℃ \leq T < 500℃ \\ -0.0029T + 2.05 & 500℃ \leq T < 600℃ \\ -0.0018T + 1.39 & 600℃ \leq T < 700℃ \\ -0.004T + 0.41 & 700℃ \leq T < 800℃ \\ -0.000225T + 0.27 & 800℃ \leq T < 1200℃ \\ 0 & T \geq 1200℃ \end{cases} \qquad (5.42)$$

$$\frac{f_p}{f_{yo}} = \begin{cases} 1 & 0℃ \leq T < 100℃ \\ -0.001933T + 1.193 & 100℃ \leq T < 400℃ \\ -0.0006T + 0.66 & 400℃ \leq T < 500℃ \\ -0.0018T + 1.26 & 500℃ \leq T < 600℃ \\ -0.00105T + 0.81 & 600℃ \leq T < 700℃ \\ -0.00025T + 0.25 & 700℃ \leq T < 800℃ \\ -0.000125T + 0.15 & 800℃ \leq T < 1200℃ \\ 0 & T \geq 1200℃ \end{cases} \qquad (5.43)$$

$$\frac{f_y}{f_{yo}} = \begin{cases} 1 & 0℃ \le T < 400℃ \\ -0.0022T + 1.88 & 400℃ \le T < 500℃ \\ -0.0031T + 2.33 & 500℃ \le T < 600℃ \\ -0.0024T + 1.91 & 600℃ \le T < 700℃ \\ -0.0012T + 1.07 & 700℃ \le T < 800℃ \\ -0.0005T + 0.51 & 800℃ \le T < 900℃ \\ -0.0002T + 0.24 & 900℃ \le T < 1200℃ \\ 0 & T \ge 1200℃ \end{cases} \tag{5.44}$$

$$\frac{f_u}{f_{yo}} = \begin{cases} 1.25 & T < 300℃ \\ -0.0025 + 2 & 300℃ \le T < 400℃ \\ 1 & T \ge 500℃ \end{cases} \tag{5.45}$$

여기서, a,b,c : 상수

E : 온도가 T℃ 일 때의 강재의 탄성계수

f_p : 온도가 T℃ 일 때의 강재의 소성응력(MPa)

f_y : 온도가 T℃ 일 때의 강재의 항복응력(MPa)

f_u : 온도가 T℃ 일 때의 강재의 극한응력(MPa)

f_{yo} : 상온에서의 강재의 항복응력(MPa)

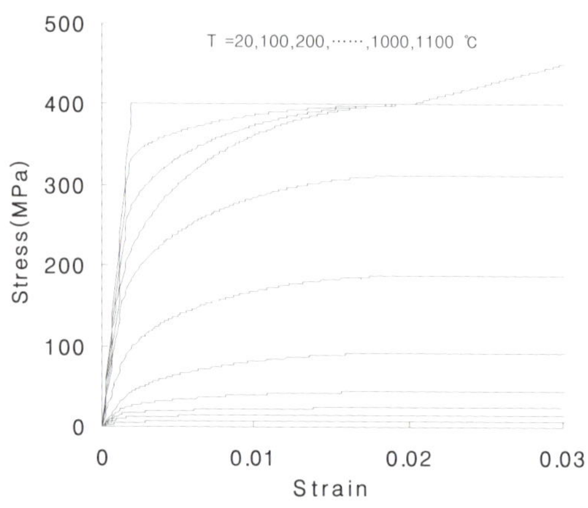

그림 5.10 온도증가에 따른 강재의 응력-변형률 관계(EUROCODE 3, 1995)

철근은 화재로 인한 온도하중을 받는 도중에는 앞에서 기술한 바와 같이 탄성계수와 항복강도의 감소가 뚜렷하지만, 상온으로 냉각된 이후에는 대부분의 강도를 회복한다.

참고문헌

김유석(2009) 섬유 혼입 RC 부재의 비재하 내화실험, 단국대학교 토목환경공학과 대학원 구조공학 전공 석사논문

김흥열, 채한식, 전현규, 염광수(2007) Fiber Cocktail을 혼입한 고강도콘크리트의 고온시 압축강도 특성 및 모델 제시에 관한 실험적 연구, 한국콘크리트학회 학술발표논문집, pp.605-608.

염광수, 전현규, 김흥렬(2009) 섬유혼입공법을 적용한 고강도콘크리트 기둥의 비재하 내화실험, 한국콘크리트학회논문집, Vol. 21, No. 4, pp.465-471.

정철헌, 임초롱, 김현준, 주상훈., "반단면 프리캐스트 패널을 적용한 RC 슬래브의 내화성능 평가," 대한토목학회논문집, 제30권 제4A호, 2010, 7, pp.391-398.

한국산업규격(2005) 건축구조 부재의 내화시험방법-기둥의 성능조건 KS F 2257-7, 한국표준협회.

Abrams, M. S.(1971) Compressive Strength of Concrete at Temperatures to 1600F, Temperature and Concrete, SP-25, American Concrete Institute, Detroit, pp.33-58.

ACI Committee 216(1989) Guide for Determining the Fire Endurance of Concrete Elements, ACI 216R-89, American Concrete Institute, Detroit.

American Society for Testing and Materials.(1985) Standard Methods of Fire Tests of Building Constructions and Materials, Designation E119-83, Philadelphia, PA.

American Society of Civil Engineers(1980), "Structural Analysis and Design of Nuclear Plant Facilities", 1980.

Atkinson, T.(2004) Polypropylene Fibers Control Explosive Spalling in High-Performance Concrete, Concrete, Vol. 38, No. 10, pp.69-70.

Barnett, C. R.(2002) BFD Curve-A New Empirical Model for Fire Compartment Temperatures, Fire Safety Journal, Elsevier Science.

EUROCODE 2(2004) Design of Concrete Structures-Part 1-2 : General rules-Structural Fire Design.

EUROCODE 3(2002) Design of Steel Structures-Part 1-2 : General rules-Structural Fire Design.

Franssen J. M.(2004) Plastic Analysis of Concrete Structures Subjected to Fire,

Proc. of the Workshop on Fire Design of Concrete Structures, Milano, Italy, December.

Franz-Josef Ulm, Olivier Coussy, Zdenek P. Bazant(1997) The "CHUNNEL" Fire. 1 : Chemoplastic softening in rapidly heated concrete, Journal of engineering mechanics, March, pp.272-282.

Haksever, A.(1989) Zur frage des trag-und verformungsverhaltens ebener stahlbetonrahmen im brandfall(In Gernam), Institut fur Baustoffkunde und Stahlbetonbau der Technischen Universitat Braunschweig, Heft 35, Braenschweig.

Harmathy, T.Z.(1993) Fire Safety Design and Concrete, Longman Scientific & Technical.

Hognestad, E.(1951). "A Study of Combined Bending and Axial Load in Reinforced Concrete Members." Bulletin No.399, University of Illinois Engineering Experiment Station, Urbana, IL.

ISO.(1975) Fire Resistance Tests-Elements of Building Construction, International Standard ISO 834, Geneva.

Kodur, V.K.R., and Sultan, M.A.(2003) Effect of Temperature on Thermal Properties of High-Strength Concrete, Journal of Materials in Civil Engineering, ASCE, March/April, pp.101-107.

Lie T.T.(1992) Stuructural Fire Structures, New York: American Society of Civil Engineers.

Lie, T.T.(1972) Fire nad Buildings, Applied Science, London.

Lie.T.T(1995), Structural Fire Protection : Manual of practice New York: American Society of Civil Engineers., pp.199-201.

Lie, T.T., ed.,(1992) Structural Fire Protection: manual of practice, ASCE, New York.

Lie, T.T., and Kodur, V.K.R.(1996) Thermal and Mechanical Properties of Steel -Fibre-Reinforced Concrete at Elevated Temperatures, Canadian Journal of Civil Engineering, Vol. 23, pp.511-517.

Li L. Y., and Purkiss J. A.(2005) Stress-Strain Equations of Concrete Material at Elevated Temperatures, Fire Safety, pp.669-686.

Nan J. Guo, Z., Shi X.(2006) Thermo-mechanical Coupling Constitutive

Relationship of Concrete at High Temperature, Proceedings of the 2nd International Congress June 5–8, 2006–Naples, Italy Session12 – Response of concrete structures to high temperatures and fire

Nishida, A., Ymazaki, N., Inoue, H., Schneider, U., and Diederichs, U.(1995) Study on the Properties of High–Strength Concrete with Short Polypropylene Fibre for Spalling Resistance, Proceedings of International Conference on Concrete under Severe Conditions, CONSEC'95, Vol. 2, Sapporo, Japan, pp.1141–1150.

Poon, C.S., Shui, Z.H., and Lam, L.(2004) Compressive Behavior of Fiber Reinforced High–Performance Concrete Subjected to Elevated Temperatures, Cement and Concrete Research, Vol. 34, No. 12, pp.2215–2222.

Purkiss, J.A.(1984) Steel Fibre Reinforced Concrete at Elevated Temperatures, International Journal of Cement Composites and Lightweight Concrete, Vol. 6, No. 3, pp.179–184.

Ritter, W.(1899). Die Bauweise Hennebique. (In German), Schweizerische Bauzeitung, Vol. 33.

Schneider U.(1988) Concrete High Temperatures–A General Review, Fire Safety Journal, 13, pp.55–68.

Shi, X., Tan, T. H., Kang, H. T., and Guo, Z.(2002) Concrete Constitutive Relationships under Different Stress–Temperature Paths, Journal of Structural Engineering/ December 2002, pp.1511–1518.

Suhaendi, S.L., and Horiguchi, T.(2006) Effect of Short Fibers on Residual Permeability and Mechanical Properties of Hybrid Fibre Reinforced High Strength Concrete after Heat Eposition, Cement and Concrete Research, Vol. 36, pp.1672–1678.

Varma, A.H., Jarupat, S.A., and Hong, S.(2004) Analytical Inveatigations of the Fire Behavior of Concrete Filled Steel Tube(CFT) Columns.

Yang, H., Han, L.H., and Wang, Y.H.(2008) Effects of heating Loading Histories on Post–Fire Cooling Behaviour of Concrete–Filled Steel Tubular Columns, Journal of Constructional Steel Research, 64, pp.556–570.

1.2 고온에 노출된 강재의 특성

1.2.1 서론

강재는 구조물에 적용할 경우 내구성, 내진성 등이 우수하며 철근콘크리트 구조보다 상대적으로 경량이고 시공성이 유리한 장점이 있다. 그러나 화재에 의해 고온에 노출될 경우 재료의 열적변형에 따른 구조적인 내력이 상실되는 문제점을 가지고 있어 내화성능 확보를 위한 공학적인 설계가 필요하다.

1.2.2 고온에 노출된 강재의 열적특성

강재 구조단면에서 온도 상승과 온도분포에 영향을 미치는 재료 특성은 주로 열전도율과 비열에 관련된다.

가. 열전도율

화재 시 발생되는 열의 전달에 따른 부재의 온도상승은 강재 고유의 열전도율에 따라 결정된다. 열전도율은 상온에서 화학적 결합에 따라 어느 정도 다르지만 온도 상승 시 대부분의 강재는 동일하다고 본다. 열전도율과 온도상승과의 관계식은 다음과 같다.

$$k = -0.022T + 48, \quad 0 \leq T \leq 900℃$$

$$k = 28.2, \quad T \geq 900℃$$

여기서, k : 열전도율(W/m℃), T : 강재온도(℃)

강재의 열전도율 값은 일반적인 강재용 단열재에 비교하여 상당히 높기 때문에 강재는 완전한 전도체이며 따라서 강재 단면전체에 균일한 온도분포를 갖는 것으로 보고 내화성능을 평가하게 된다. 실제로는 강재 단면상에 온도 곡선이 존재하며 이로 인하여 내부 응력을 유발할 수 있다. 단면상의 온도차이는 연결된 부재의 열 흡수(heat sink)특성에 의하기도 한다. 이러한 대표적인 예가 강재보와 연결된 콘크리트 슬래브가 있다. 고온에 노출된 강재의 열전도율은 다음 그림과 같다.

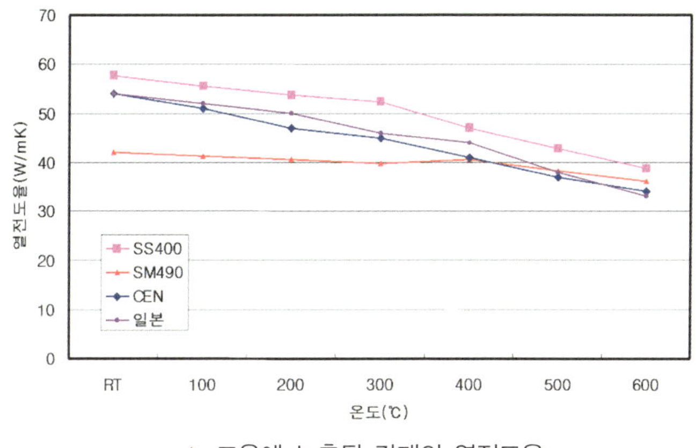

▲ 고온에 노출된 강재의 열전도율

나. 비열

재료의 비열은 단위온도와 단위 질량 당 필요한 열량을 의미한다. 대부분의 강재는 온도 상승에 따라 서서히 비열도 증가한다. 약 540℃에서는 일부 온도구간이지만 매우 급격하게 증가한다. 그러나 강재의 비열은 모든 온도 분포에 대해서 일반적으로 600J/Kg° C로 본다. 고온에 노출된 강재의 비열은 다음 그림과 같다.

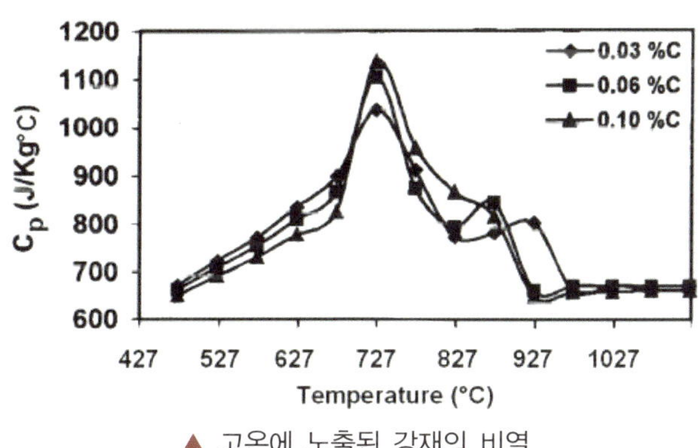

▲ 고온에 노출된 강재의 비열

다. 열확산율

열확산율은 재료의 열 전파성능을 측정하는 기준으로 용적당 비열에 대한 열전도율의 비로 표시한다. 열확산율이 클수록 가열되는 표면으로부터의 열전달이 보다 빠르게 된다. 온도상승에 따라 열전도율과 비열이 변화하므로 열확산율 역시 다르게 된다. 강재의 열확산율은 다음 식과 같다.

$$\alpha = k/\rho c$$

여기서, α : 열확산율, k : 열전도율, ρ : 밀도, c : 비열

1.2.3 고온에 노출된 강재의 물리 · 역학적 특성

가. 탄성계수

온도가 상승하면 강재의 탄성계수는 감소한다. 대부분의 강재는 약 500℃까지는 비례적으로 탄성계수가 감소하며 그 이상의 온도에서는 급격하게 감소한다. 고온에 노출된 강재의 탄성계수는 다음 그림과 같다.

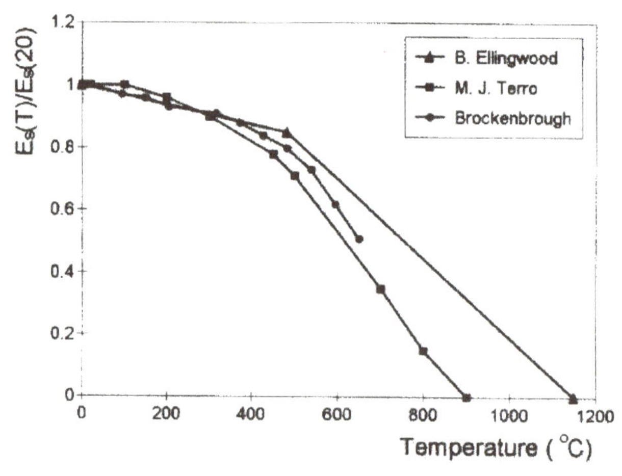

▲ 고온에 노출된 강재의 탄성계수

나. 응력

강재의 내화성능은 재료의 항복 응력과 인장 응력에 따라 결정된다. 항복응력은 일반적으로 강재의 구조하중 계산시 기준이 된다. 고온에 노출된 강재의 응력은 약 600℃ 내외에서 약 50% 정도로 감소한다.

강재의 인장응력 또는 극한강도는 파괴이전의 최대 응력도를 나타낸다. 여기서 온도에 의한 영향은 150~370℃에서 일시적으로 약 25% 정도 증대되는 것을 제외하면 항복강도와 유사한 특성을 보이며 여기서부터 760℃에서 항복강도에 도달할 때까지 인장응력은 감소한다. 다음 그림은 온도상승에 따른 응력-변형율 곡선을 나타낸다.

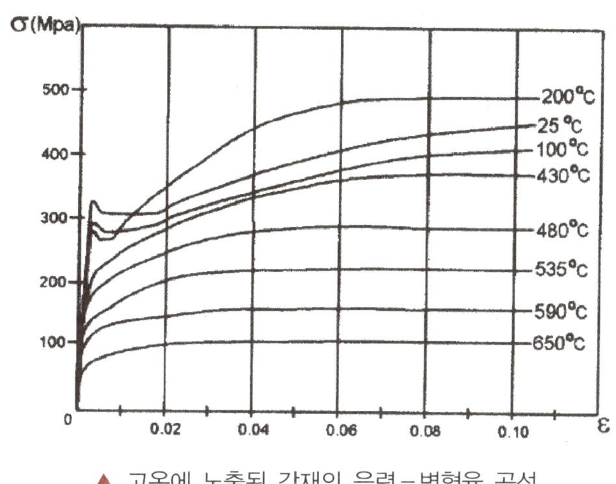

▲ 고온에 노출된 강재의 응력-변형율 곡선

1.2.4 고온에 노출된 강재의 변형 특성

가. 열적팽창

강재의 열적팽창은 팽창계수와 관련된다. 팽창계수는 단위온도 상승에 따른 단위 길이의 팽창으로 정의 된다. 화재 시 구조 부재간의 팽창과 수축현상은 구조적인 내력성능에 중요한 변수가 된다. 팽창계수는 약 815℃ 부근에서 0으로 감소되며 이후 다시 증가하기 시작한다.[44] 고온에 노출된 강재의 열팽창은 다음 그림과 같나.

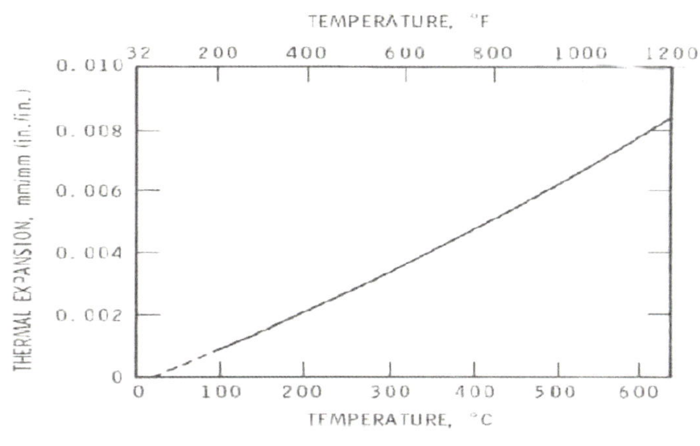

▲ 고온에 노출된 강재의 열팽창

나. 크리프

크리프 현상은 시간경과에 따른 재료의 변형특성으로 화재시 온도상승에 따라 강재는 시간과 온도 두 가지 요소에 의존하는 변형특성을 가진다. 변형증가의 결과로 최종 파괴점에 이르면 초기에 지탱하던 하중보다도 작은 시점에서 파괴된다. 따라서 강재의 크리프 현상은 온도만이 아니라 응력에도 매우 큰 영향을 받는다.[44] 강재의 크리프 현상은 약 450℃이상시 매우 중요하며 고온에 노출된 강재의 크리프 현상은 다음 그림과 같다.

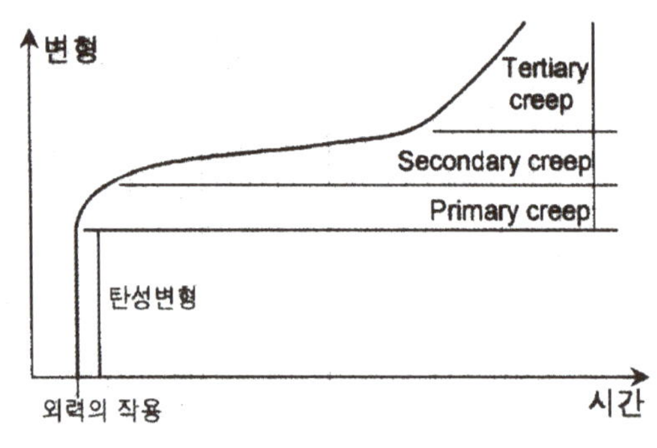

▲ 고온에 노출된 강재의 크리프 현상

1.3 화재에 노출된 강박스거더 복부판의 좌굴

1.3.1 서론

화재에 노출된 강박스 거더 복부판의 국부 손상은 주로 온도상승에 의한 복부판의 좌굴에 의해 발생되어 진다. 강재 판형의 재료특성상 온도가 상승하면 인장강도 및 탄성계수가 감소되어 지며 따라서 온도상승에 의한 복부판의 국부 손상은 이러한 강재의 열특성과 깊은 관계가 있다고 할 수 있다.

1.3.2 온도상승에 다른 강재 복부판의 강도변화

강재의 온도상승시 물성치의 변화는 강재의 화학적 구성성분에 따라 변화할 수 있으며 각 연구기관별 강재의 열특성값에 차이를 보이고 있는 실정이다.

[그림 1]과 [그림 2]는 「Australian Standard AS4100(Poh & Bennet 1994)」와 「Eurocode 3 (CEN 2002)」, 그리고 대한민국 표준강재 SM490(RIST 2002)의 온도 상승에 의한 강재의 항복강도 및 탄성계수의 변화를 보여주고 있다.

SM490강재의 경우 AS4100의 연구결과와 비슷한 열특성을 나타내고 있으며 식(1)과 (2)는 AS4100에서 발표된 강재의 열특성 공식이다.

$$\frac{\sigma_{yT}}{\sigma_{y20}} = \begin{cases} 1.0 & ;\ when \quad 0℃ < T \le 215℃ \\ \dfrac{905 - T}{690} & ;\ when \quad 215℃ < T \le 905℃ \end{cases} \tag{1}$$

$$\frac{E_T}{E_{20}} = \begin{cases} 1.0 + \dfrac{T}{2{,}000\left[\ln\left(\dfrac{T}{1{,}100}\right)\right]} & ;\ when \quad 0℃ < T \le 600℃ \\ \dfrac{690\left(1 - \dfrac{T}{1{,}100}\right)}{T - 53.5} & ;\ when \quad 600℃ < T \le 1{,}000℃ \end{cases} \tag{2}$$

여기서, σ_{y20} : 20℃에서의 항복강도(362MPa)

σ_{yT} : 임의의 온도 T에서의 항복강도

E_{20} : 20℃에서의 탄성계수(200,000MPa)

E_T : 임의의 온도 T에서의 탄성계수

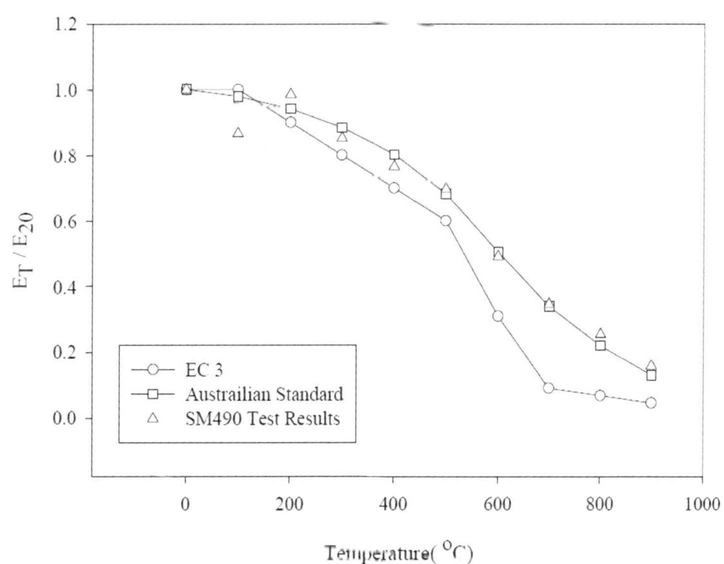

그림 1. 각 온도별 강재의 탄성계수 비교

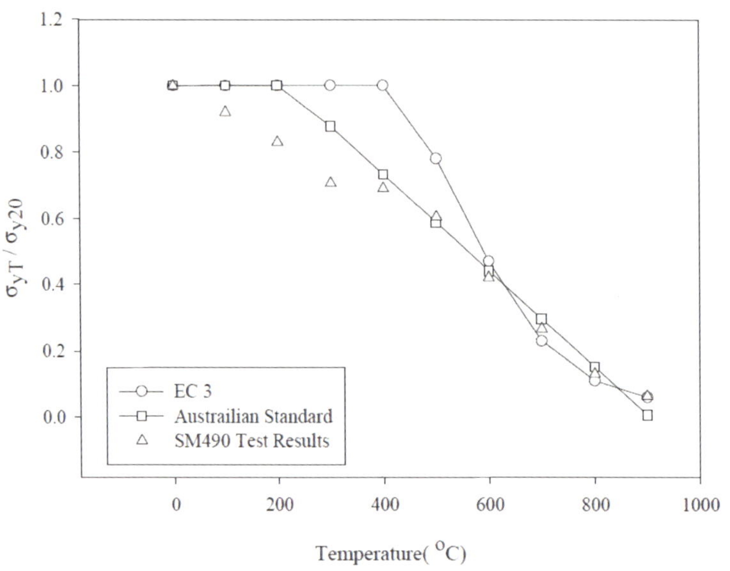

그림 2. 각 온도별 강재의 항복강도 비교

위 그림에서 알 수 있듯이 강재의 강도 및 강성은 특정한 한계온도에서 급격히 감소함을 알 수 있다.

1.3.3 복부판의 좌굴강도

단순지지 조건에서의 복부판의 좌굴 강도는 다음 식(3)(Galambos 1998)에 의해 결정할 수 있다.

$$\left(\frac{\tau_c}{\tau_{cr}}\right)^2 + \frac{1+C}{2}\left(\frac{\sigma_{bc}}{\sigma_{cp}}\right)^2 + \frac{1-C}{2}\left(\frac{\sigma_{bc}}{\sigma_{cp}}\right)^2 = 1 \qquad (3)$$

여기서, τ_c : 복부판의 전단응력

τ_{cr} : 복부판의 전단좌굴 응력

C : 인장과 압축을 받는 부재의 휨응력 비

σ_{bc} : 복부판의 최대 휨응력

σ_{cp} : 순수휨을 받는 복부판의 극한좌굴 응력

극한 좌굴 응력 τ_{cr}, σ_{cp}는 다음 식에 의해 결정할 수 있다.

$$\tau_{cr} = k_\tau \sigma_e, \quad \sigma_{cp} = k_\sigma \sigma_e \tag{4}$$

여기서, k_τ : 전단좌굴 계수

k_σ : 순수 휨부재의 휨 좌굴 계수

σ_e : 강판의 형상 및 온도에 대한 상수

$$\sigma_e = \frac{\pi^2 E_T}{12(1-\nu^2)}\left(\frac{t}{h}\right)^2 \tag{5}$$

여기서, t : 복부판 두께, h : 복부판 높이, ν : 포아송 비

복부판의 좌굴계수는 유한요소 해석법에 의해 결정할 수 있다. 단순지지조건의 경우 형상계수는 0.55를 사용할 수 있다.

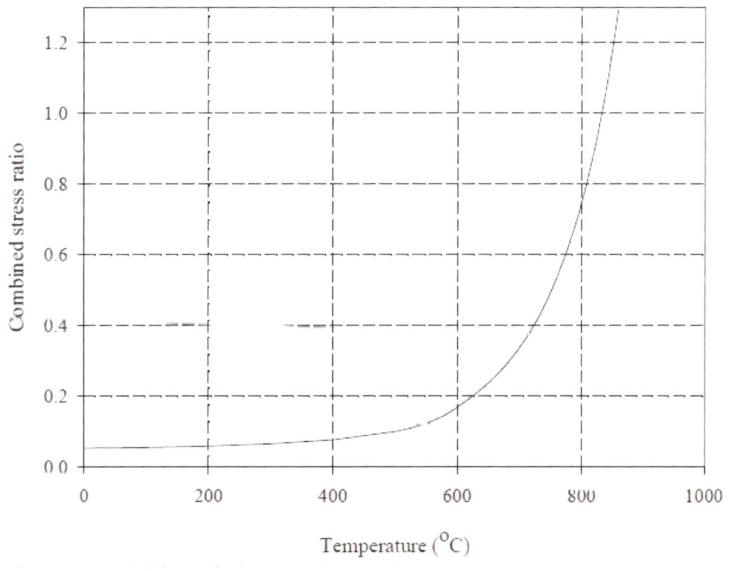

▲ 온도변화에 따른 강재판의 안전성 변화

주어진 온도조건하에서 강재의 좌굴 응력을 산정 한 후 위 식(3)에 의해 복부판의 안전성을 검토할 수 있다. 위 도표는 온도가 상승함에 따라 강재의 응력비가 급격히 1.0에 근접해 감을 알 수 있다. 전단응력과 휨응력이 동시에 작용할 경우 복부판은 온도 830℃에서 좌굴상태에 도달하게 된다. SM490 강재의 경우 830℃에서의 항복강조는 약 79MPa이다.

1.3.4 손상된 복부판의 보강

열에 의해 면외 좌굴을 일으키는 복부판에 대해서는 부재의 교체, 혹은 보강재의 추가설치 등의 방법에 의한 보강이 필요하다. 특히 화재 이후 활하중 등의 사용하중이 재하될 경우 이미 좌굴을 일으킨 복부판은 대변위 발생 등으로 인한 붕괴의 위험이 높아 질 수 있다. 따라서 복부판의 손상정도를 감안하여 적절한 보수 및 보강공사가 시행되어져야 할 것이다.

1.3.5 검토결과 고찰

화재 등에 의한 강거더의 온도상승은 강박스거더 복부판에 국부적인 손상을 발생시킬 수 있다. 온도의 상승에 따라 강배는 기계적 성질 및 좌굴강도의 저하를 일으킬 수 있으므로 전단응력 및 휨응력의 조합에 의한 적절한 강재의 안전성 판정 및 수평 또는 수직보강재의 추가 등에 의한 보강은 매우 중요하다 할 수 있을 것이다.

참고문헌

CEN. 2002. Eurocode 3: Design of steel structures, Part 1.2: General rules, prEN 1993-1-2, Brussels: Belgium

Frontics Inc. 2003. AIS 2000 Brochure, Seoul: Korea

Galambos, J. 1998. Guide to Stability Design Criteria for Metal Structures, 5th edition, New York: John Wiley & Sons, Inc.

KRA. 2000. Bridge Design Specification, Seoul: Korean Road Association

Poh, K. & Bennets, I. 1994. Analysis of structural member under elevated temperature conditions. Journal of Structural Engineering, 121(4); 664-675

RIST. 2002. Mechanical and thermal properties for structural steels at high temperature, Kihung: Korea

Tide, R. 1998. Integrity of structural steel after exposure to fire. Engineering Journal First Quarter: 26-38

Waddell, J. & Dobrowolski,T. 1993. Concrete Construction Handbook, 3rd edition, New York: McGraw Hill, Inc.

부록 2.

국내·외 기반시설물 주요 피해사례

2.1 국내 · 외 기반시설물 주요 피해현황

국내 · 외 기반시설물의 대표적인 피해 구조물은 다음과 같다.

▼ 교 량

교 량 명	구조 형식	피해년도	피해 원인
Merritt Island Fl. SR528 (미국)	PSC 거더교	2011	유조차 화재
I-35W Bridge Collapse (미국)	트러스 아치교	2007	Gusset PL. 좌굴
Macarther Mase (미국)	플레이트 거더	2007	유조차 화재
Wiehltal교 (독일)	플레이트 거더	2004	유조차 화재
모리구치고가교 (일본)	PSC 거더	2006	원인불명
오사카칸죠센 (일본)	플레이트 거더	2007	원인불명
이케브크로센 (일본)	플레이트 거더	2008	유조차 화재
서해대교 (국내)	사장교	2000	차량추돌 화재
부천고가교 (국내)	강합성 거더	2010	유조차 화재

▼ 터 널

터 널 명	구조 형식	피해년도	피해 원인
유로터널 (영국~프랑스)	TBM	1996	탑재화물차 화재
몽블랑터널 (프랑스~이탈리아)	NATM	1999	마가린+밀가루
고타드터널 (스위스)	TBM	2001	폐타이어 탱크로리
중앙로역 (대구)	NATM	2003	휘발성물질 발화
홍지문 터널 (서울)	NATM	2003	차량추돌 화재
온수역 (서울)	NATM	2005	휘발성물질 발화

2.2 피해사례 소개

2.2.1 화재 피해 교량

가. Merritt Island Fla. SR528, Tanker Explosion(미국)

2011년 1월 플로리다 Merritt Island의 브러바드 카운티(Brevard County)에 위치한 SR528(beachline) 연결고가교 및 SR3번 도로 교차지점에서 유조차충돌사고에 의한 화재가 발생하였다. 이사고로 2명의 사망자가 발생하였으며 SR528 연결고가교에 화염에 의한 큰 피해를 입었다. 약 2백2십만 달러의 사고 복구비용이 소요되었으며 사고발생후 23일 만에 복구공사를 완료하였다.

SR528 Fla.

'Beachline Expressway' 로도 잘 알려진 State Road 528(SR528) 도로는 올랜도 국제공항과 동부해안선지역의 메릿 아일랜드 및 케네디 우주센터가 위치한 케이프 커내버럴(Cape Canaveral)을 연결하는 도로로서 평균 교통량 37,500대/일의 미국동부 주요 도로이다.

▲ Merritt Island Fla. SR528 화재사고 위치도

① 발생원인

2011년 1월 21일 오후 3:30 SR528도로와 SR3 도로의 교차지점상의 고가교에서 기름 8,200갤론(약 31,000리터)을 운반 중이던 유조차와 소형트럭과의 충돌사고로 인한 화재가 발생하였다.

▲ 유조차 충돌사고로 인한 화재 빌생

② 교통처리 대책

본 화재사고는 SR528 도로와 SR3 도로와의 입체 연결 교차지점에서 발생하여 두 도로의 교통우회대책이 필요하였다. SR528 도로의 경우 진출입 Ramp를 이용한 교통우회계획을 수립하였으며 보다 원활한 차량소통을 위하여 Ramp의 폭을 임시로 확장하였다. SR3 도로는 부득이하게 교차점 통행을 차단하여야 했기에 주변 간선도로로 우회하여 통행하도록 유도하였다.

▲ 진출입 Ramp를 이용한 SR528 교통우회계획

▲ 진출입 Ramp의 임시 확장

▲ 교통통제(SR3) 및 교통우회(SR528)

③ 화재교량의 복구개요

본 화재교량은 총연장 60.96m(200ft)의 3경간 PSC 거더교로서 화재손상부인 1경간 및 2경간부 42.672m(140ft) 양방향 모두를 완전 철거후 재시공 하였다. 복구공사는 25일간의 긴급계약으로 진행되었으며 복구비용은 약 2백2십만 달러(약 24억원)가 소요되었다.

관할청인 플로리다 교통국(The Florida Department of Transportation)은 복구공사 발주시 25일의 계약기간을 초과할 경우 계약사로부터 일당 $50,000(약 5천4백만원)의 초과비용을 징수하는 조건을 내세워 화제가 되기도 하였다.

④ 긴급 복구공사

• 2011년 1월 23일(착공 1일)

▲ 손상구조물 철거작업 착수

• 2011년 1월 24일(착공 2일)

▲ 철거작업 진행

• 2011년 1월 25일(착공 3일)

▲ 철거작업 완료

- 2011년 1월 26일(착공 4일)

▲ 철거 폐기물 처리 및 현장정리

- 2011년 1월 27일(착공 5일)

▲ 신설기둥 연결용 기존철근 정리

▲ 오염된 토양 교체작업 실시

- 2011년 1월 28일(착공 6일)

▲ 신설 기둥용 거푸집 설치

▲ 교각 코핑용 철근 사전 제작 및 조립

• 2011년 1월 29일(착공 7일)

▲ 기둥 및 코핑부 철근 설치

• 2011년 1월 30일(착공 8일)

▲ 콘크리트 타설전 최종 철근조정

▲ 기둥 및 코핑부 콘크리트 일괄타설

• 2011년 1월 31일(착공 9일)

▲ 기존 구조물 청소 및 정리

▲ 교량받침 교제 실치

- 2011년 2월 1일(착공 10일)

▲ 신설 거더 운반 및 설치

- 2011년 2월 2일(착공 11일)

▲ 거더거치 완료 및 교각 거푸집 탈형

- 2011년 2월 3일(착공 12일)

▲ 크로스빔 설치 및 작업자 안전시설물 설치

• 2011년 2월 4일(착공 13일)

▲ 슬래브용 동바리 설치

▲ 하부도로(SR3) 방호벽 기초 설치

• 2011년 2월 5일(착공 14일)

▲ 슬래브용 프리캐스트 거푸집 및 철근 설치

• 2011년 2월 6일(착공 15일)

▲ 슬래브용 철근 설치 진행

▲ 슬래브 면고르기용 Bidwell 설치

- 2011년 2월 7일(착공 16일)

▲ 슬래브 철근 설치 완료

▲ Bidwell 시험가동 및 높이조절

- 2011년 2월 8일(착공 17일)

▲ 슬래브 콘크리트 타설 및 면고르기

▲ 슬래브 타설 완료 및 Bidwell 철거

- 2011년 2월 9일(착공 18일)

▲ 슬래브 시공완료

▲ 캔틸레버부 동바리 철거 및 방호벽설치

- 2011년 2월 10일~ 2월 14일(착공 19일~23일)
  - 슬래브 표면 처리 및 교면포장 실시
  - 하부도로 재포장 실시
  - 복구 공사완료 및 차량통행 재계(2011. 2.14-착공후 23일 소요)

▲ 복구공사 완료 후 차량통행 재계

나. I-35W Mississippi River Bridge Collapsed in Minneapolis, Minn.(미국)

2007년 8월 1일, 미국 미네소타 주 미니애폴리스 도심과 미네소타 주립대학교를 이으며 미시시피 강을 가로지르는 I-35W 주간 고속도로의 8차선 교량이 붕괴하였다. 러시아워에 발생한 이 사고로 수 십여 대의 차량이 미시시피 강으로 추락하였으며 일부 차량에서는 화재가 발생하였다. 이사고로 인해 13명이 사망하고 145명이 부상했으며 약 2억 3천만 달러의 복구공사비가 소요되었다.

I-35W Mississippi River bridge

공식명칭 Bridge 9340으로 알려진 본 교량은 총연장 580m로 구성된 왕복 8차선의 트러스 아치교로서, 1967년 개통이후 미시시피강을 가로질러 남쪽의 미니애폴리스 도심과 북쪽의 미네소타 주립대학을 연결하는 일 교통량 140,000대의 주요간선 교량이다.

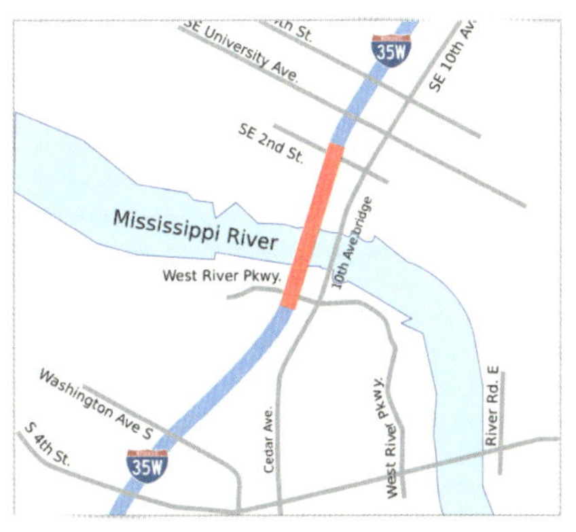

▲ I-35W 교량 붕괴사고 위치도

① 교량의 정기점검 및 보수이력

1993년 이후 교량의 정기적인 점검이 시행되어져 왔다. 1990년에는 교량받침의 부식으로 인한 중대결함이 보고되기도 했으나 당시 수많은 미국내 교량이 유사한 문제점을 지니고 있던 것으로 알려졌다.

2001년 미네소타 주립대의 조사결과 접속경간 단부 크로스빔에서 면외방향의 비틀림과 균열이 발생하였다고 보고되었으며 이 조사보고서 이전에 이미 크로스빔의 균열보수 및 비틀림의 보강이 이루어 졌다는 사실이 보고내용의 타당성을 뒷받침 해주었다. 또한 이 보고서는 주부재인 트러스 구조의 여용력 부족(Rack of Redendency)을 지적하고 있는바, 이는 본 교량이 단재하 경로에 의한 파괴(Single structural failure) 위험이 크다는 것을 암시하는 내용이기도 했다. 본 조사는 교량부재의 피로균열 측면에서는 큰 문제가 없다는 결론을 내렸으나 변형률계 설치 등을 통한 지속적인 교량의 점검이 필요하다고 제안하였다.

2005년 미국 교량관리청(Department of Transportation's National Bridge)은 본 교량을 보수 및 교체가 필요한 '결함등급'(structurally deficient)으로 분류하였으며, 2006년에 보고된 피로균열 등을 근거로 하여 2020년까지 교량부재의 순차적 교체가 결정되었다.

2006년 12월에 계획되었던 교량 주요부재의 보강공사는 보강부재설치를 위한 강재의 천공작업이 오히려 부재손상을 초래할 수 있다는 결론 하에 2007년 1월 전면 취소되었다.

▲ 붕괴전 교량전경

▲ 교량 받침부

교량의 붕괴사고 발생 수주전 신축이음, 가로등, 콘크리트 및 가드레일의 교체 및 보수공사가 착공되었으며, 붕괴당시 공교롭게도 교면 재포장공사가 4차선에 걸쳐 진행되고 있어 약 261ton의 작업하중이 상부구조물에 재하되어졌던 것으로 전해지고 있다.

② 교량의 붕괴

북아메리카 중부 여름 시간(CDT)으로 2007년 8월 1일 18시 5분경 주간선고속도로 I-35W상의 Mississippi River bridge가 붕괴하였다.

붕괴당시 러시아워 지체에 따른 느린 차량 진행속도 및 교면 재포장 공사에 따른 총 8차선 중 4차선의 통제, 그리고 신속한 구조작업의 진행 등으로 붕괴규모 대비 대규모의 사상자는 발생하지 않았지만 총 13명의 사망자와 145명의 부상자가 발생하였다.

▲ 교량 붕괴 전경

▲ 상부 슬래브의 붕괴

교량의 붕괴는 트러스 아치부 중앙경간(139m)으로부터 시작되어 측경간 아치부 및 접속경간으로 연쇄적으로 진행되었다. 약 100대의 통행차량 및 공사인부들이 35m의 강 아래로 추락하였고 교량 북측 접속경간은 철도레일위로 붕괴되어 주차되어 있던 3량의 화물열차를 덮치는 등의 사고가 발생하였다. 당시 사고 상황은 인근에 설치되어 있던 교통상황 카메라에 촬영되어 즉각적인 구조작업이 진행되었고 사고 발생 이틀째인 2007년 8월2일 관계당국은 긴급상황(state of emergency)을 선포하여 신속한 복구 작업에 착수하였다.

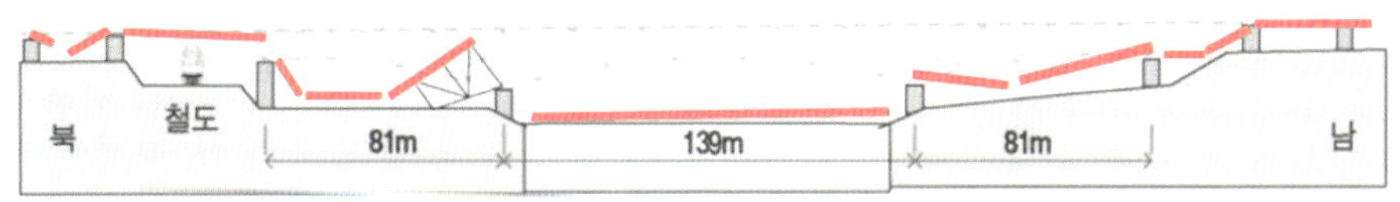

▲ Mississippi River bridge의 붕괴 개요도

▲ 교량 남단 측경간부 붕괴

▲ 교량 남단 측경간부 붕괴

▲ 교량 중앙경간부 붕괴

▲ 교면포장 공사차량의 추락

▲ 교량 북단 측경간부 붕괴

▲ 교량 북단 측경간부 붕괴

▲ 북단 열차 피해

▲ 아치부재의 붕괴

▲ 인명 구조

▲ 인명 구조

▲ 인명 구조

▲ 바지크레인을 이용한 잔해조사

③ 붕괴 원인 조사

미국 교통안전협회(The National Transportation Safety Board)는 즉각적인 붕괴원인조사에 착수 하였다. 원설계의 검토는 물론 구조물의 붕괴모드 해석, 그리고 잔해물의 조사 등 원인 규명을 위한 다각적인 방법이 여러 관계기관과 학회의 도움으로 수행 되었으며, 원 설계시 고려되었던 하중 외에 추가적 하중이 재하 되었을 가능성에 대하여도 조사하였다. 한 관계자의 말에 따르면 테러에 의한 사고 가능성은 희박한 것으로 알려졌다.

미국 연방도로청(FHWA)은 붕괴교량과 건설시기가 비슷한 미국내 유사교량에 대한 사례 분석결과 약 700여개의 유사형식교량에서 설계상의 오류가 발견되었다고 발표하였다. 교량의 주부재인 트러스를 연결하는 연결판(Gusset Plate)의 두께가 필요두께 이하로 설치되어 설계하중을 지지하기에 부적격 하다는 내용이었다. 실제로 붕괴교량의 연결판(Gusset Plate)설계에 대한 검토결과 원설계시에는 연결판에 대한 설계가 누락되어 있었으며 필요두께대비 약 13mm의 판두께가 부족한 것으로 판명되었다.

붕괴 잔해물의 조사과정에서도 트러스 중앙경간 연결부 8개소에서 연결판(Gusset Plate)이 파괴되었음이 밝혀졌으며 2003년 당시 제출된 안전진단 보고서에도 거셋판의 변형을 촬영한 사진이 수록되어 있음이 이 사실을 뒷받침 해주기도 하였다.

2008년 11월 미국 교통안전협회는 붕괴원인 조사에 대한 결과를 발표 하였다. 중앙경간 아치부에 설치된 필요두께 미달의 거셋연결판(Gusset Plate)의 파괴가 교량붕괴의 주된 원인이며, 수년간 교면보수를 위해 총 51mm두께의 콘크리트가 교량상면에 덧 씌워져 고정하중을 약 20% 증가시킨 점, 그리고 교면 재포장을 위한 약 262톤의 작업하중이 교량 중앙경간의 취약부에 재하 된 점 등이 거셋연결판의 파괴를 가속화 시켰다는 내용이다. 이러한 결과에 따라 미국 교통안전협회는 본 붕괴교량과 유사한 조건을 가진 미국 내의 많은 교량들에 대하여 정밀안전진단을 실시하여 동일한 경로의 교량붕괴를 미연에 방지하도록 조치하였다.

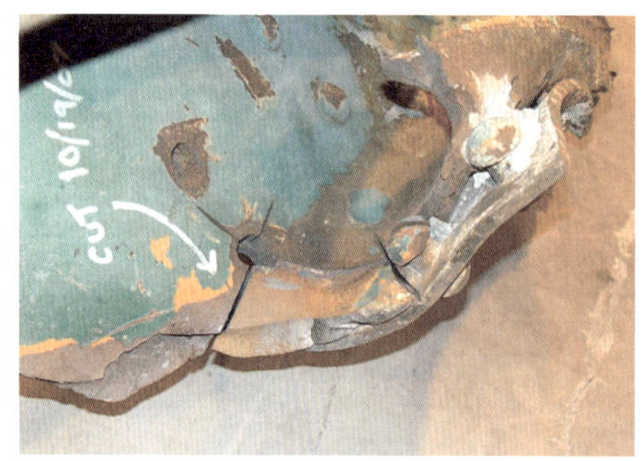

▲ 거셋(Gusset)판의 파괴형상

▲ 거셋(Gusset)판의 변형. 2003. 6.

④ 붕괴교량의 재건

2007년 미국 도로교통국은 주간선고속도로 I-35W의 붕괴교량인 Mississippi River Bridge에 대한 재건계획을 발표하였다. 신설교량은 기존교량 대비 23m차로 폭을 확보하여 왕복 8차선에서 10차선으로 폭원을 변경하였으며 4개의 컨소시엄 팀이 참여한 설계 · 시공 일괄입찰을 통해 낙찰자를 선정하였다. 최종 낙찰자인 Flatiron Constructors and Manson Construction Company 컨소시엄에 의해 제시된 신설교량은 주경간 154m의 4경간 연속 PSC 콘크리트 박스거더 형식의 교량으로 구교의 단재하 경로 파괴구조와는 다른 다재하 경로의 파괴구조를 갖는 것이 큰 특징이다.

Saint Anthony Falls Bridge라는 새로운 이름을 갖게 된 신설교량은 2007년 10월에 착공하여 총 2억3천4백만 달러의 공사비가 소요되었으며 착공 1년여 만인 2008년 10월에 재 계통되었다.

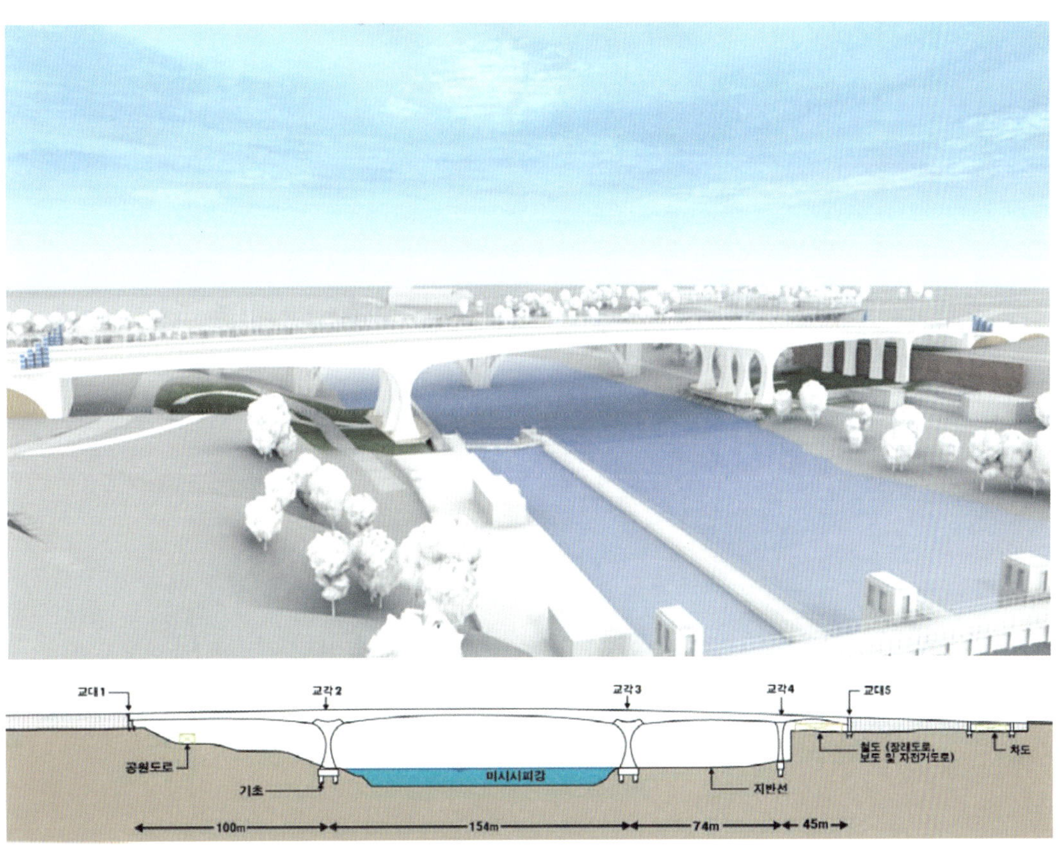

▲ The New Bridge – Saint Anthony Falls Bridge on I–35W

다. MacArthur Maze Tanker fire/Bridge Collapse(미국)

2007년 4월 캘리포니아 580번 연결고가교 및 880번 연결고가교 교차지점에서 유조차 화재가 발생하였다. 약 1600℃정도의 온도상승이 추정되며 상면교량(580번)이 붕괴하여 낙교 하였고 하면교량(880번)은 큰 폭염피해를 입었다. 사고 한 달 만에 복구공사 및 보수공사를 완료한 것으로 더욱 유명하다.

MacArthur Maze

캘리포니아 오클랜드(Oakland)에 위치한 고속도로 인터체인지로서 3개의 고속도로, 즉 Eastshore Freeway(80), MacArthur Freeway(580), Nimitz Freeway(880)가 San Francisco-Bay Bridge와 연결되는 복잡한 인터체인지 고가교로 구성되어 있다.

▲ MacArthur Maze 화재사고 위치도

MacArthur Maze 화재복구공사 주요이력

- 2007 ′4.29 : 유조차 전복사고로 인한 화재발생
  - 화염에 의한 상부 구조물 붕괴(580 Viaduct) 및 인접교각 손상
- 2007′4.30 : 손상구조물 보수보강계획 수립
- 2007′5.2~5.4 : 상부지지용 가설벤트 설치(880 Viaduct)
- 2007′5.5 : 기존 상부구조물 Jack up 실시(880 Viaduct)
- 2007′5.6 : 손상된 상부 구조물 철거 완료(580 Viaduct)
  슬래브 표면처리 및 포장공 완료(880 Viaduct)
- 2007′5.7 : 하부통과 교량(880 Viaduct) 통행 재계
- 2007′5.24 : 가열 성형공법에 의한 스틸거더 손상부 보수공사 완료(880 Viaduct)
  및 철거부(580 Viaduct) 재가설 완료

① MacArthur Maze 화재사고

- 2007년 4월 29일 580번 고속 도로내 고가교 하부(교각 M19)에서 유조차 전복으로 인한 화재발생
- 화염온도 약 1600℃로 추정
- 교각(M19) 강재 코핑 강도 손실
- 580번 고속도로 고가교 상부구조물이 880번 고속도로 고가교 상면으로 붕괴

▲ MacArthur Maze 화재발생

▲ 580번 고속도로 고가교 상부 붕괴

- 880번 고속도로 고가교의 피해 상황
  - 상부거더 2개소 좌굴발생 및 다수의 거더에 손상 발생.
  - 화재 발생부에 약 30cm의 수직처짐 발생.
  - 화염에 의한 슬래브 포장면 및 콘크리트 교각 손상

▲ 상부 강재거더 손상

▲ 콘크리트 교각 손상

② 손상구조물 복구 공사

- 580번 고가교 붕괴부 처리방안
  - 상부거더 붕괴부 철거 및 재가설 공법 적용.

▲ 붕괴 교량 철거

▲ 강재 코핑(M19)의 재가설

▲ 거더 제작 및 재가설

▲ 슬래브 재가설–현장타설 콘크리트

▲ 붕괴부 재가설 완료

• 880번 고가교 손상부 처리방안

– 교량 승상후 가열성형공법에 의한 손상거더 보수공법 적용

▲ 손상부 지지용 벤트 설치

▲ 잭업에 의한 상부 승상

▲ 바닥판 표면처리 및 재포장

▲ 880번 도로 통행 재개

▲ 가열성형에 의한 손상거더 보수

▲ 손상거더 보수공사 완료

라. Bill Williams River Bridge, AZ(미국)

2006년 7월 미국 아리조나에 위치한 Bill Williams River교를 통과하던 유조차의 전복사고에 의한 교량 화재사고가 발생하였다. Bill Williams River교는 1967년에 건설된 PSC거더교로서 본 화재사고로 인해 상부구조물 3개 경간에 손상을 입었으며, 교면 배수구를 통해 유출된 기름 및 화염으로 인해 주변지역의 산불이 발생하여 2주일 이상 지속되었다.

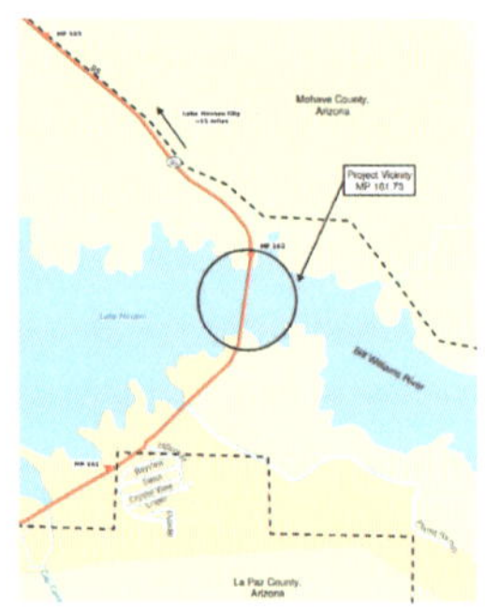

① 화재피해 조사

Bill Williams River교는 총 14경간의 PSC 거더교로서 본 화재사고에 의해 8, 9, 10경간의 상부구조물에 손상을 입었다. 화재피해 조사결과 화재 발화지점인 9번 경간의 슬래브 및 방호벽, 그리고 외측 거더에서 콘크리트의 탈락 및 쪼개짐이 발견되었고 강연선 일부가 노출된 것으로 조사되었으며, 8번과 10번 경간의 경우 교면 배수구를 통해 유출된 기름 및 화염으로 인해 외측거더가 손상된 것으로 조사되었다.

▲ 상부구조의 화재피해

▲ 화재피해 조사

▲ 콘크리트의 탈락 및 쪼개짐 발생

▲ 강연선의 노출

② 정밀 안전진단 및 구조물 보수

화재피해교량의 외관조사 결과 일부 손상이 관측되었으나 거더부의 휨균열이나 처짐 등은 발생하지 않은 것으로 조사되어 손상부 교량의 내하력 평가를 위해 재료시험 및 재하시험 등의 정밀안전진단을 실시하였다.

▲ 해머타격에 의한 충격음 분석시험

▲ 콘크리트 시편 채취

정밀안전 진단 결과 슬래브 우측 캔틸레버의 콘크리트 강도가 다소 저하되었으나 전체적인 상부구조의 건전도는 양호한 것으로 나타났다. 이 결과를 토대로 Bill Williams River교의 차량통행은 즉시 재계 되었으며 손상부의 보수는 장기적인 계획 하에 방호벽 일부구간의 교체시공과 외측거더 손상부의 보수 등으로 진행되어졌다.

마. Wiehltal Bridge(독일)

2004년 독일에서 유조차가 교량 아래로 추락하는 사고가 발생했다. 화재로 교량이 손상되어 임시 복구비용 4,000만 달러, 전체복구에 3억 1천 8백만 달러가 소요된 최악의 경제적 손실로 기록된다.

바. Ikebukuro Expressway Bridge(일본)

2008년 일본 수도고속도로 이케부쿠로선 I형 강거더교 하층 노면에서 유조차가 전복되는 화재사고가 발생하였다. 이 사고로 약 20억엔의 비용과 2달의 복구기간이 소요되었다.

2.2.2 화재 피해 터널

가. Mont-Blanc **터널(프랑스-이탈리아)**

1999년 몽블랑 터널에서 트럭에 실린 밀가루와 마가린에 붙은 불로 39명이 사망했다. 1000도 이상에서 56시간 지속된 대형화재여서 복구비 2800만 달러가 들었고, 33대 차량이 피해를 입었다.

나. Gotthard **터널(스위스)**

2001년 스위스 고타드터널에서 2대의 트럭충돌로 발생한 화재로 11명이 사망하고 다수의 부상자가 나왔다. 연기와 가스가 피해원인이었다. 2600만 달러의 복구비용과 두 달간의 차단이 필요했다.

다. Channel 터널(영국－프랑스)

채널터널 화재는 1996년 대형수송차와 운전자를 실은 기차에 발생했다. 사망자는 없었지만 7명이 연기질식으로 병원으로 이송됐다. 기관차와 차량 10대를 태우고 1km 터널구간에 손상을 입혔다.

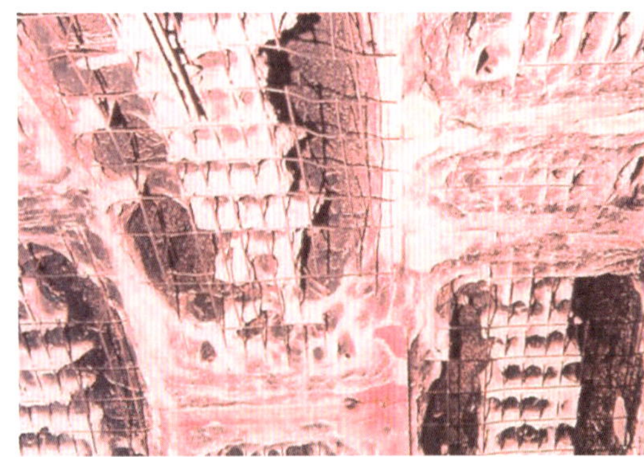

라. 홍지문 터널(국내)

2003년 홍지문 터널에서 미니버스가 앞차와 추돌하며 전복하면서 유출된 연료에 불이 붙으며 화재가 발생하였다. 다행히 사망자는 없었지만 연기질식으로 40여명이 병원으로 이송되었다.

한국도로공사

사　　장	장석효	전임 사장	류철호
부 사 장	최봉환	전임 부사장	박영철
경영본부장	심찬섭	전임 교통본부장	김재흡
교통본부장	이윤재		
건설본부장	김성환		
사업본부장	최윤환		

집 필 진

설계 분야	설계처	처장	박상일
		팀장	정국영, 봉영채, 박건태
		차장	강경돈, 이태현
		과장	박기용, 최주용
	기술심사처	처장	허 인
		팀장	조주기
	다린 ENC	사장	정재동
		전무	김동수
		상무	김성찬
		부장	전진우, 문영철
정밀안전진단 및 시공 분야	구조물 센터	소장	김덕용
		팀장	박정희, 박현섭
	경기지역본부	기술처장	이철우
		팀장	김찬우
	명지대학교	교수	박영석
교통관리 분야	교통처	처장	김종흔
		팀장	김수철, 김관민, 임철훈
유지관리 분야	도로처	팀장	권오철
	도로교통협회	국장	정 민
콘크리트의 화재 영향 관련 분야	단국대학교	교수	정철헌
강재의 화재영향 관련 분야	RIST 강구조연구소	소장	윤태양
		연구원	박찬희

부천고가교 화재복구 설계와 시공

2011년 11월 30일 인쇄
2011년 12월 12일 발행

저 작 권 : 한 국 도 로 공 사
발 행 처 : 사단법인 한국도로교통협회
서울시 강남구 대치3동 987-14
TEL. (02) 3490-1000
FAX. (02) 552-5875

보 급 처 : 도서출판 건설정보사
서울시 용산구 갈월동 70-9
TEL. (02) 717-3396~7
FAX. (02) 717-3398
출판등록 : 1998.12.1.(3-1122)

ISBN 978-89-6295-164-6 93530 정가 **30,000** 원